3D 格局教科書

Textbook of the three-dimensional layout

建築家住宅會 著

瑞昇文化

第1章 依照邊界來設計格局

寬敞感……8

開放視野……24

第2章
依照行動來設計格局

第3章
依照色彩搭配來設計格局

保暖・涼爽……142

第1章

依照邊界來設計格局

在全新的空間內，要藉由打造邊界來塑造居住空間的形狀。如果邊界的打造方式很高明的話，即使住宅位於狹窄的建地，也能創造出「寬敞感」與「開放感」。另外，藉由一邊注意邊界，一邊讓空間重疊，就能呈現出「縱深感」，打造出豐富的「中間區域」。在本章中，來看看我們如何透過「巧妙的邊界打造方式」來使居住空間變得充實吧。

攝影：鳥村鋼一

在呈現寬敞感時，內部空間的微調很重要

「寬敞感」的基礎知識

如果將室外空間的規模帶進室內空間的話，在對比之下，大多會覺得空間非常狹窄。

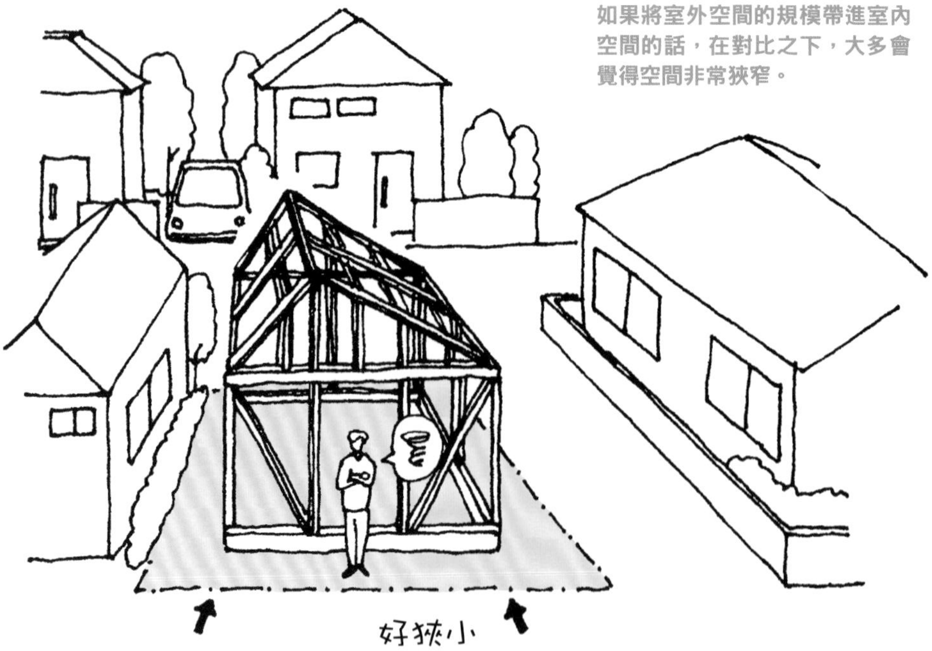

好狹小

不過……

相反地，如果能依照室內空間的規模來將室外空間帶進室內的話，就會讓人覺得空間比實際面積來得寬敞。

在設計住宅時，會遭遇到各種限制，像是周遭環境、屋主的要求、法律等。在這些限制下，要如何打造出舒適的空間呢？藉由將設計的重點擺在「格局的設計使人產生的感覺（寬敞感、開放感、縱深感等）」，就能解決這項問題。在本章中，我們會持續來解說能夠產生這種效果的設計訣竅。

最初的主題「寬敞感」指的並非空間的實際寬敞度・大小（尺寸），而是一種藉由空間設計來使人覺得空間比實際面積來得寬敞的延伸感。我們也能藉由「將室外空間帶進室內」、「讓室內與室外空間融為一體」來使室內產生寬敞感。不過，在將室外空間化為室內空間時，要依照某種方式來進行，如果用錯方法的話，就會產生反效果。舉例來說，當房間處於只有骨架的狀態，還沒進行室內裝潢時，不會覺得房間狹窄得驚人嗎？這是因為，雖然處於室內這個有限的場所內，但周圍卻沒有任何用來構成生活空間的家具與開口部位，所以透過室外空間的規模感來眺望室內空間時，就會覺得空間比較狹窄。

「寬敞感」的重點

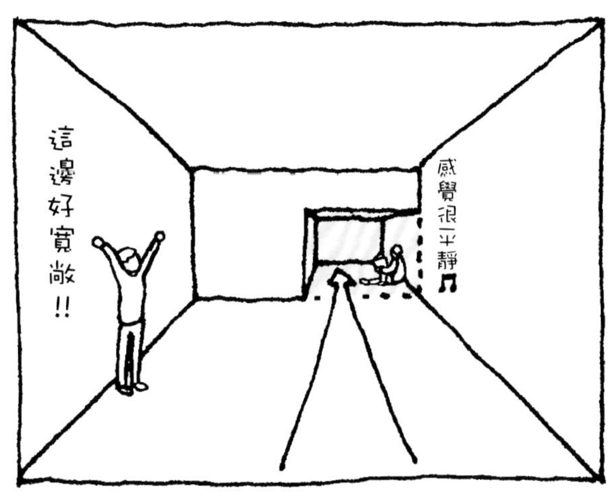
這邊好寬敞!!
感覺很平靜♪

Point 1 刻意地讓小空間與大空間產生對比，使人產生寬敞感。

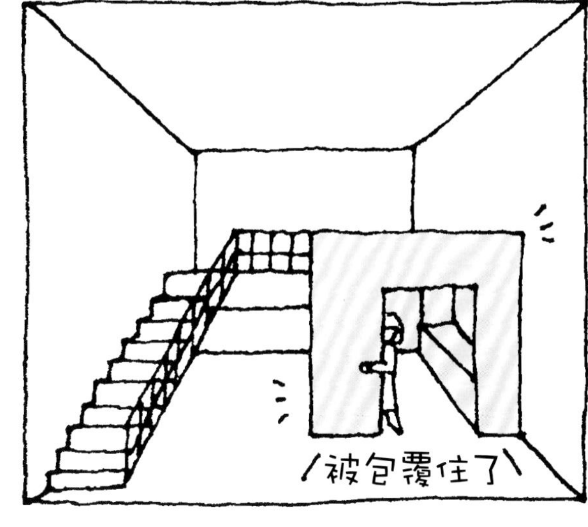
被包覆住了

Point 2 透過大空間來包覆小空間也是方法之一。藉由「對比效果」與「讓視線朝向多個方向」來產生寬敞感。

挑高的設計好寬敞!!

Point 3 即使開口部位較狹窄，只要採用挑高設計，讓空間朝垂直方向延伸，就能營造出寬敞感。

在蓋好的房子中也一樣。若是直接將室外空間的規模帶進室內，比起寬敞感，更容易令人產生狹小感。如果不依照正確的方法、正確的對比、正確的視覺效果，就容易落入出乎意料的圈套。設計時的重點在於，要先考慮室內空間的規模，然後再導入室外空間。

因為法律與金錢上的限制而難以提升數值上的寬敞度（面積與高度等）時，藉由空間設計，還是足以打造出具備寬敞感的舒適空間。在想要呈現寬敞感的空間內，將狹小的空間設置在可形成對比的位置上，當開口部位為狹窄的平面形狀時，則可以讓空間朝向垂直方向延伸，就像這樣，在設計空間的格局時，只要著重於人們的「感覺的相對性」，並藉由生活空間的規模來巧妙地利用對比即可。

「開放的視野」與「動作的多重方向性」也是有助於呈現寬敞感的要素。由於寬敞感與開口部位的大小以及位置有密切關連，所以即使是形狀、大小完全相同的房間，依照開口部位的設置方法，產生的寬敞感也會有所不同。另外，人們並非只會在站立狀態下感受寬敞度。人們在空間內移動時，這項體驗本身也會對寬敞度的認知產生影響。雖然都是空間，但是在容許朝著多個方向進行動作的空間內，行動的知覺會產生重疊，讓人覺得空間很寬敞。

［石井秀樹］

寬敞感

METHOD 1

即使正面寬度很狹窄，也能透過挑高空間來產生寬敞感

當建地的正面寬度很窄，且建築物距離隔壁鄰居家很近時，只要多下一點工夫，就能打造出從室內朝向室外的開放視野，創造出寬敞感，讓人覺得室內空間比實際面積來得大。透過挑高空間來打造垂直方向的視野，縱深方向可以透過錯層式結構來確保。如果能夠透過「與正面寬度一樣寬的開口部位」來讓室外空間融入室內，效果就會更好。經由錯層式結構階梯爬上爬下時，視線前方會位於挑高空間與大型開口部位，藉此產生更多樂趣，不僅只是在移動。

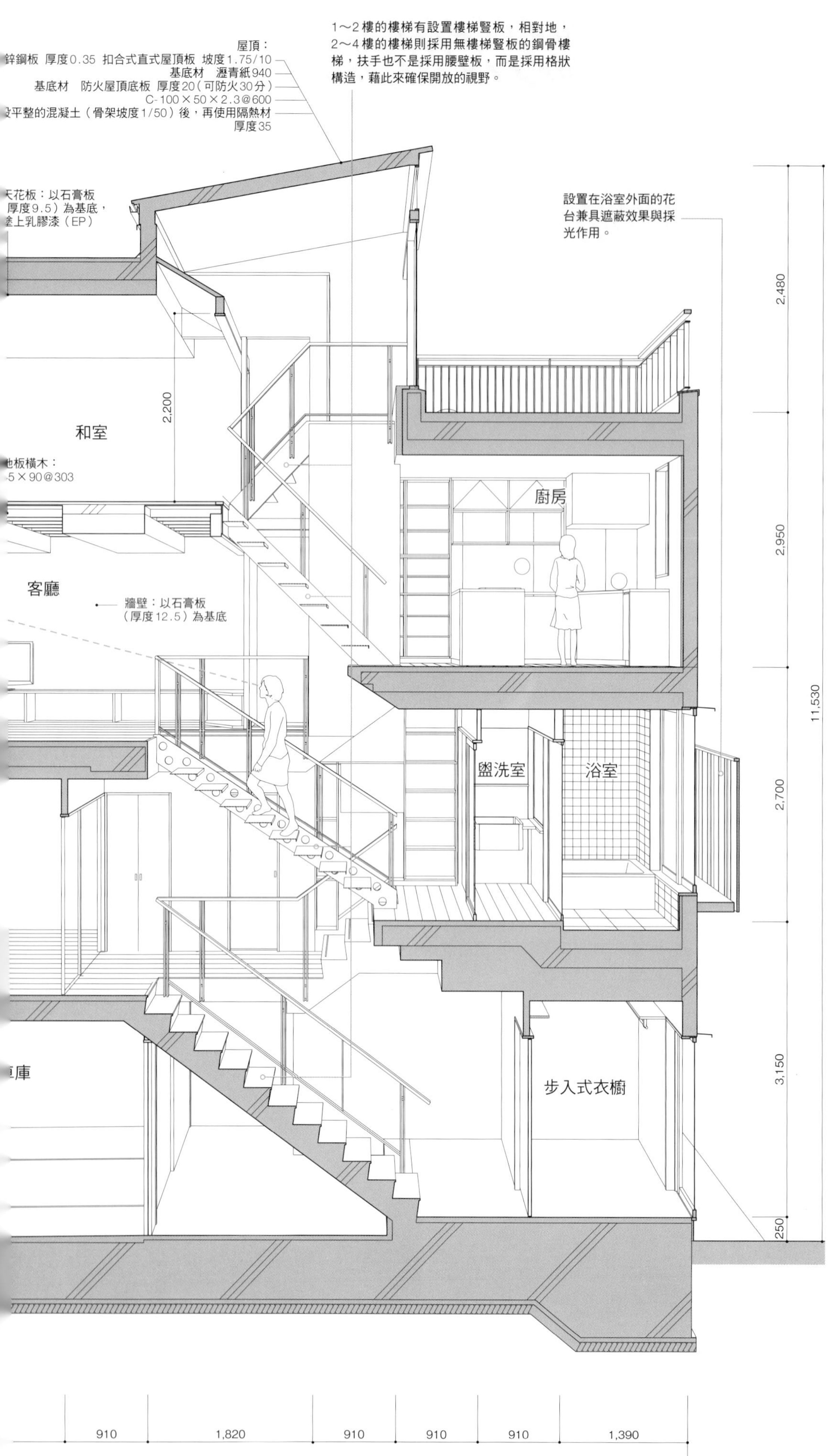

屋頂：
鋅鋼板 厚度0.35 扣合式直式屋頂板 坡度1.75/10
基底材 瀝青紙940
基底材 防火屋頂底板 厚度20（可防火30分）
C-100×50×2.3@600
設平整的混凝土（骨架坡度1/50）後，再使用隔熱材 厚度35
1～2樓的樓梯有設置樓梯豎板，相對地，2～4樓的樓梯則採用無樓梯豎板的鋼骨樓梯，扶手也不是採用腰壁板，而是採用格狀構造，藉此來確保開放的視野。
天花板：以石膏板（厚度9.5）為基底，塗上乳膠漆（EP）
設置在浴室外面的花台兼具遮蔽效果與採光作用。
和室
2,200
地板橫木：
.5×90@303
廚房
客廳
牆壁：以石膏板（厚度12.5）為基底
盥洗室
浴室
車庫
步入式衣櫥
2,480
2,950
2,700
3,150
250
11,530
910
1,820
910
910
910
1,390
10,490

（上）爬上樓梯後，只要觀看挑高空間，就會感受到耀眼的光線與爽快的開放感。
（下）將窗面細分成許多部分，以呈現出宏大感。樓梯中央的挑高空間擁有三層樓高的窗戶。

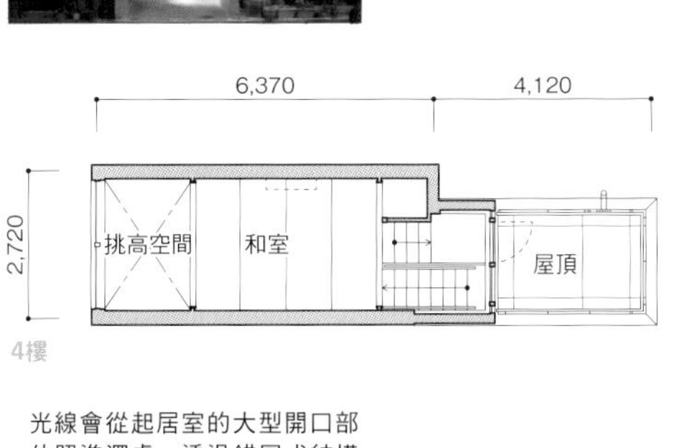

6,370
4,120
2,720
挑高空間
和室
屋頂
4樓

光線會從起居室的大型開口部位照進深處，透過錯層式結構來連接起居室的廚房也很明亮。

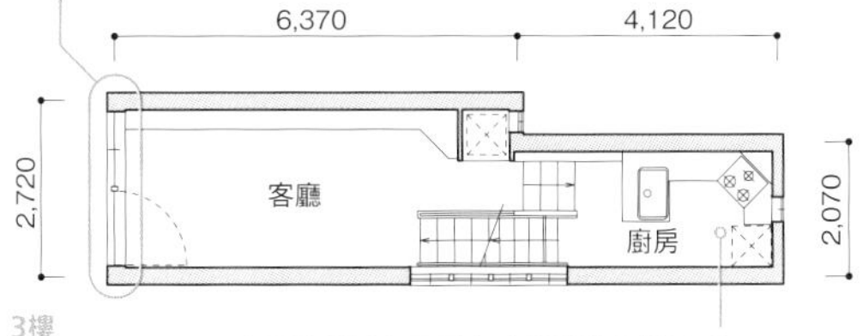

6,370
4,120
2,720
客廳
廚房
2,070
3樓

廚房被設置在正面寬度特別狹窄的區域。反過來利用狹窄的空間，讓人可以透過最低限度的動作來有效率地做家事。

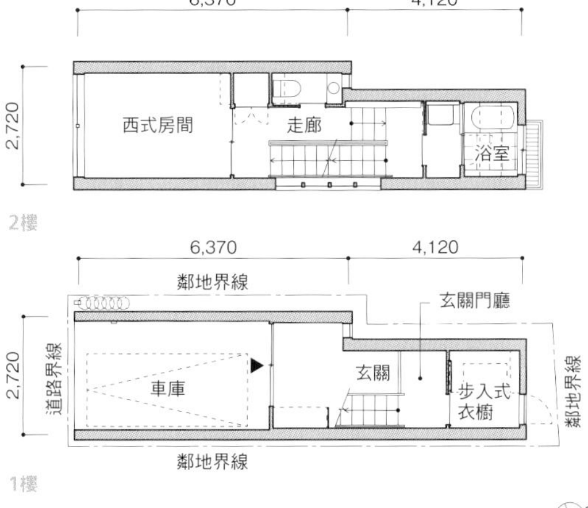

6,370
4,120
2,720
西式房間
走廊
浴室
2樓
6,370
4,120
鄰地界線
玄關門廳
2,720
道路界線
車庫
玄關
步入式衣櫥
鄰地界線
鄰地界線
1樓

平面圖［S＝1：200］

如果住宅的大型開口部位採用一整片大玻璃的話，就容易呈現出宛如辦公室般的冰冷風格。只要在牆面設計上多下一點工夫，營造出節奏感，空間內就能呈現出安穩感與各種氣氛。

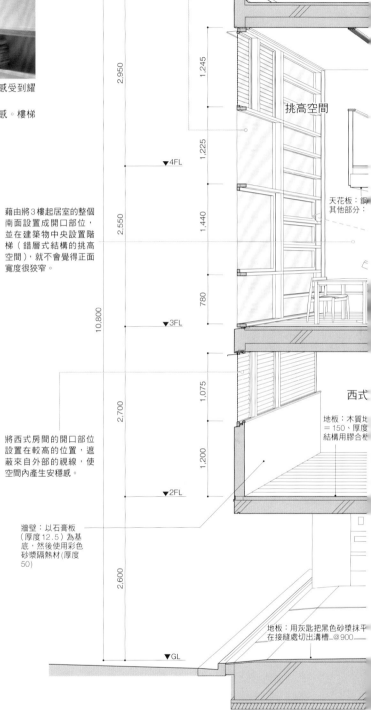

藉由將3樓起居室的整個南面設置成開口部位，並在建築物中央設置階梯（錯層式結構的挑高空間），就不會覺得正面寬度很狹窄。

將西式房間的開口部位設置在較高的位置，遮蔽來自外部的視線，使空間內產生安穩感。

牆壁：以石膏板（厚度12.5）為基底，然後使用彩色砂漿隔熱材(厚度50)

挑高空間

天花板：鋼
其他部分：

西式

地板：木質地
＝150、厚度
結構用膠合板

地板：用灰匙把黑色砂漿抹平
在接縫處切出溝槽 @900

2,950　2,550　2,700　2,600　10,800
1,245　1,225　1,440　780　1,075　1,200
▼4FL　▼3FL　▼2FL　▼GL
1,820

剖面圖［S＝1：60］

加藤邸｜設計：村山隆司　攝影：石井雅義

寬敞感

METHOD 2

藉由調整空間高度來呈現寬敞感

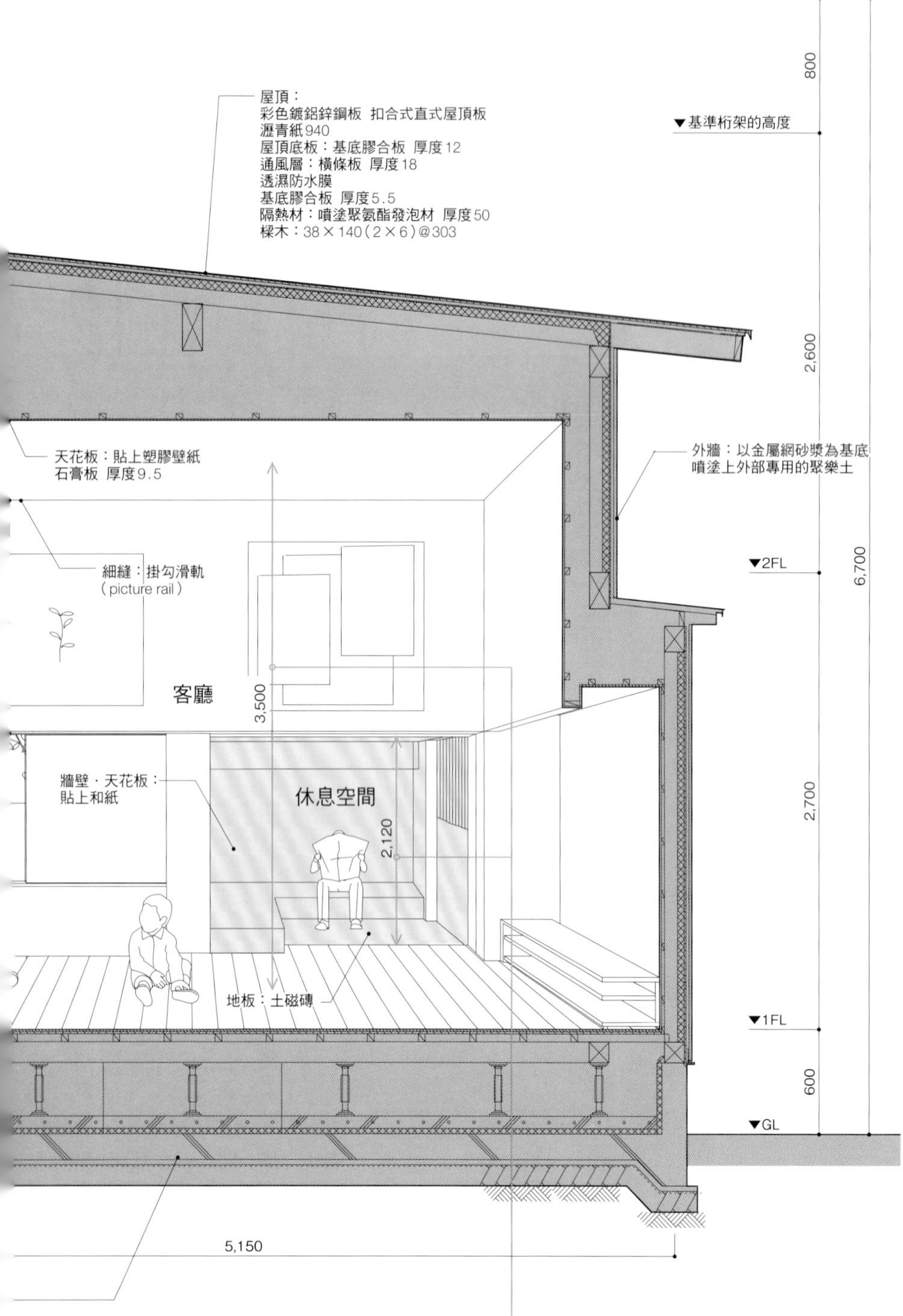

最高高度
800
基準桁架的高度
屋頂：
彩色鍍鋁鋅鋼板 扣合式直式屋頂板
瀝青紙940
屋頂底板：基底膠合板 厚度12
通風層：橫條板 厚度18
透濕防水膜
基底膠合板 厚度5.5
隔熱材：噴塗聚氨酯發泡材 厚度50
椽木：38×140（2×6）@303
2,600
外牆：以金屬網砂漿為基底
噴塗上外部專用的聚樂土
天花板：貼上塑膠壁紙
石膏板 厚度9.5
2FL
6,700
細縫：掛勾滑軌
（picture rail）
客廳
3,500
牆壁．天花板：
貼上和紙
休息空間
2,120
2,700
地板：土磁磚
1FL
600
GL
5,150

在天花板高度3500㎜的開放式客廳旁邊設置一個天花板高度為2120㎜，而且沉浸感很強烈的小房間。藉由大小空間的對比來凸顯客廳的寬敞感。

想要在室內空間呈現出寬敞感時，只要讓人覺得「室內與室外是相連的空間」即可。此時，除了要在「從室內地板到簷廊．室內水泥地．狹道．庭院的高度差距」、「天花板高度」、「屋簷的突出方式」等方面多下一些工夫，也要重視「把會成為內外空間交界的開口部位邊框等隱藏起來」這一點。

在此案例中，為了呈現從室內到庭院的連貫感，我們會設置垂壁，使人從室內看不到開口部位的邊框，並在室內與庭院之間設置包含簷廊在內的3個台階，讓地板高度逐漸降低。另外，藉由在開放式客廳的旁邊設置小房間等具備沉浸感的空間，就能更加凸顯客廳的寬敞感。

（左上）從庭院看到的客廳。
（右上）宛如置身於公園般的開放感。
（下）從道路上觀看建築物外觀。

想要讓室外與室內產生連貫性時，也
選擇不設置垂壁。不過，在此實例中
們還是設置了垂壁，藉此來將「用來
內外空間界線的開口部位外框」隱藏起

一方面讓地板高度逐漸下降，另一方面卻讓從垂壁到屋簷的高度逐漸上升。像這樣藉由調整地板高度與屋簷突出方式來隱藏開口部位的邊框，使室內外空間的界線變得模糊。同時，還能呈現出從室內往室外延伸的寬敞感。

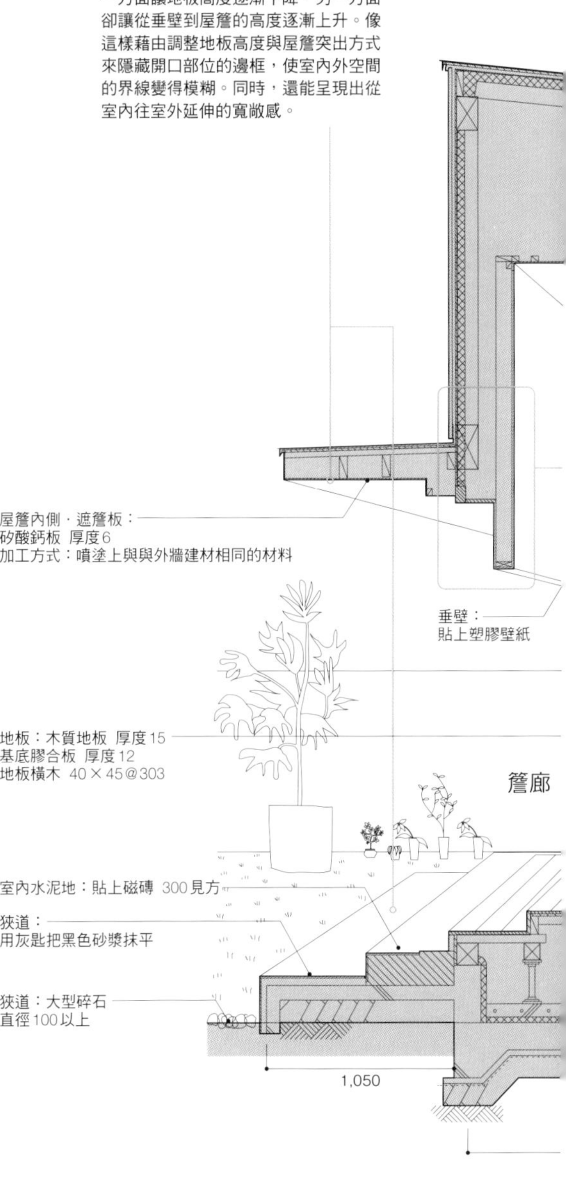
屋簷內側．遮簷板：
矽酸鈣板 厚度6
加工方式：噴塗上與與外牆建材相同的材料
垂壁：
貼上塑膠壁紙
地板：木質地板 厚度15
基底膠合板 厚度12
地板橫木 40×45@303
簷廊
室內水泥地：貼上磁磚 300見方
狹道：
用灰匙把黑色砂漿抹平
狹道：大型碎石
直徑100以上
1,050
地基部分：
蓄熱式水泥地板 厚度70
隔熱材：擠壓成型聚苯乙烯發泡板 厚度30
耐壓板 厚度150
打底混凝土 厚度30
防濕膜
碎石40-0 厚度120 採用輾壓方式

2樓
挑高空間
簷廊
屋頂露臺
14,205
13,275

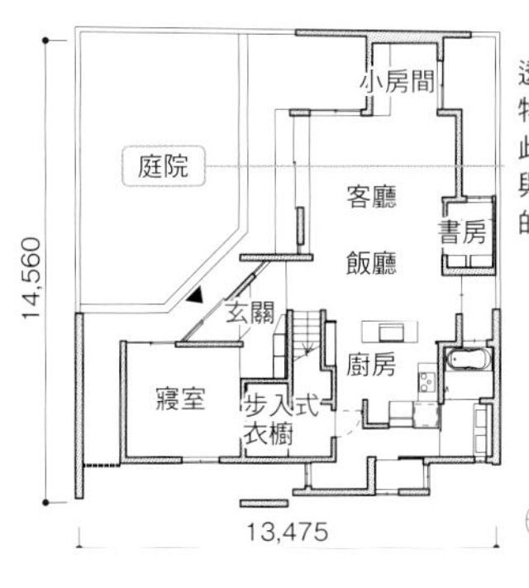
小房間
庭院
客廳
書房
飯廳
玄關
廚房
寢室
步入式衣櫥
14,560
13,475
N

透過L字形的建築物來包圍庭院，藉此就能增強「庭院與室內融為一體」的氣氛。

1樓

平面圖［S＝1：400］

剖面圖［S＝1：40］

筑波未來的家｜設計：長谷川順持　攝影：富田治

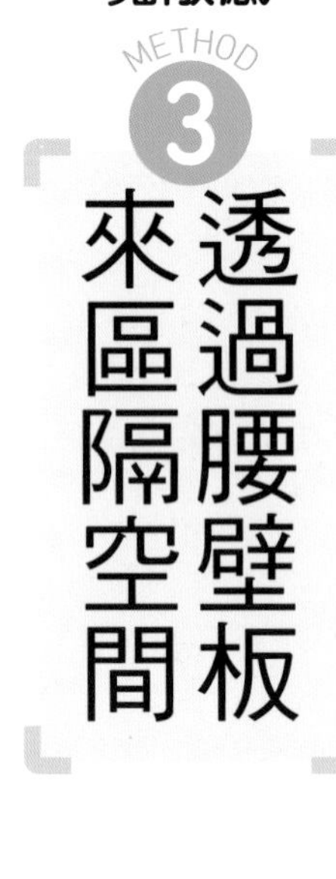

寬敞感
METHOD
3

透過腰壁板來區隔空間

想要讓空間顯得寬敞時，只要在結構上多下一點工夫即可，像是「將主要的承重結構配置在外牆上」等方法。最簡單的方法就是，盡量減少隔間牆與天花板，打造出一室格局的大空間。話雖如此，在日常生活中，我們還是必須依照用途來劃分空間。只要在不同用途的空間之間的交界上設置開放式的走廊，就能兼具「空間的一體感」與「用途的區分」。再者，透過腰壁板等來間接地區隔空間，也是很好的方法。透過走廊來相連不同的空間時，位於不同空間的人可以一邊做各自的事，一邊進行交談。另外，只要透過地板台階與家具設計來使視線高度變得一致，就能進一步地提升空間的連貫性與寬敞感。

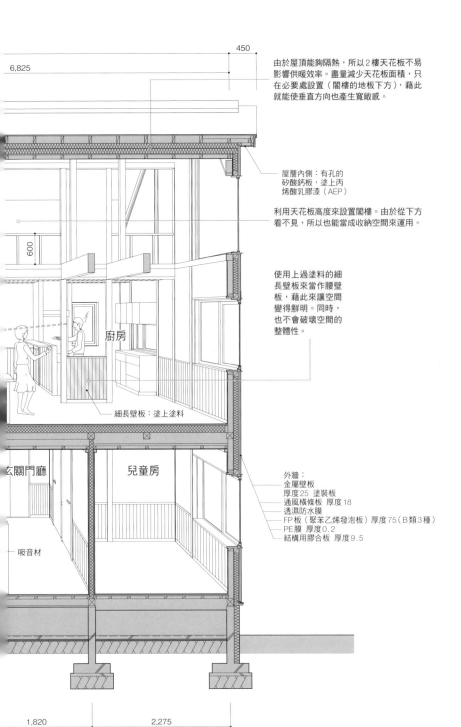

450
6,825

由於屋頂能夠隔熱，所以2樓天花板不易影響供暖效率。盡量減少天花板面積，只在必要處設置（閣樓的地板下方），藉此就能使垂直方向也產生寬敞感。

屋簷內側：有孔的矽酸鈣板，塗上丙烯酸乳膠漆（AEP）

利用天花板高度來設置閣樓。由於從下方看不見，所以也能當成收納空間來運用。

600

使用上過塗料的細長壁板來當作腰壁板，藉此來讓空間變得鮮明。同時，也不會破壞空間的整體性。

廚房

細長壁板：塗上塗料

玄關門廳

兒童房

外牆：
金屬壁板
厚度25 塗裝板
通風橫條板 厚度18
透濕防水膜
FP板（聚苯乙烯發泡板）厚度75（B類3種）
PE膜 厚度0.2
結構用膠合板 厚度9.5

吸音材

1,820
2,275

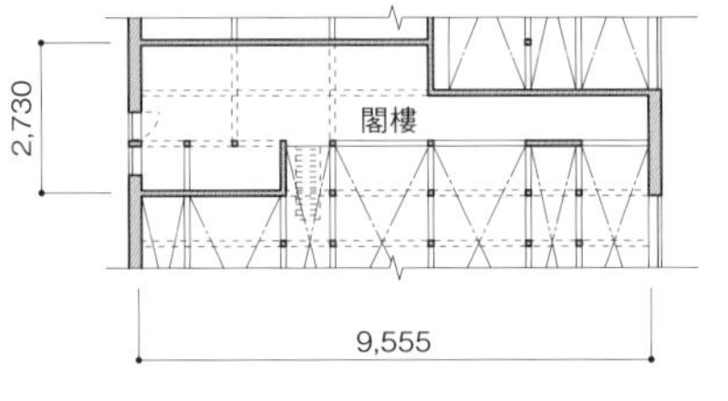

2,730
閣樓
9,555

置物間
走廊
廚房
榻榻米區
客廳・飯廳
陽台
7,280
1,365
9,555

只要將餐具擺放在配膳櫃台上，就能擁有充裕的調理空間，而且也能隔著櫃檯進行交談。

只要讓矮桌與餐桌的高度一致（700㎜），並進行併桌，就能讓很多人一起用餐。把桌腳拆下後，只要將桌板收進地板下，也能當成住宿用的客房來使用。

2樓

閣樓層

平面圖［S＝1：300］

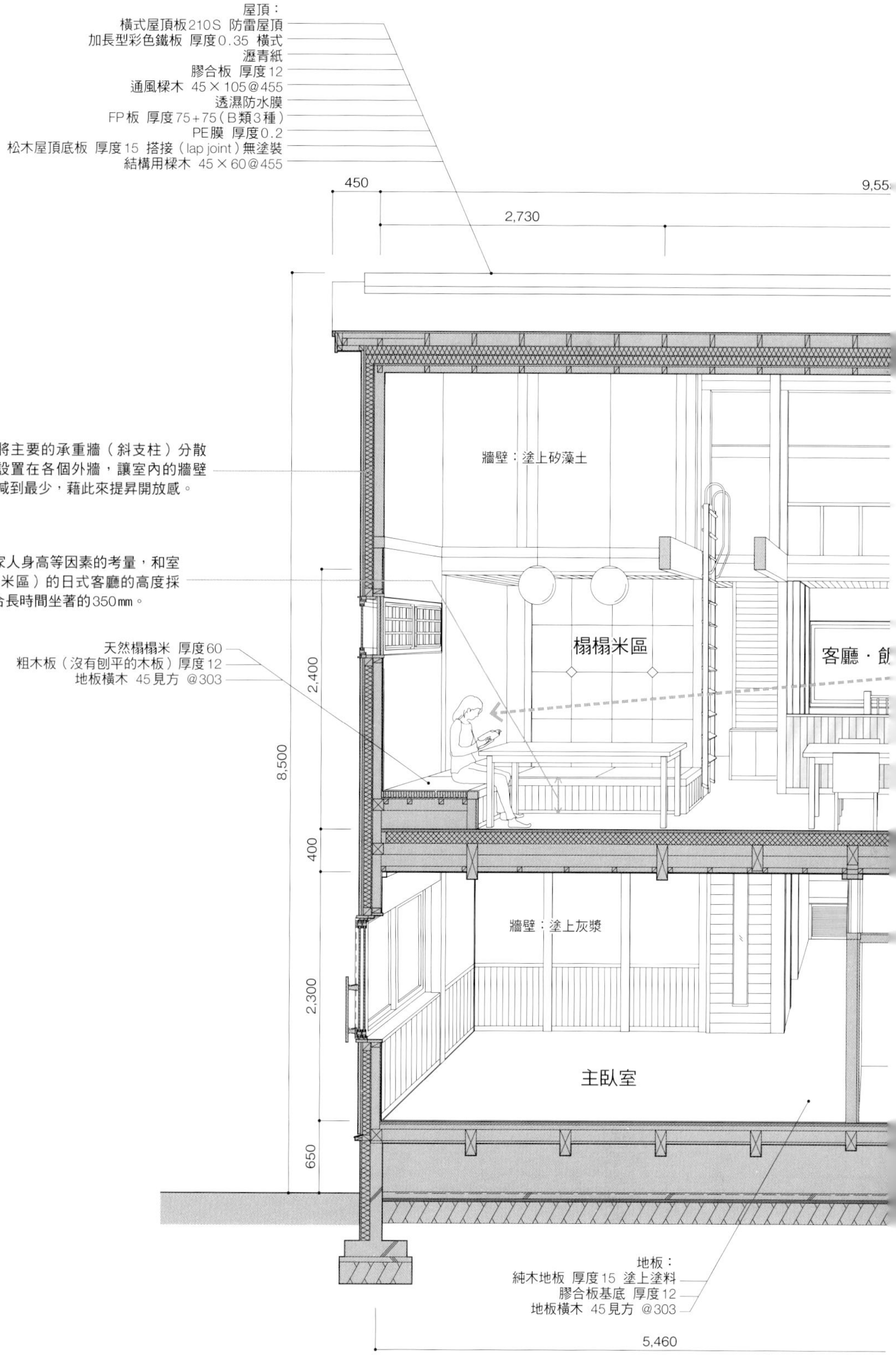

屋頂：
橫式屋頂板210S 防雷屋頂
加長型彩色鐵板 厚度0.35 橫式
瀝青紙
膠合板 厚度12
通風椽木 45×105@455
透濕防水膜
FP板 厚度75+75（B類3種）
PE膜 厚度0.2
松木屋頂底板 厚度15 搭接（lap joint）無塗裝
結構用椽木 45×60@455

450
2,730
9,55

將主要的承重牆（斜支柱）分散設置在各個外牆，讓室內的牆壁減到最少，藉此來提昇開放感。

牆壁：塗上矽藻土

基於家人身高等因素的考量，和室（榻榻米區）的日式客廳的高度採用適合長時間坐著的350㎜。

榻榻米區

客廳・飯

天然榻榻米 厚度60
粗木板（沒有刨平的木板）厚度12
地板橫木 45見方 @303

2,400
8,500
400

牆壁：塗上灰漿

2,300

主臥室

650

剖面圖［S=1：60］

地板：
純木地板 厚度15 塗上塗料
膠合板基底 厚度12
地板橫木 45見方 @303

5,460

（左）從客廳・飯廳觀看榻榻米區。右腰壁板的右側為走廊。由於視野很寬闊，所以寬敞感倍增。
（右）從公園觀看南側外觀。2樓陽台所採用的設計不會妨礙到客廳・飯廳的採光與視野。

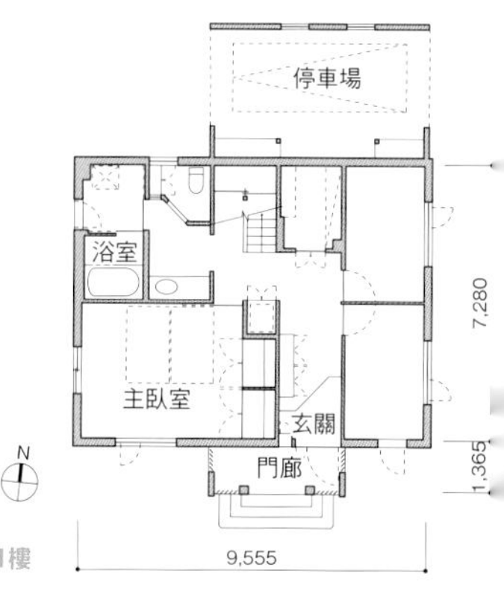
停車場
浴室
主臥室
玄關
門廊
7,280
1,365
9,555
N
1樓

MMT邸｜設計：橫山幸弘　攝影：橫山幸弘

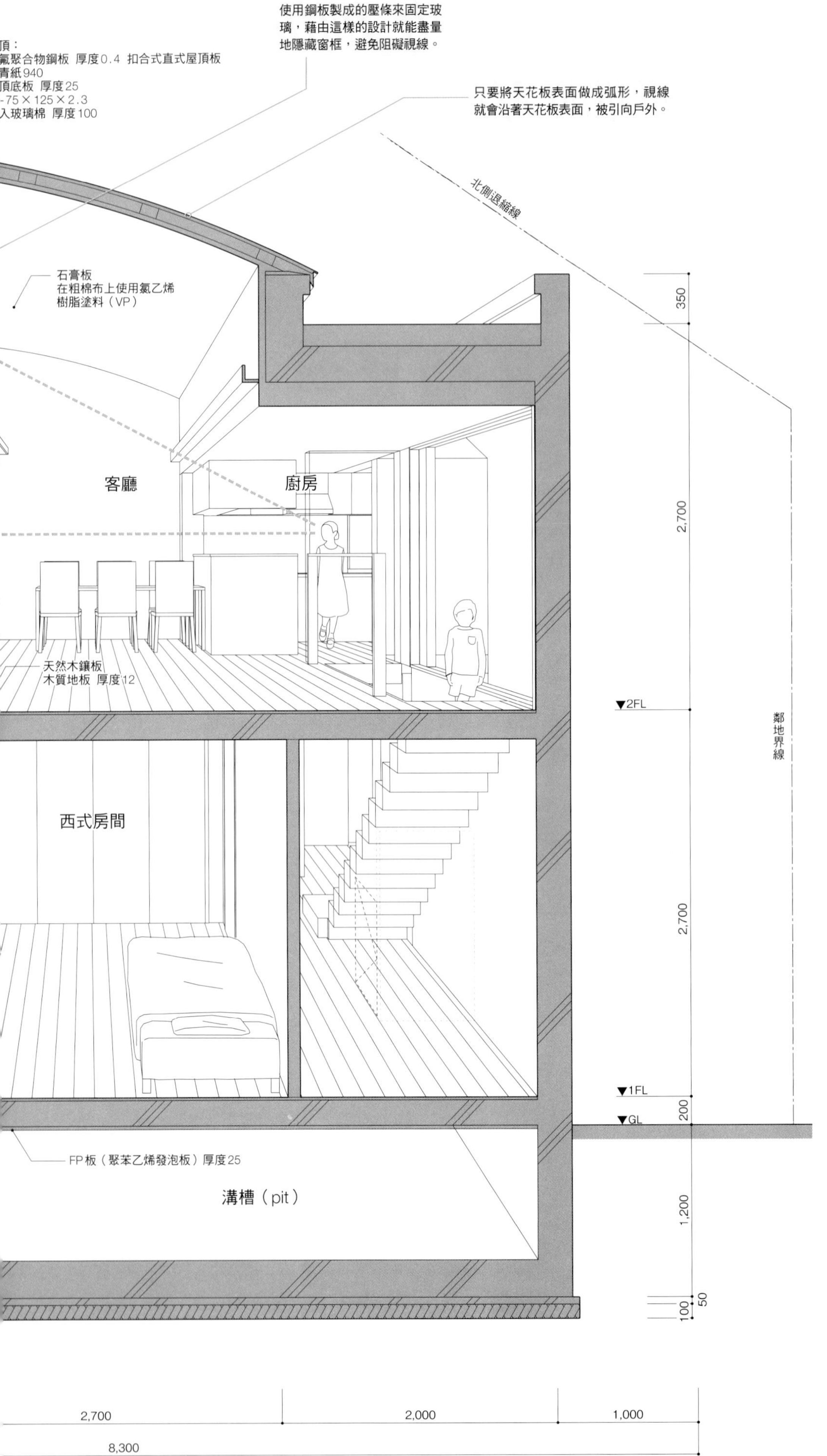

使用鋼板製成的壓條來固定玻璃，藉由這樣的設計就能盡量地隱藏窗框，避免阻礙視線。
頂：
氟聚合物鋼板 厚度0.4 扣合式直式屋頂板
青紙940
頂底板 厚度25
-75×125×2.3
入玻璃棉 厚度100
只要將天花板表面做成弧形，視線就會沿著天花板表面，被引向戶外。
北側退縮線
石膏板
在粗棉布上使用氯乙烯樹脂塗料（VP）
客廳
廚房
天然木鑲板
木質地板 厚度12
西式房間
鄰地界線
FP板（聚苯乙烯發泡板）厚度25
溝槽（pit）
▼2FL
▼1FL
▼GL
350
2,700
2,700
200
1,200
100
50
2,700
2,000
1,000
8,300

寬敞感

METHOD 4

設置中庭，將視線引向戶外

當自家周圍的住宅蓋得很密集，離自家很近時，如果不在建築物的格局與型態上下工夫的話，室內就會很昏暗，通風也容易變差。室內的明亮度與視野寬闊度的問題，也會影響室內的寬敞感。

想要確保開放的視野與採光，使室內產生寬敞感的話，只要讓各個房間的開口部位面向中庭即可。再者，藉由有計畫地將視線引向中庭，也能使室內產生寬敞感。

（上）2樓的客廳・飯廳。透過開放的空間來將視線引向空中，並帶來光線。
（下）在具有縱深感的細長建地內，這條通道的盡頭是設有中庭的屋主住家。眼前右側的是出租住宅。

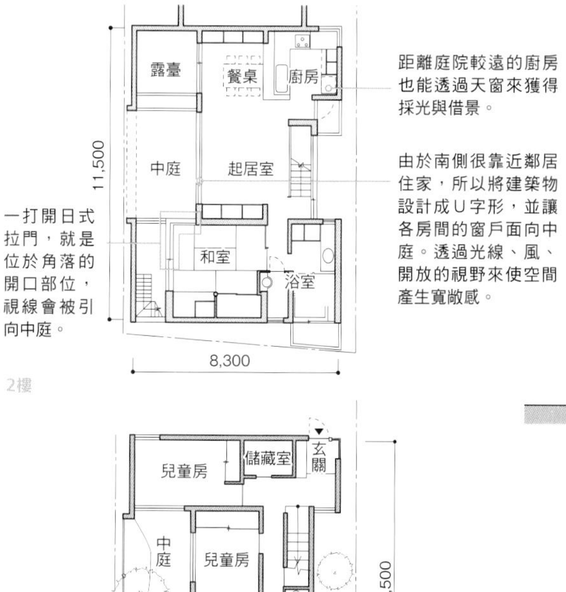

露臺
餐桌
廚房
中庭
起居室
和室
浴室
11,500
8,300

距離庭院較遠的廚房也能透過天窗來獲得採光與借景。

由於南側很靠近鄰居住家，所以將建築物設計成U字形，並讓各房間的窗戶面向中庭。透過光線、風、開放的視野來使空間產生寬敞感。

一打開日式拉門，就是位於角落的開口部位，視線會被引向中庭。

2樓

兒童房
儲藏室
玄關
中庭
兒童房
主臥室
書房
11,500
8,300

1樓

平面圖［S＝1：300］

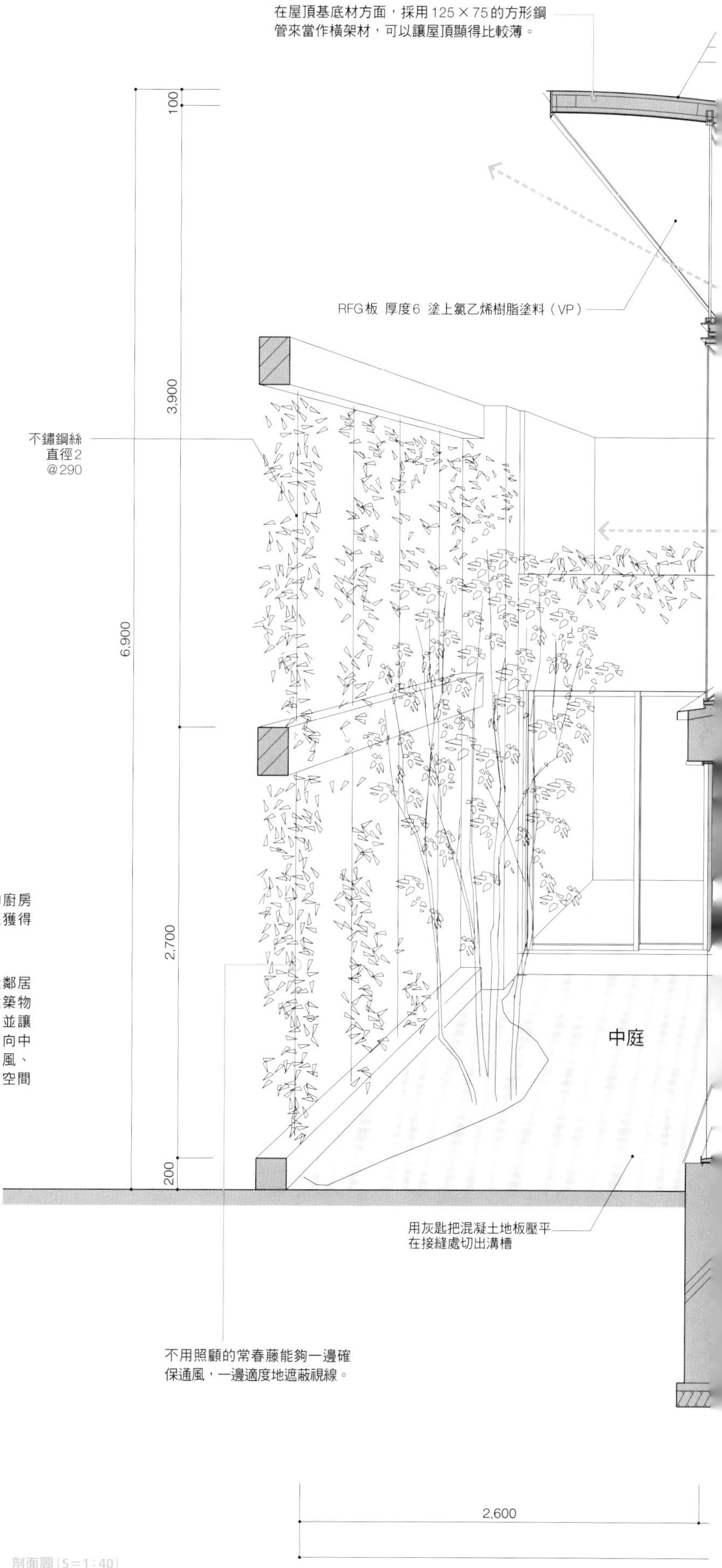

在屋頂基底材方面，採用125×75的方形鋼管來當作橫架材，可以讓屋頂顯得比較薄。

RFG板 厚度6 塗上氯乙烯樹脂塗料（VP）

不鏽鋼絲
直徑2
@290

100
3,900
6,900
2,700
200

中庭

用灰匙把混凝土地板壓平
在接縫處切出溝槽

不用照顧的常春藤能夠一邊確保通風，一邊適度地遮蔽視線。

2,600

剖面圖［S＝1：40］

S邸｜設計：山口辰實　攝影：吉田建築攝影事務所 佐佐木徹

寬敞感

METHOD 5

挑高空間的縱橫比例的平衡很重要

挑高空間也是一項能夠用來呈現寬敞感的有效方法。不過，在2層樓高的挑高空間內，當挑高空間部分的面積較小時，縱向長度就會過長，容易導致縱橫比例的平衡變差。在此案例中，我們稍微降低了挑高空間的高度（5150㎜），藉此來避免縱向長度過長。另外，在設有挑高空間的LDK設置大型開口部位，就能將視線引向水平方向。

只要在「藉由降低天花板高度而產生的多餘空間」內設置閣樓，就能更加地有效運用空間。

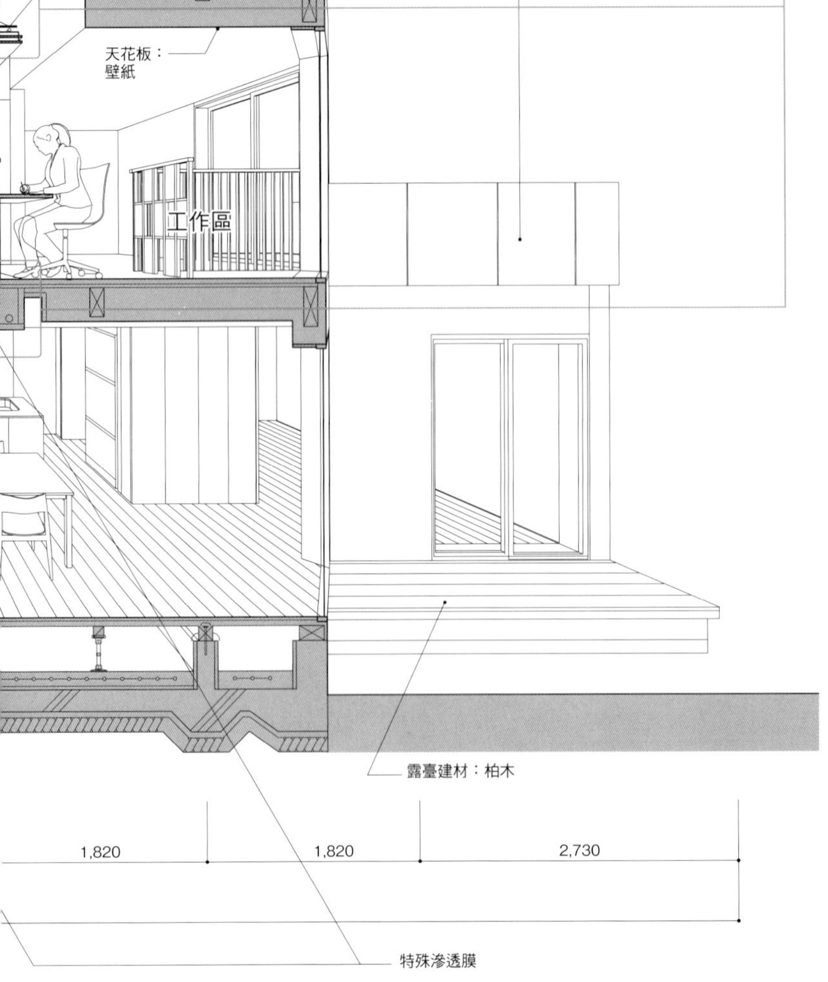
稍微降低挑高空間的天花板高度後，在多出來的空間中設置閣樓。
LDK與工作區的照明採用間接照明，透過牆面，從上方確保亮度。讓LDK與工作區充滿柔和光線。
4.7
鍍鋁鋅鋼板
筆直屋頂板
穿透性腰壁板：
多孔金屬板
漸層加工
10
2.0
天花板：
壁紙
工作區
露臺建材：柏木
1,820
1,820
2,730
特殊滲透膜
地板：竹地板

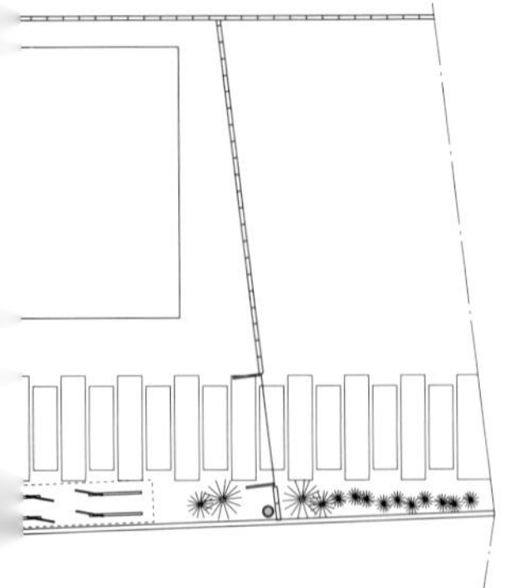

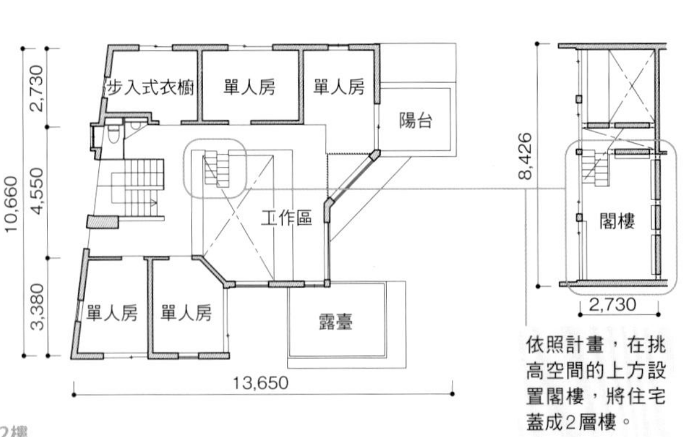
步入式衣櫥
單人房
單人房
陽台
工作區
單人房
單人房
露臺
閣樓
2,730
4,550
3,380
10,660
13,650
8,426
2,730
N

依照計畫，在挑高空間的上方設置閣樓，將住宅蓋成2層樓。

2樓　閣樓層　平面圖［S=1：300］

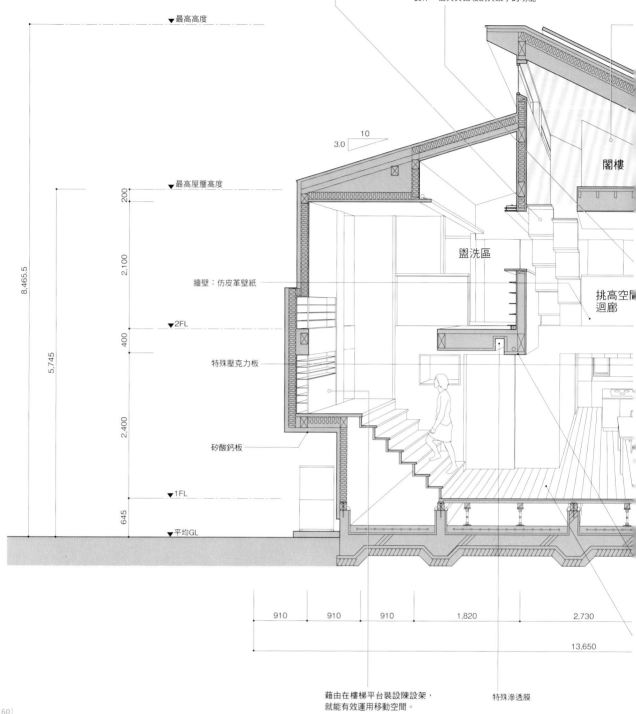

想要在挑高空間的上方設置樓梯時，在設計上，要考慮到樓梯在挑高空間內給人的印象。在此案例中，我們採用了左右交錯式樓梯，使其成為挑高空間的特色。

在設計空間格局時，要以挑高空間為中心。挑高空間周圍採用腰壁板，藉此就能打造出「可以縱向．橫向延伸的空間」。腰壁板使用具備穿透性的材質來製作，使其具備收納與桌子的功能。

最高高度

最高屋簷高度

3.0　10

閣樓

盥洗區

挑高空間
迴廊

牆壁：仿皮革壁紙

特殊壓克力板

矽酸鈣板

2FL

1FL

平均GL

8,465.5

5,745

200

2,100

400

2,400

645

910　910　910　1,820　2,730

13,650

藉由在樓梯平台裝設陳設架，就能有效運用移動空間。

特殊滲透膜

剖面圖［S＝1：60］

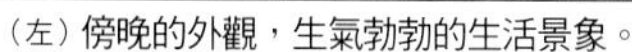

（左）傍晚的外觀，生氣勃勃的生活景象。
（右）透過電視上方的開口部位，將神社參拜道的樹木當成借景。

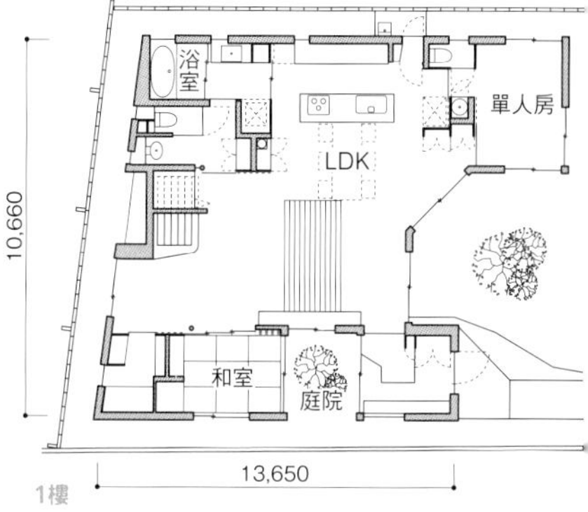
浴室
單人房
LDK
和室
庭院
10,660
13,650

1樓

板橋的家｜設計：長谷川順持　攝影：黑住直民

寬敞感

METHOD 6

能夠朝著多個方向來呈現寬敞感的螺旋梯

錯層式結構能夠藉由「水平・垂直地錯開地板」來創造立體的開放視野，使空間產生寬敞感。不過，光是這樣的話，即使有寬敞感，空間的格局還是可能會顯得單調。

在此案例中，我們藉由在L字形平面的相連部位設置螺旋梯，就能讓地板朝多個方向延伸。透過使用螺旋梯，也能使空間擁有朝向多個方向的開放視野，為空間帶來更加舒適的節奏感與寬敞感。

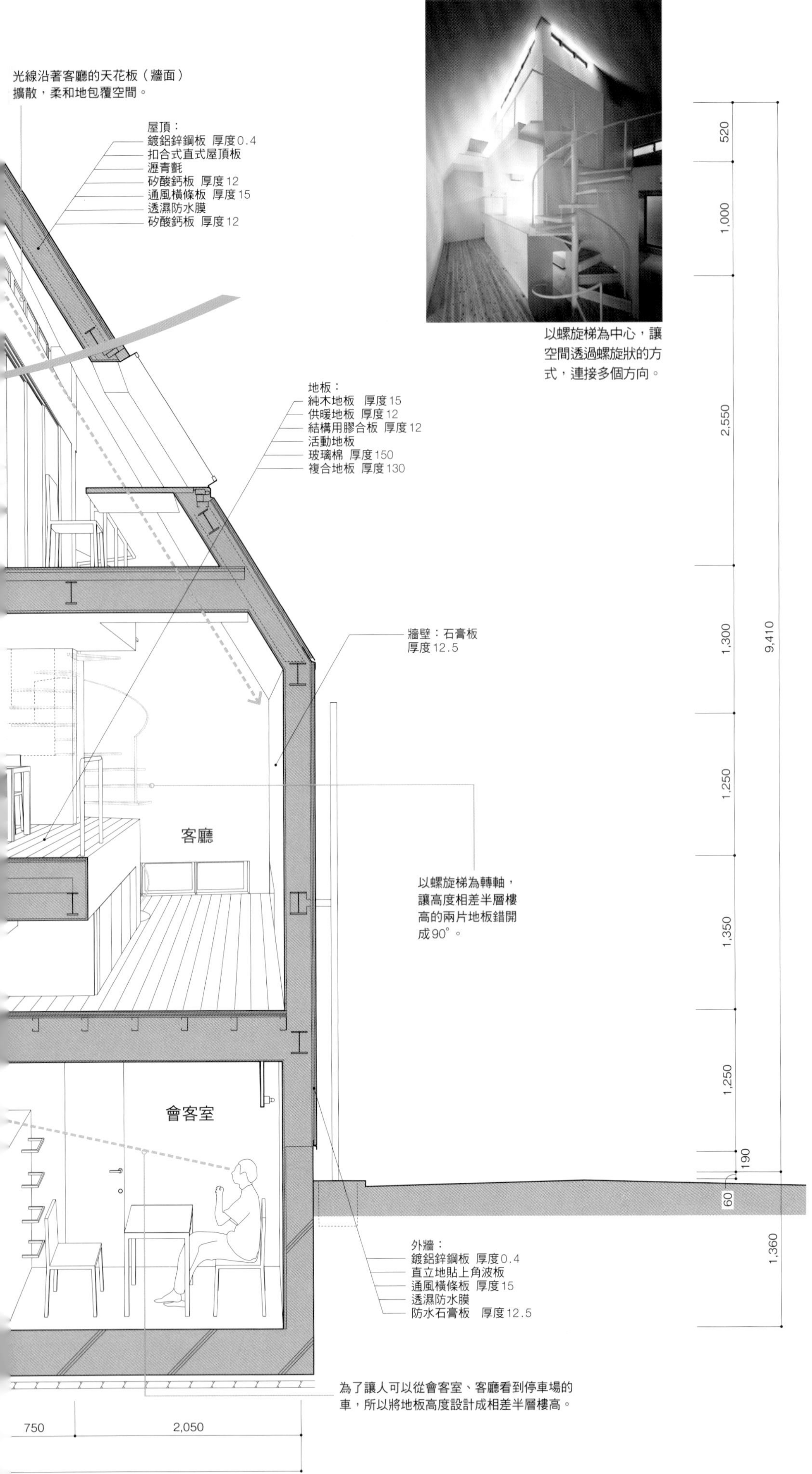

光線沿著客廳的天花板（牆面）擴散，柔和地包覆空間。
屋頂：
鍍鋁鋅鋼板 厚度0.4
扣合式直式屋頂板
瀝青氈
矽酸鈣板 厚度12
通風橫條板 厚度15
透濕防水膜
矽酸鈣板 厚度12
地板：
純木地板 厚度15
供暖地板 厚度12
結構用膠合板 厚度12
活動地板
玻璃棉 厚度150
複合地板 厚度130
牆壁：石膏板
厚度12.5
客廳
以螺旋梯為轉軸，讓高度相差半層樓高的兩片地板錯開成90˚。
會客室
外牆：
鍍鋁鋅鋼板 厚度0.4
直立地貼上角波板
通風橫條板 厚度15
透濕防水膜
防水石膏板 厚度12.5
為了讓人可以從會客室、客廳看到停車場的車，所以將地板高度設計成相差半層樓高。
520
1,000
2,550
1,300
1,250
1,350
1,250
190
60
1,360
9,410
750
2,050

以螺旋梯為中心，讓空間透過螺旋狀的方式，連接多個方向。

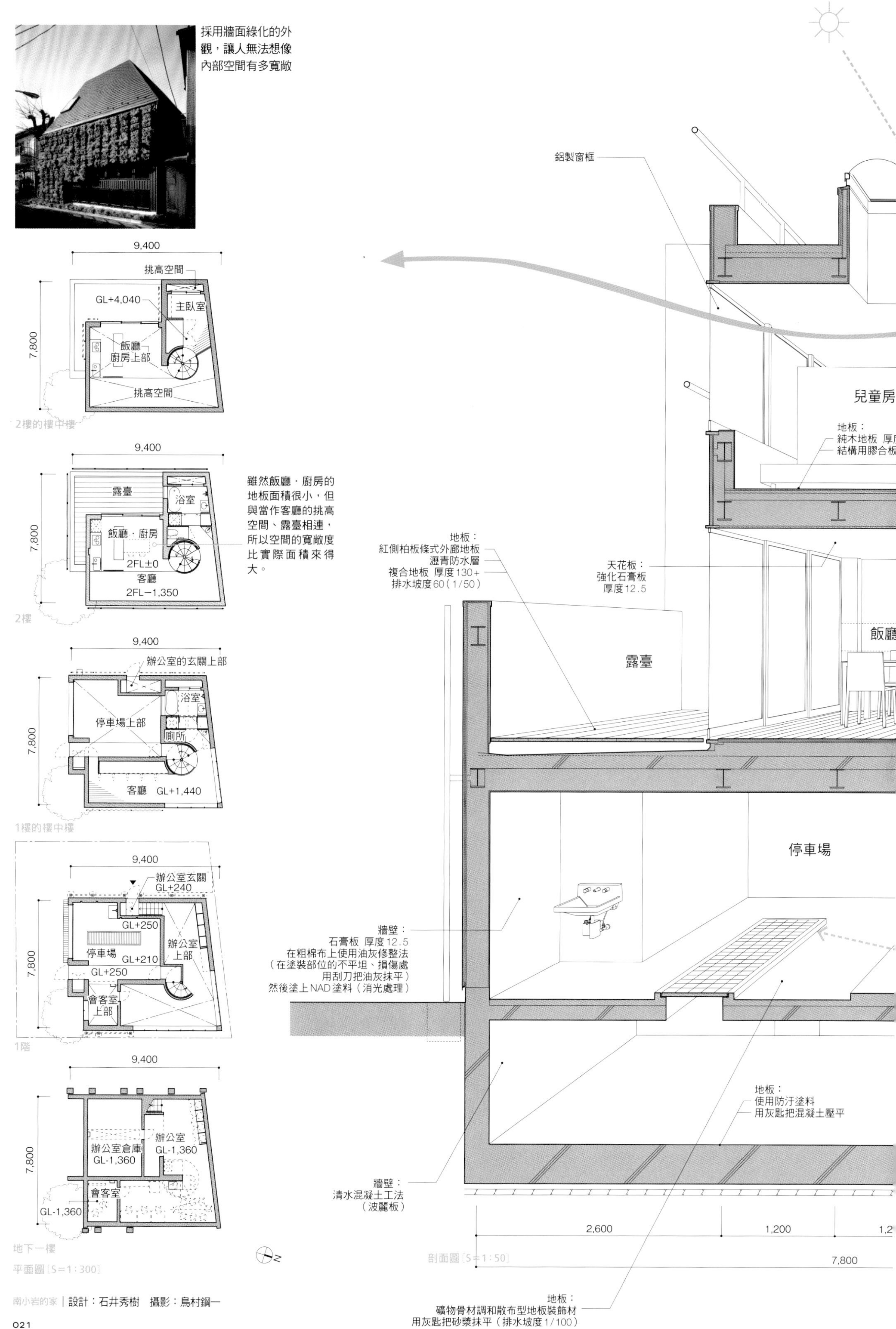
採用牆面綠化的外
觀，讓人無法想像
內部空間有多寬敞
9,400
挑高空間
GL+4,040
主臥室
飯廳
廚房上部
挑高空間
7,800
2樓的樓中樓
露臺
浴室
飯廳・廚房
2FL±0
客廳
2FL−1,350
2樓
雖然飯廳・廚房的
地板面積很小，但
與當作客廳的挑高
空間、露臺相連，
所以空間的寬敞度
比實際面積來得
大。
辦公室的玄關上部
停車場上部
廁所
客廳 GL+1,440
1樓的樓中樓
辦公室玄關
GL+240
GL+250
停車場
GL+210
GL+250
辦公室
上部
會客室
上部
1階
辦公室倉庫
GL-1,360
辦公室
GL-1,360
會客室
GL-1,360
地下一樓
平面圖[S=1：300]
鋁製窗框
兒童房
地板：
純木地板 厚度
結構用膠合板
地板：
紅側柏板條式外廊地板
瀝青防水層
複合地板 厚度130+
排水坡度60（1/50）
天花板：
強化石膏板
厚度12.5
露臺
飯廳
停車場
牆壁：
石膏板 厚度12.5
在粗棉布上使用油灰修整法
（在塗裝部位的不平坦、損傷處
用刮刀把油灰抹平）
然後塗上NAD塗料（消光處理）
地板：
使用防汙塗料
用灰匙把混凝土壓平
牆壁：
清水混凝土工法
（波麗板）
2,600
1,200
7,800
剖面圖[S=1：50]
地板：
礦物骨材調和散布型地板裝飾材
用灰匙把砂漿抹平（排水坡度1/100）

南小岩的家｜設計：石井秀樹　攝影：鳥村鋼一

能夠打造出一層巨大外皮的一室格局空間

在被建築物包圍的狹小建地內，很難確保寬敞的居住空間與開放視野，空間容易產生阻塞感。如果想要保護隱私，並同時呈現寬敞感的話，只要將單人房、廚房、浴室等空間彙整成一個箱型空間，並透過一層巨大外皮（外殼）來包覆此空間即可。透過外皮的裂縫所產生的空隙，來確保通向天空與庭院植物等處的視野，如此一來，即使是重視隱私的空間，也能避免產生阻塞感，而且還能營造出寬敞感。此外外皮會使天花板的高度產生變化，打造出多采多姿的空間。

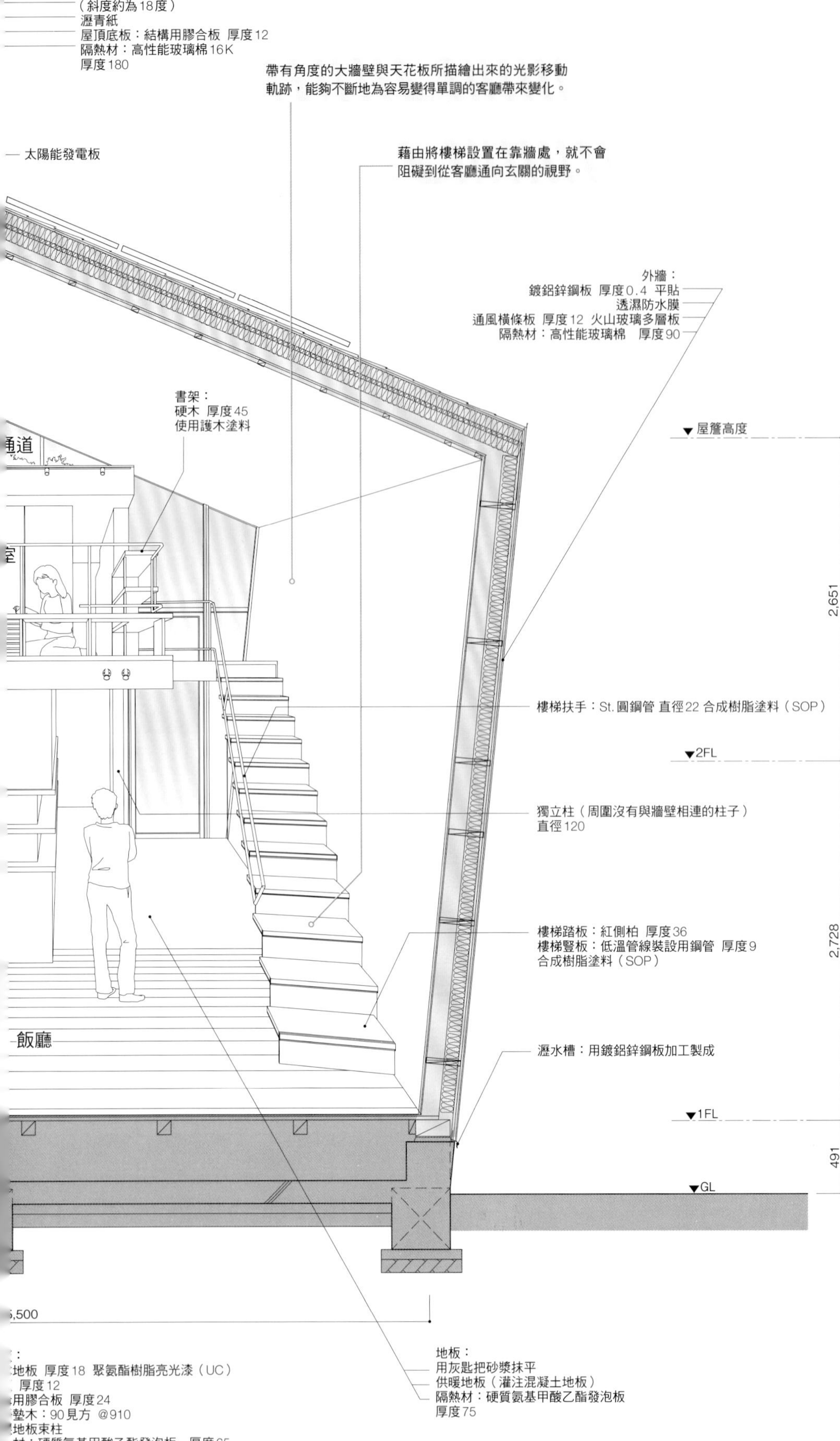
屋頂：
鍍鋁鋅鋼板 厚度0.4 平鋪式
（斜度約為18度）
瀝青紙
屋頂底板：結構用膠合板 厚度12
隔熱材：高性能玻璃棉16K
厚度180
帶有角度的大牆壁與天花板所描繪出來的光影移動軌跡，能夠不斷地為容易變得單調的客廳帶來變化。
太陽能發電板
藉由將樓梯設置在靠牆處，就不會阻礙到從客廳通向玄關的視野。
外牆：
鍍鋁鋅鋼板 厚度0.4 平貼
透濕防水膜
通風橫條板 厚度12 火山玻璃多層板
隔熱材：高性能玻璃棉 厚度90
書架：
硬木 厚度45
使用護木塗料
屋簷高度
2,651
樓梯扶手：St.圓鋼管 直徑22 合成樹脂塗料（SOP）
2FL
獨立柱（周圍沒有與牆壁相連的柱子）
直徑120
2,728
樓梯踏板：紅側柏 厚度36
樓梯豎板：低溫管線裝設用鋼管 厚度9
合成樹脂塗料（SOP）
飯廳
瀝水槽：用鍍鋁鋅鋼板加工製成
1FL
491
GL
地板：
用灰匙把砂漿抹平
供暖地板（灌注混凝土地板）
隔熱材：硬質氨基甲酸乙酯發泡板
厚度75
地板 厚度18 聚氨酯樹脂亮光漆（UC）
厚度12
用膠合板 厚度24
墊木：90見方 @910
地板束柱
材：硬質氨基甲酸乙酯發泡板 厚度65

※在由平行面所組成的房間內所發生的聲音顫動現象。聲音會透過前後左右的天花板・地板，反覆地進行反射，引發此現象。

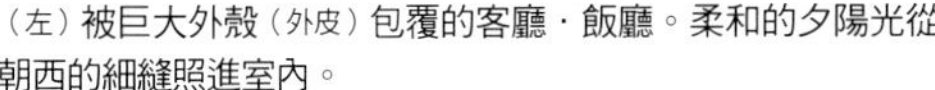

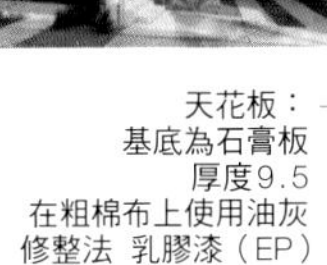

（左）被巨大外殼（外皮）包覆的客廳・飯廳。柔和的夕陽光從朝西的細縫照進室內。
（右上）持續變化的日光從巨大外殼上的各個隙縫照進室內，讓室內空間呈現出風貌。
（右下）被鍍鋁鋅鋼板整個包覆住的屋頂與牆壁所創造出的巨大外殼（外皮）。

透過巨大的外殼（外皮）來包覆2.5層樓高的空間，使空間產生整體感，消除狹小感。若只是透過形狀工整的外皮來包覆空間的話，某些場所的天花板高度會變得過高，所以要調整天花板（屋頂）的坡度。

▼最高高度

2樓圖書室的扶手在發揮書桌與書架功能的同時，還能抑制高度，避免圖書室與LDK之間的整體感遭到破壞。另外，雖然一部分的書架上有設置空調，但會透過百葉窗來遮住空調設備，以避免空調設備太過顯眼。

天花板：
基底為石膏板
厚度9.5
在粗棉布上使用油灰修整法 乳膠漆（EP）

扶手：St.圓鋼管
直徑22 合成樹脂塗料（SOP）

8,740

壁掛式空調：
木製百葉窗
9×25 厚度20

牆壁：
以石膏板為基底
厚度12.5 乳膠漆（EP）

▼GL

很大的挑高空間也能發揮劇院室的功能。為了避免產生顫動回聲（flutter echo），在前方與深處的牆壁，採用了不同的傾斜度，以及具備不同吸音率的加工方式。此空間在設計上也有考量到聲音因素。

剖面圖［S=1:40］

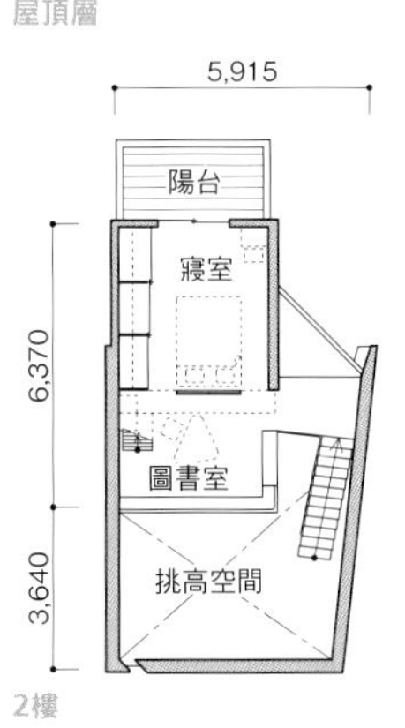
3,640
3,640
6,370
狹小通道
屋頂層
5,915
陽台
寢室
6,370
圖書室
3,640
挑高空間
2樓

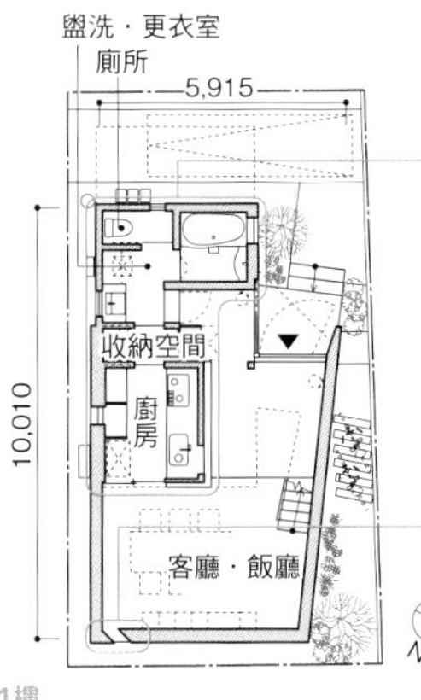
盥洗・更衣室
廁所
5,915
收納空間
廚房
10,010
客廳・飯廳
1樓

將盥洗・更衣室、廁所、浴室彙整在廚房深處的角落，藉此來將用水處打造成小而美的空間。

能讓午後陽光照進來的細縫。由於我們會利用牆壁的厚度，將室內側與室外側的細縫位置稍微錯開，設置一個斜向穿透外牆的開口部位，所以照進室內的不是直射光，而是從牆壁上反射的光線。

平面圖［S=1:300］

YADOKARI｜設計：FEDL（Far East Design Lab）伊原孝則　攝影：平剛

開放視野

只要打造出能讓視線從一端通到另一端的「構造」，就能消除狹窄感，獲得開放感

「開放視野」的基本知識

在生活空間中，若沒有任何一個場所能擁有「開放視野」的話，就會讓人覺得空間很狹窄

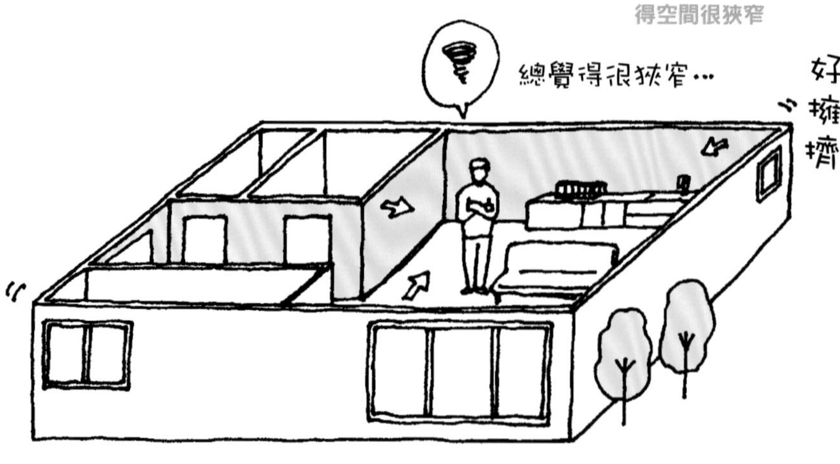
總覺得很狹窄…
好擁擠

只要擁有開放視野……

風、光線、視野都很暢通，只要能眺望前方，就會產生安心感與開放感

視野好開放

用來表示空間特定狀態的「開放視野」這個詞，也許會讓人聯想到挑高空間。誠如大家所知，挑高空間指的是，將多層樓高建築物的一部分地板省略，使上下樓層連接起來的空間。由於原本有地板的部分被省略了，所以能夠創造出上下方向的視野。在此案例中，我們會用創造出「開放視野」來表達這種狀態。同樣地，「可以筆直地從建築物一端看到另一端的狀態」與「視線貫穿內部空間，通向室外的狀態」也都能用「開放視野」來表現。

空間的「開放視野」並非只能靠地板來呈現，藉由「將牆壁或屋頂等處挖通，減少隔間牆，讓空間相連」，也能達到這種效果。舉例來說，只要將客廳與飯廳排列成一直線，讓視線能通向外部的話，就能打造出貫穿客廳與飯廳的「開放視野」。此外，藉由設置「穿透牆壁的開口部位」與「穿透屋頂的天花板」，就能打造出通向室外的「開放視野」。另外，在地板表面與天花板表面的形狀上下工夫，將視線引向外部，也是個好方法。舉例來

「開放視野」的重點

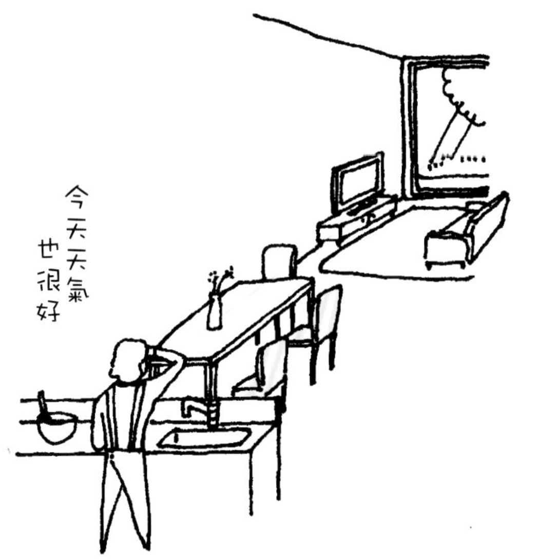
今天天氣也很好

Point 1 即使只是將LDK排列成一直線，也能使空間自然地擁有開放視野。

閃閃發亮
這真棒…

Point 2 設置風景窗，漂亮地擷取外部延伸的景色，創造出開放視野。

Point 3 在創造開放視野時，重點在於，要朝著建地．建築物的長邊方向來設置空間。

說，只要直接將露臺的地板往上做成曲面構造，並將其當作扶手的話，視線就會沿著該曲面，自然地通向空中[參閱P 26、27]。

「開放視野」的品質會受到開口部位設置方式與視野方向的影響。如果開口部位的對面有很棒的借景的話，就能打造出比「只是單純地讓視線通向外部」這種狀態更加有魅力的「開放視野」。在這種情況下，只要宛如畫框那樣地裝設窗框，將景色擷取下來即可。另外，當建地的縱深較長，但正面寬度很狹窄時，只要確保長邊方向，而非短邊方向的「開放視野」，就能消除狹窄感。

創造出能讓風、光線、視線通過居住空間的「開放視野」，確實是一項「為停滯的空間挖出一道通風口」的行為。當空間中擁有相當程度的狹窄感時，藉由打造出「開放視野」，可以讓該空間連接相鄰空間，讓空間與空間彼此產生新的關係。人們會察覺到，與之前相比，情況產生了些許變化，並將此現象當作判斷基準，對過去總是一成不變的空間關係進行推測，人們過去對於該空間的理解也會開始產生動搖。

打造「開放視野」，並非只是擴大物理上的距離，同時也是在讓空間彼此之間產生新的關係。我們應該可以說，藉由這種方式，也能創造出變化豐富的空間體驗，使居住空間變得充實吧。

[石井秀樹]

開放視野

METHOD 1

透過陽台的扶手牆來將視線引向天空

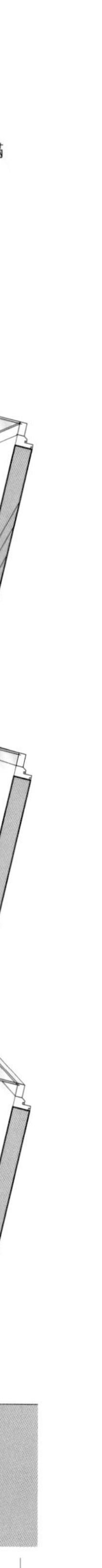
地板：
純櫟木地板
寬度90 厚度15 護木油加工法
塑合板 厚度20
塑膠製地板束柱
樓梯：
以清水混凝土為基底
塗上丙烯酸乳膠漆（AEP）（消光）
天窗
用來採光的天窗。讓室內充滿來自北側的柔和光線。
露臺
寢室
單人房
牆壁：
以清水混凝土為基底
塗上丙烯酸乳膠漆（AEP）
（消光）
浴室
露臺
收納空間
開放式露臺
收納空間
1,190
210
2,550
950
950
2,250
600
地板：
純櫟木地板 寬度90 厚度15 護木油加工法
膠合板 厚度12
地板橫木
擠壓成型聚苯乙烯發泡板 厚度40

只要創造出開放視野，就會覺得空間比實際面積來得寬敞。在此案例中，我們讓室內的地板與室外的露臺相連，而且還將露臺的地板做成往上彎曲的形狀，把往上彎的部分當成扶手牆。藉由這樣做，室內與室外、露臺地板與扶手牆之間的交界線就會變得模糊，視線會自然地被引向天空。在此空間內，能夠感受到室內與天空宛如融為一體的宏偉寬敞感。

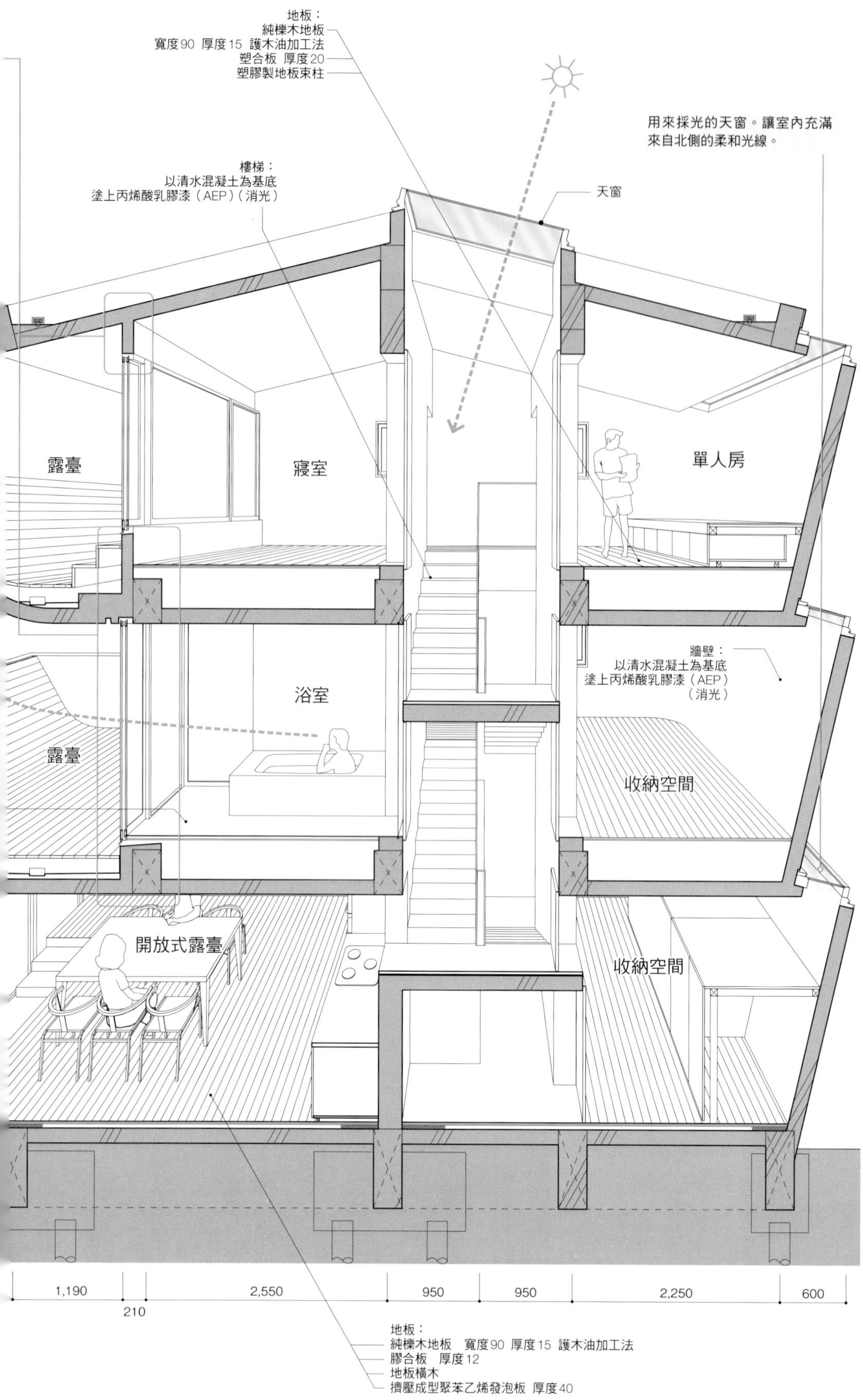

(左) 露臺的地板會以彎曲的方式立起來，形成扶手牆，把人的視線引向天空。
(右上) 扶手牆的直立隔板可以保護室內的隱私。
(右下) 中央的樓梯間會成為採光庭院，將光線引向各樓層。

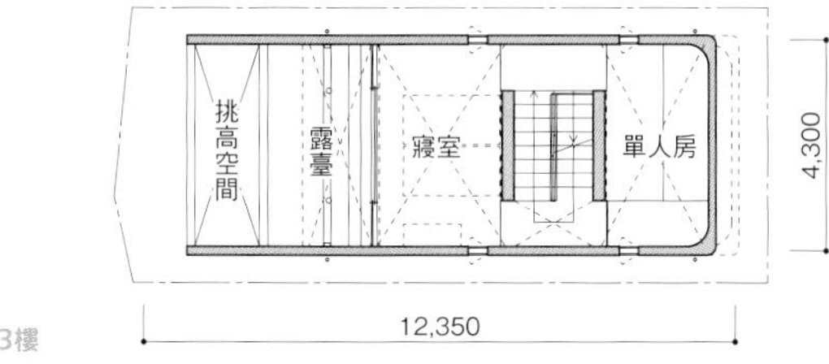

挑高空間
露臺
寢室
單人房
4,300
12,350

3樓

從露臺的前端側．室內側各自流向排水溝的排水坡度，都是透過露臺底下的骨架來調整的。

來自天窗的大量光線會照進位於建築物中央的樓梯間，風則會藉由上升氣流來通過此處。隔間牆的開口部位，會透過這個宛如中庭般的樓梯間來發揮作用，讓光線與風通向各個房間。

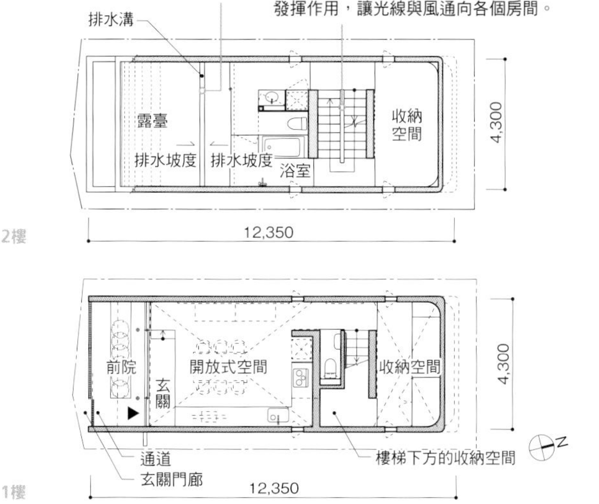

排水溝
露臺
排水坡度
排水坡度
浴室
收納空間
4,300
12,350
前院
玄關
開放式空間
收納空間
4,300
通道
玄關門廊
樓梯下方的收納空間
12,350
N

2樓

1樓

平面圖［S＝1：250］

為了讓三樓寢室呈現沉穩氣氛，所以在開位設置了垂壁與直立隔板，開口部位的高1680㎜。另一方面，為了讓「地板與天花板室外相連的2樓浴室」呈現開放感，所以不垂壁與門檻，開口部位的高度為2150㎜。

露臺的地板與扶手採同材質（美西側柏）工，以凸顯連貫性。然地將視線引向天空。

彎曲弧度很平緩的扶手（與方向之間的角度為60度）當成下方樓層的屋簷。一方能夠讓光線從曲面上反射，室內，另一方面，曲面扶手方會產生柔和的陰影，使建產生豐富的風貌。

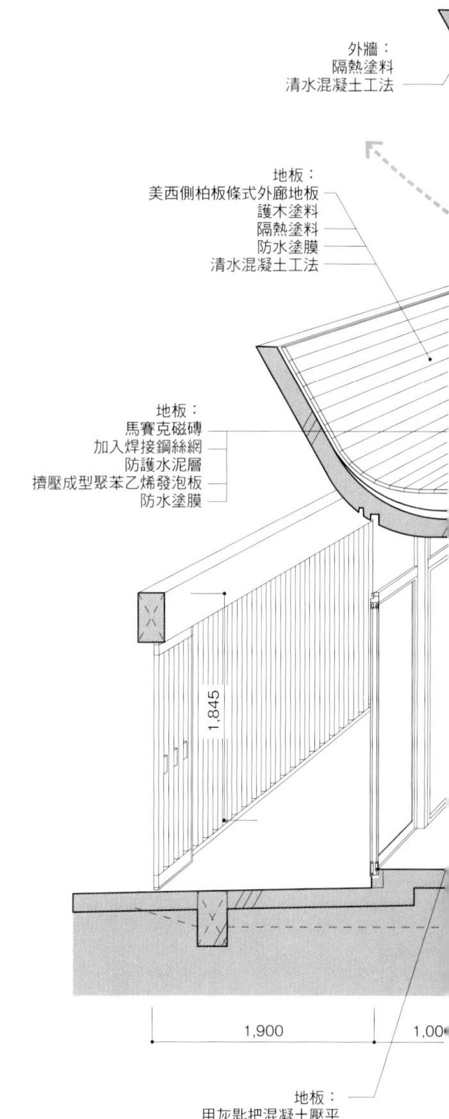

3,829
2,676.5
2,740
1,780
1,550
2,890
外牆：
隔熱塗料
清水混凝土工法
地板：
美西側柏板條式外廊地板
護木塗料
隔熱塗料
防水塗膜
清水混凝土工法
地板：
馬賽克磁磚
加入焊接鋼絲網
防護水泥層
擠壓成型聚苯乙烯發泡板
防水塗膜
1,845
1,900
地板：
用灰匙把混凝土壓平

剖面圖［S＝1：60］

梶谷的家｜設計：石井秀樹　攝影：鳥村鋼一

不用在意來自外部的視線，且擁有多方向的開放視野。藉由這樣的設計，既能產生開放感，也能確保採光與通風。

屋頂：
平鋪式鍍鋁鋅鋼板

藉由在樓梯平台設置能將視線引向天空的開口部位，就會產生一個天花板高度較低（1280㎜）的閣樓收納空間。

1,280
收納空間
地板：
純櫻桃木地板
厚度15

浴室
地板：
蓄熱式水泥地板
貼上磁磚

工作區

蓄熱式水泥地板
熱幫浦
溫水蓄熱式水泥地

1,365
910
1,365
910
910
8,645

開放視野

METHOD 2

打造縱向・橫向・斜向的開放視野

當建地位於住宅密集地區時，如果想要打造出「能眺望室外風景」的空間的話，就必須在開口部位與牆壁的設置位置上下工夫。在此案例中，我們一邊在距離鄰地很近的北側擋住鄰居的視線，一邊在樓梯平台設置能將視線引向天空的開口部位。在道路所在的南側，藉由設置也能當作戶外劇院的牆壁，就能一邊遮蔽來自外部的視線，一邊確保視野。另外，在工作區上方設置天窗，就能打造出朝向上方的視野。

一邊遮蔽來自周圍的視線，一邊像這樣地朝著各個方向打造出視野，藉此就能使室內產生開放感，居民也能從住宅密集地區的狹窄感中獲得解放。

藉由將家人共用的工作區設置在距離LDK有點距離的地方，在該空間內，就能一邊感受到家人的氣息，一邊專心處理自己的工作。

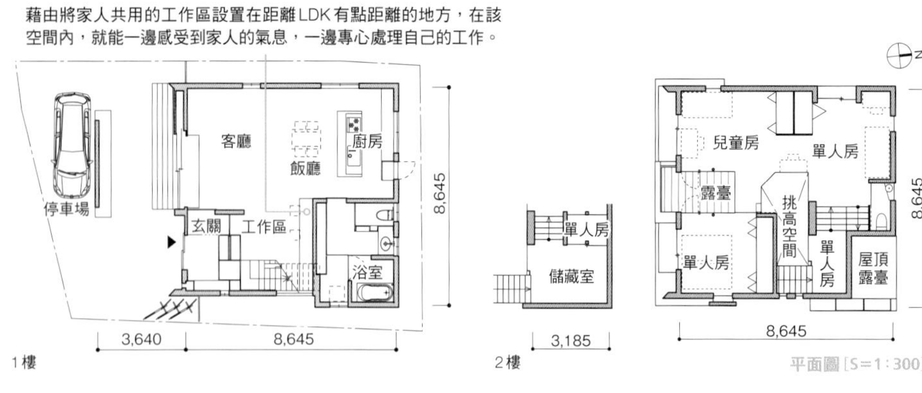

停車場
客廳
飯廳
廚房
玄關
工作區
浴室
8,645
3,640
8,645
1樓
單人房
儲藏室
3,185
2樓
兒童房
單人房
露臺
挑高空間
單人房
單人房
屋頂露臺
8,645
8,645
N

平面圖［S=1：300］

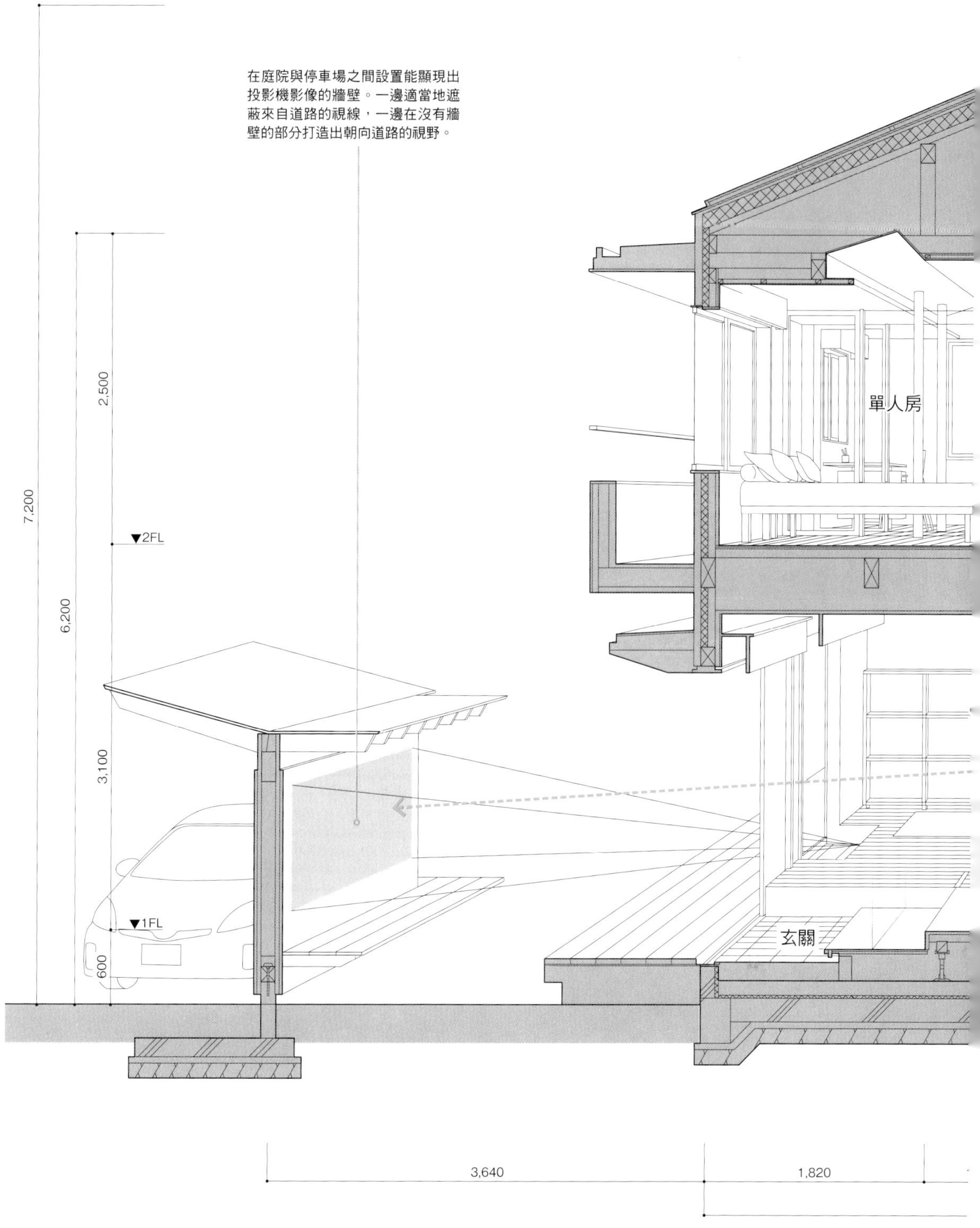

在庭院與停車場之間設置能顯現出投影機影像的牆壁。一邊適當地遮蔽來自道路的視線，一邊在沒有牆壁的部分打造出朝向道路的視野。

7,200
6,200
2,500
▼2FL
3,100
▼1FL
600
單人房
玄關
3,640
1,820

剖面圖［S＝1：50］

（左）透過來自天窗的光線來打造明亮的挑高空間。（中央）能夠保護隱私的戶外劇院螢幕。（右）富有開放感的南側庭院與客廳。

市川的家｜設計：長谷川順持　攝影：黑住直民

開放視野
METHOD
3

一邊遮住鄰居的房屋，一邊讓視線通向狹窄巷弄

即使是乍看之下似乎無法確保開放視野的住宅密集地區，只要宛如縫合般地將少許空隙連接起來，就能打造出開放視野。尤其是當該建地位於高地上時，只要試著考慮在上層打造出通往與巷弄相同方向的視野即可。在下層，要盡量避免設置開口部位，在上層，為了不要讓鄰居看到視線通過的部分，所以要在開口部位的位置與形狀上下工夫。藉此，就能一口氣打開通往室外的視野，愈是給人狹窄印象的住宅密集地區，其效果會愈顯著。

屋頂：鍍鋁鋅鋼板　厚度0.4（隔熱）

托貨板的側板・底部・頂板：
鋪設木製露臺 厚度20

屋頂底板：木絲水泥板
厚度15 外露 油性塗料（OP）

客廳

廁所・淋浴間

主臥室

3,825

3,000

地板・牆壁：FRP防水塗層（白色）

在短邊方向不設置大型開口部位，而是在長邊方向的中央設置「宛如朝室內突出的船底型陽台」。一邊遮蔽來自周圍的視線，一邊打造出可以經由道路來眺望大海的寬廣視野。

為了凸顯2樓的開放感，所以1樓所設置的開口部位要控制在最低必要限度。

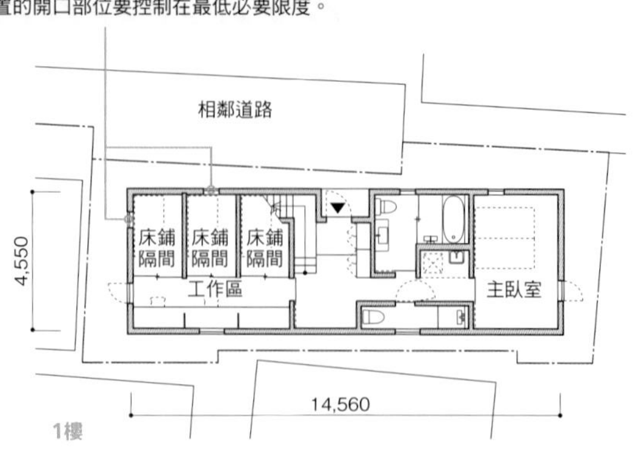
相鄰道路
床鋪
隔間
床鋪
隔間
床鋪
隔間
工作區
主臥室
4,550
14,560
1樓

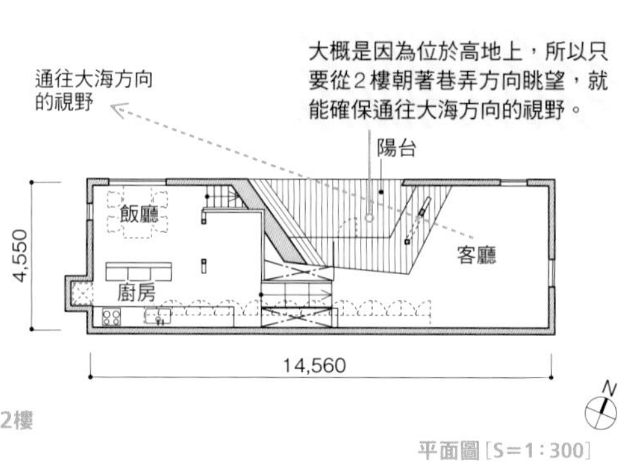
通往大海方向
的視野
大概是因為位於高地上，所以只要從2樓朝著巷弄方向眺望，就能確保通往大海方向的視野。
陽台
飯廳
客廳
廚房
4,550
14,560
2樓

平面圖［S＝1：300］

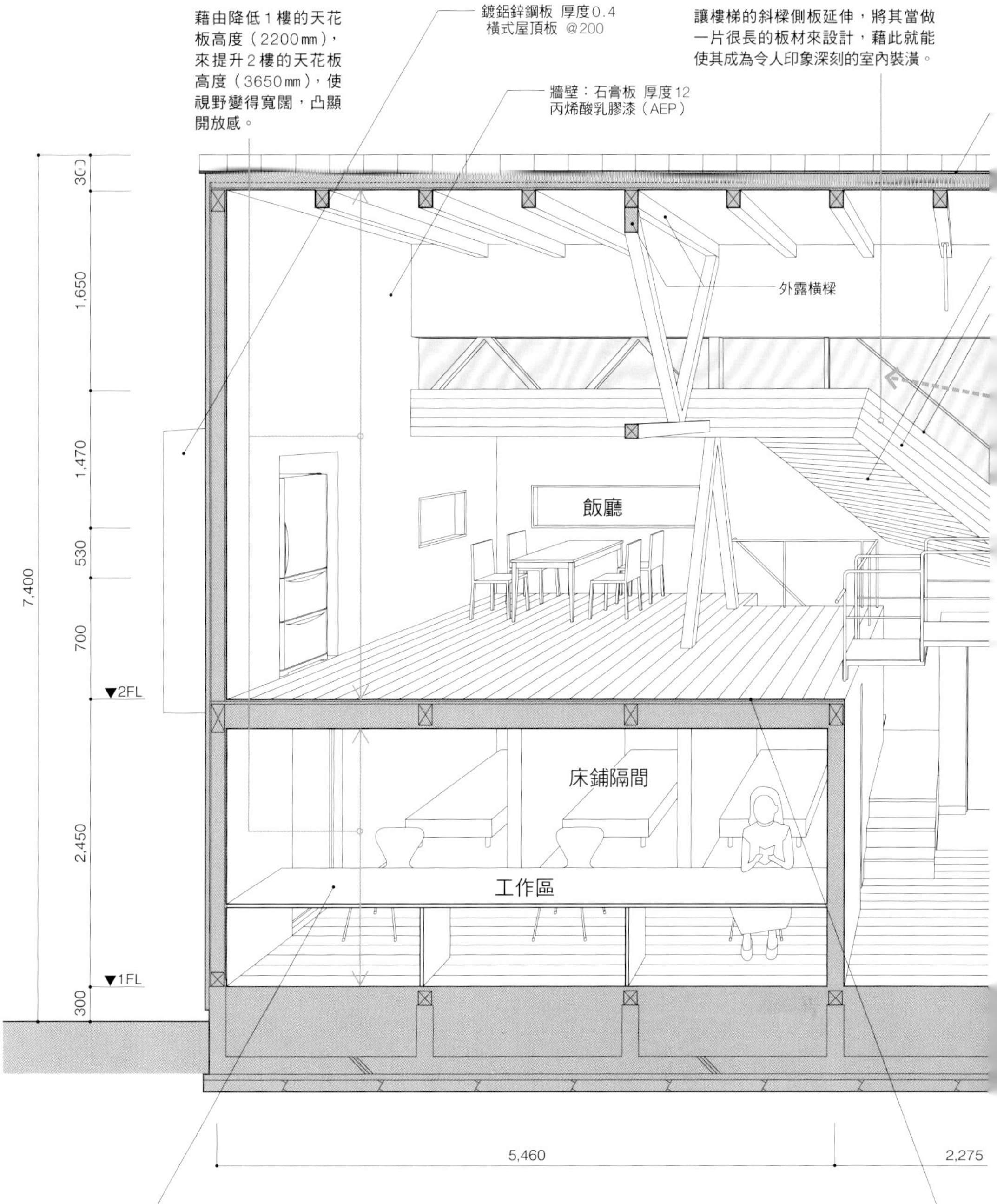

藉由降低1樓的天花板高度（2200㎜），來提升2樓的天花板高度（3650㎜），使視野變得寬闊，凸顯開放感。

鍍鋁鋅鋼板 厚度0.4
橫式屋頂板 @200

讓樓梯的斜樑側板延伸，將其當做一片很長的板材來設計，藉此就能使其成為令人印象深刻的室內裝潢。

牆壁：石膏板 厚度12
丙烯酸乳膠漆（AEP）

外露橫樑

飯廳

床鋪隔間

工作區

▼2FL

▼1FL

300
1,650
1,470
530
700
2,450
300
7,400
5,460
2,275

水曲柳拼接板 厚度36
聚氨酯透明木材塗料
（OSUC）

地板：
科因藍德松木
純木地板 厚度15
護木油加工法

剖面圖［S＝1：60］

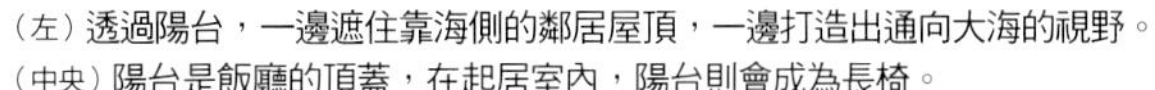

（左）透過陽台，一邊遮住靠海側的鄰居屋頂，一邊打造出通向大海的視野。
（中央）陽台是飯廳的頂蓋，在起居室內，陽台則會成為長椅。
（右）建地位於車子無法進入的狹小巷弄深處。

DEK｜設計：二宮博　攝影：守屋欣史／Nacasa & Partners

開放視野

METHOD 4

朝著借景，將一整面牆打造成大型開口部位

如果是能夠期待借景效果的建地的話，希望大家務必要活用這一點。藉由朝著一棵樹或天空來打造開放視野，就能使人覺得室內比實際面積來得寬敞。

當建地與綠意盎然的公園或綠地相鄰時，將一整面牆打造成開口部位也是很好的方法。只要採用整面式開口部位，無論位於房間的何處，開口部位的一部分都會映入眼簾，讓人可以藉此來欣賞綠意。

即使是木造建築，只要在設計時採用SE結構工法［※1］，設置整面式開口部位也不是難事［※2］。

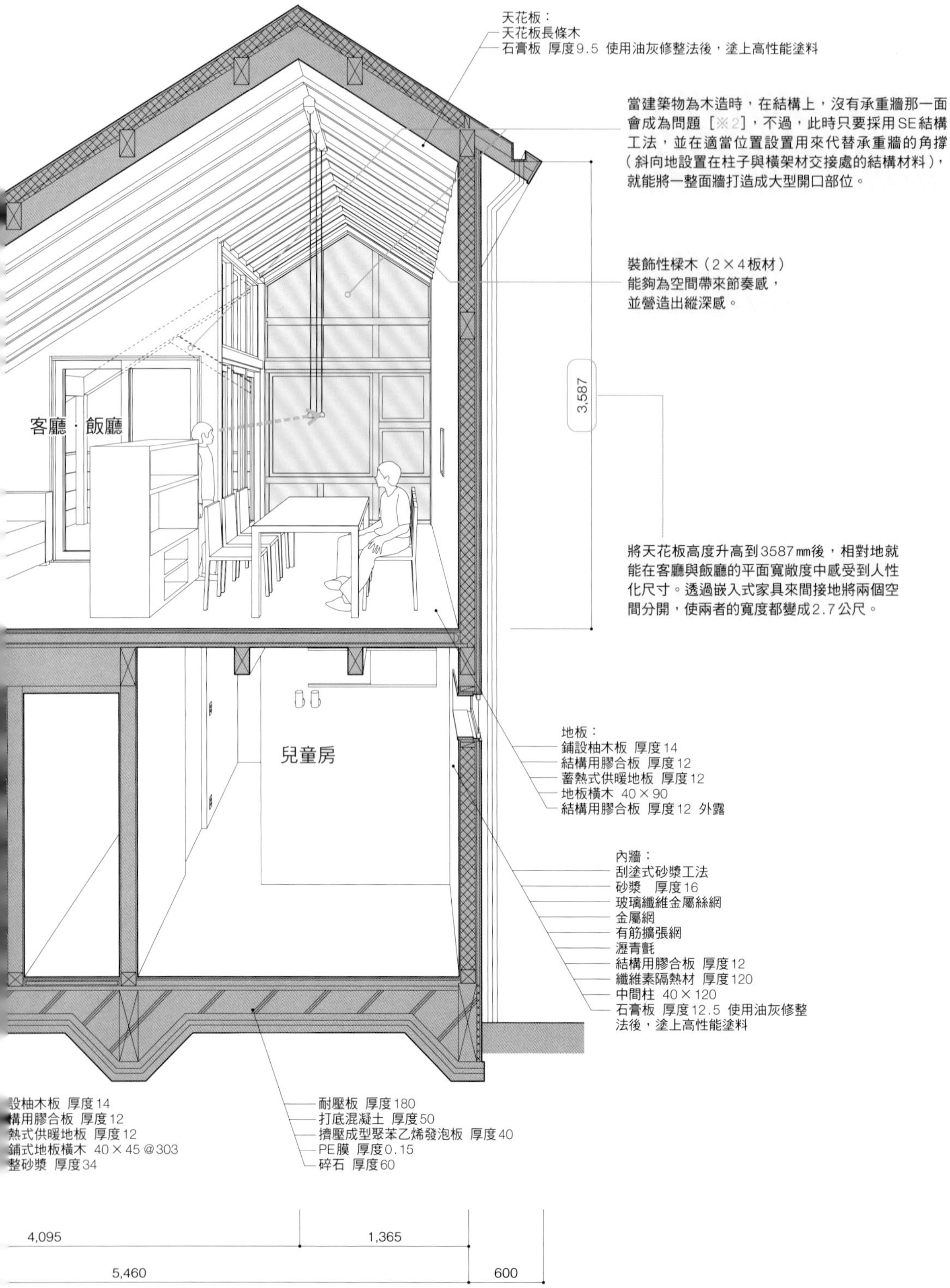

天花板：
天花板長條木
石膏板 厚度9.5 使用油灰修整法後，塗上高性能塗料
當建築物為木造時，在結構上，沒有承重牆那一面會成為問題［※2］，不過，此時只要採用SE結構工法，並在適當位置設置用來代替承重牆的角撐（斜向地設置在柱子與橫架材交接處的結構材料），就能將一整面牆打造成大型開口部位。
裝飾性椽木（2×4板材）能夠為空間帶來節奏感，並營造出縱深感。
3,587
客廳・飯廳
將天花板高度升高到3587㎜後，相對地就能在客廳與飯廳的平面寬敞度中感受到人性化尺寸。透過嵌入式家具來間接地將兩個空間分開，使兩者的寬度都變成2.7公尺。
兒童房
地板：
鋪設柚木板 厚度14
結構用膠合板 厚度12
蓄熱式供暖地板 厚度12
地板橫木 40×90
結構用膠合板 厚度12 外露
內牆：
刮塗式砂漿工法
砂漿 厚度16
玻璃纖維金屬絲網
金屬網
有筋擴張網
瀝青氈
結構用膠合板 厚度12
纖維素隔熱材 厚度120
中間柱 40×120
石膏板 厚度12.5 使用油灰修整法後，塗上高性能塗料
設柚木板 厚度14
構用膠合板 厚度12
熱式供暖地板 厚度12
鋪式地板橫木 40×45＠303
整砂漿 厚度34
耐壓板 厚度180
打底混凝土 厚度50
擠壓成型聚苯乙烯發泡板 厚度40
PE膜 厚度0.15
碎石 厚度60
4,095
1,365
5,460
600

※1 一種能讓樑、柱本身互相進行剛性接合（rigid joint），打造出堅固骨架結構的工法。

※2 在4號建築物的規格規定中，設計者必須依照4分割法，平衡地設置承重牆，很難打造出寬度與整片牆一樣寬的開口部位。如果是為了確保視野的話，也可以採用「在整面式開口部位的某些部分上設置斜支柱（brace）」這個方法。

（左上）將挑高空間的整面牆打造成窗戶，從窗戶觀看隔壁的綠地。
（右上）在書房內，透過小窗戶可以看到綠地。
（下）從綠地所看到的住宅外觀。平常沒有人會進入這片綠地。

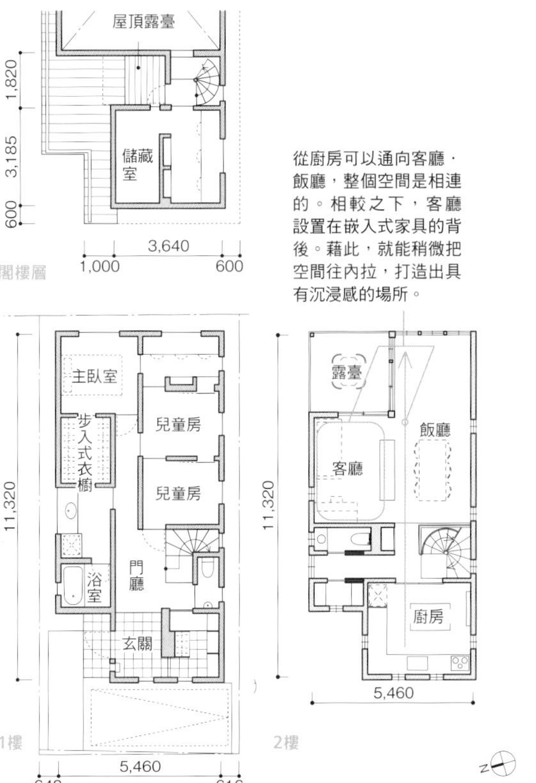
屋頂露臺
儲藏室
1,820
3,185
600
3,640
1,000
600
閣樓層
主臥室
步入式衣櫥
兒童房
兒童房
浴室
門廳
玄關
11,320
1樓
5,460
648
616
露臺
客廳
飯廳
廚房
11,320
5,460
2樓

從廚房可以通向客廳．飯廳，整個空間是相連的。相較之下，客廳設置在嵌入式家具的背後。藉此，就能稍微把空間往內拉，打造出具有沉浸感的場所。

平面圖［S=1：250］

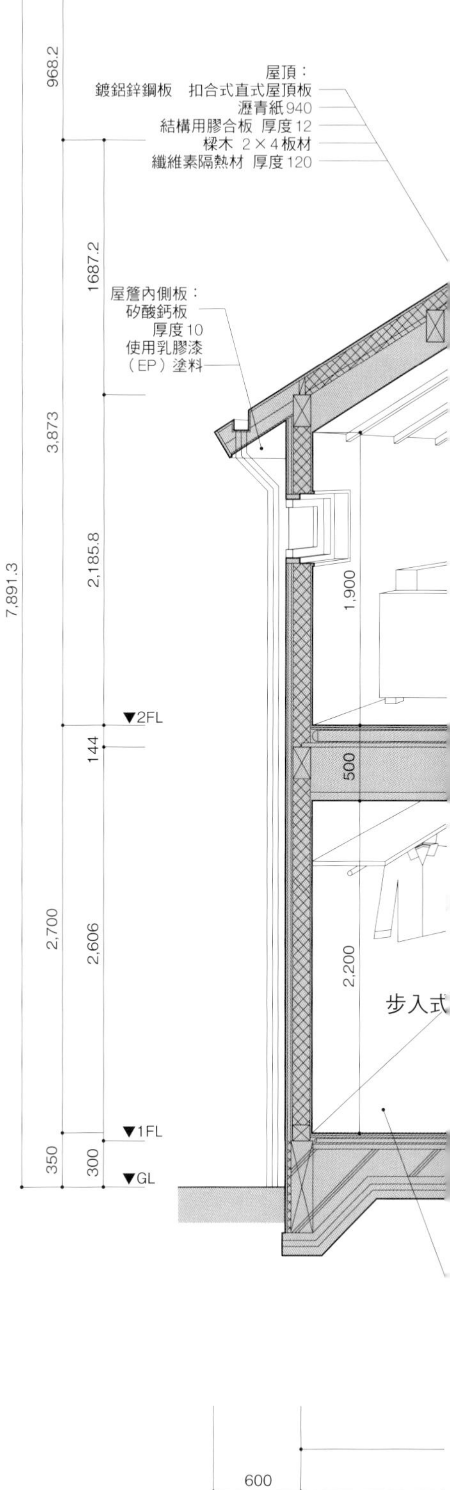
屋頂：
鍍鋁鋅鋼板　扣合式直式屋頂板
瀝青紙940
結構用膠合板 厚度12
椽木 2×4板材
纖維素隔熱材 厚度120
屋簷內側板：
矽酸鈣板
厚度10
使用乳膠漆
（EP）塗料
968.2
1687.2
3,873
2,185.8
7,891.3
1,900
▼2FL
144
500
2,700
2,606
2,200
步入式
▼1FL
350
300
▼GL
600

剖面圖［S=1：50］

BBV｜設計：彥根明　攝影：（左上・右上）彥根明、（下）彥根建築設計事務所

開放視野

METHOD 5

能夠遮蔽來自道路的視線，打造出開放視野的大型開口

在1樓的LDK，想要確保通向人來人往的道路側的視野時，若是選擇設置落地窗，從外側就會把室內情景看光光了。若想要一邊確保室內與室外，或是每個房間的隱私，一邊打造開放視野的話，只要在「地板的高低落差」與「開口部位的配置」上下工夫即可。

藉由將LDK的靠道路側部分做成錯層式結構，並設置較寬的階梯，就能遮蔽來自室外的視線。在這種情況下，藉由在樓梯平台設置大型開口部位，就能打造出通向室外的開放視野。

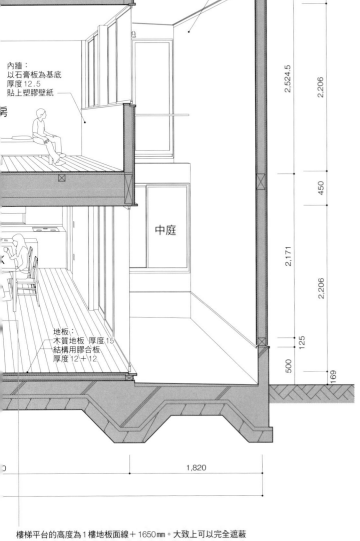

屋頂：
彩色鍍鋁鋅鋼板　厚度0.35　扣合式直式屋頂板（有裝設擋雪板）
瀝青紙940
包覆透濕防水膜（包覆到通風橫條板層）
結構用膠合板　厚度12

纖維水泥板

內牆：
以石膏板為基底
厚度12.5
貼上塑膠壁紙

中庭

地板：
木質地板　厚度15
結構用膠合板
厚度12＋12

409.5　2,524.5　450　2,171　125　500
689　2,206　2,206　169
1,820

樓梯平台的高度為1樓地板面線＋1650㎜。大致上可以完全遮蔽來自相鄰道路上的行人視線。另外，藉由設置寬度3400㎜的寬敞樓梯，就能將樓梯平台與樓梯當成休憩空間來運用。

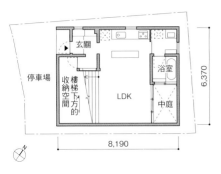

停車場
玄關
浴室
LDK
中庭
樓梯下方的收納空間
6,370
8,190

1樓

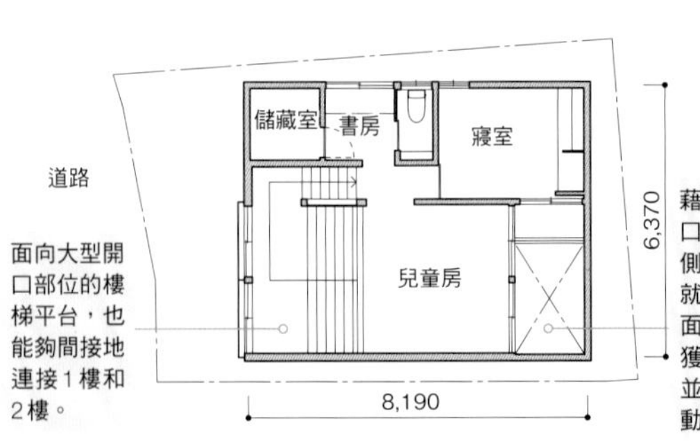
道路
面向大型開口部位的樓梯平台，也能夠間接地連接1樓和2樓。
儲藏室
書房
寢室
兒童房
6,370
8,190

2樓

藉由在大型開口部位的另一側設置中庭，就能透過這2面開口部位來獲得開放感，並同時讓風流動。

平面圖［S＝1：250］

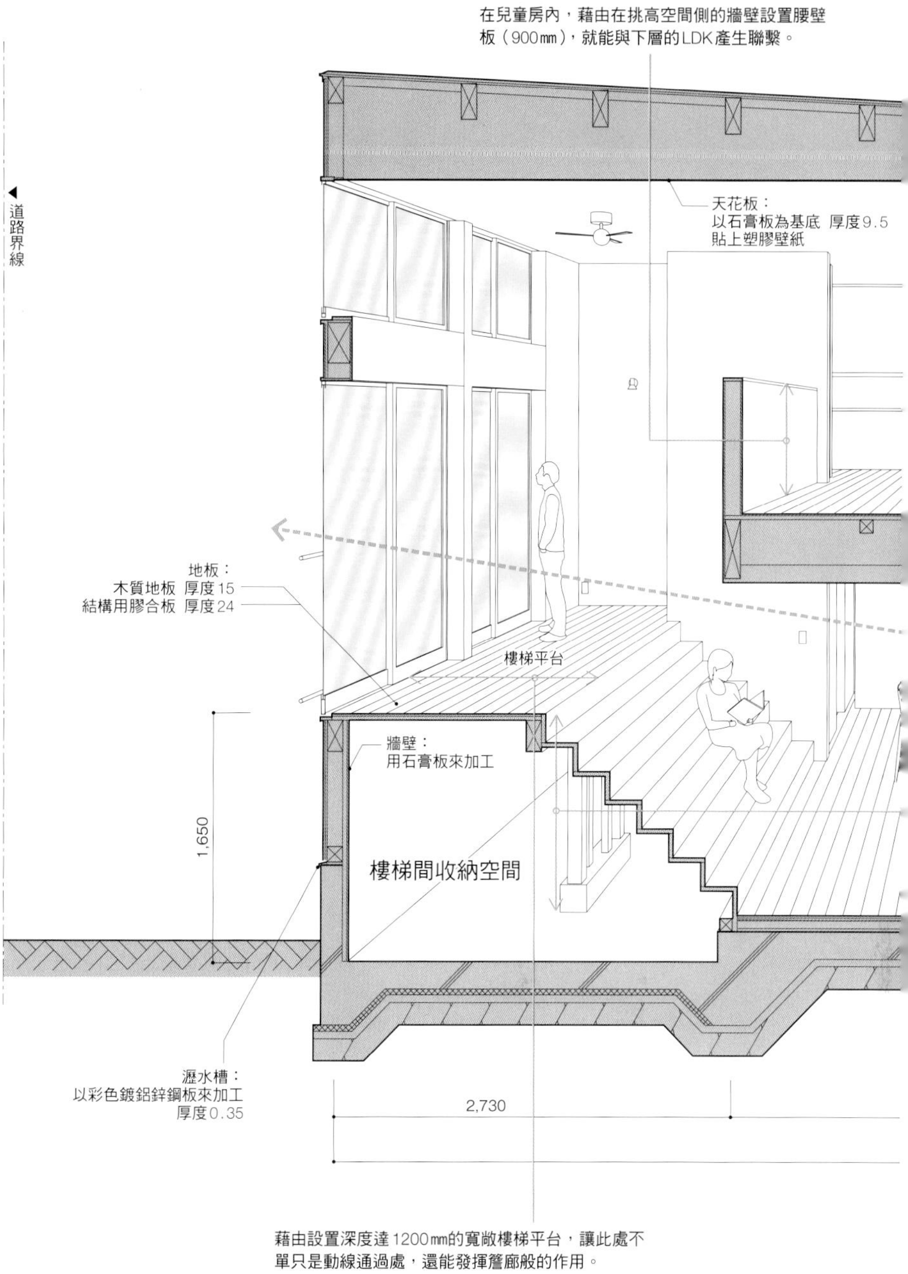

在兒童房內，藉由在挑高空間側的牆壁設置腰壁板（900㎜），就能與下層的LDK產生聯繫。
道路界線
天花板：
以石膏板為基底 厚度9.5
貼上塑膠壁紙
地板：
木質地板 厚度15
結構用膠合板 厚度24
樓梯平台
牆壁：
用石膏板來加工
1,650
樓梯間收納空間
瀝水槽：
以彩色鍍鋁鋅鋼板來加工
厚度0.35
2,730
藉由設置深度達1200㎜的寬敞樓梯平台，讓此處不單只是動線通過處，還能發揮簷廊般的作用。

剖面圖［S＝1：40］

(左) 從客廳往大樓梯的方向望去，可以看到能夠遮蔽外部視線的樹木。
(右) 南側外觀。建築物右側的開口部分有大階梯。

SU-HOUSE45｜設計：岡村泰之　攝影：田伏博

開放視野

METHOD 6

能夠讓人覺得開口部位離自己很近的設計訣竅

通常在住宅內，藉由讓開口部位擁有最大限度的寬度，將人的視線引向室外，就能使室內產生寬敞感。在這種情況下，即使位於房間深處，只要採用「能讓人覺得開口部位距離自己很近」的設計，就能更加凸顯通向室外的開放視野。舉例來說，只要在開口部位的前方設置用來連接上下動線，且同時具備簷廊作用的樓梯平台（pallet），然後再調整房間深處地板的高度，讓樓梯平台的高度與視線高度一樣，樓梯平台的地板就會變得不起眼，使人感受不到縱深感，於是就會覺得從開口部位看到的景色距離自己很近。

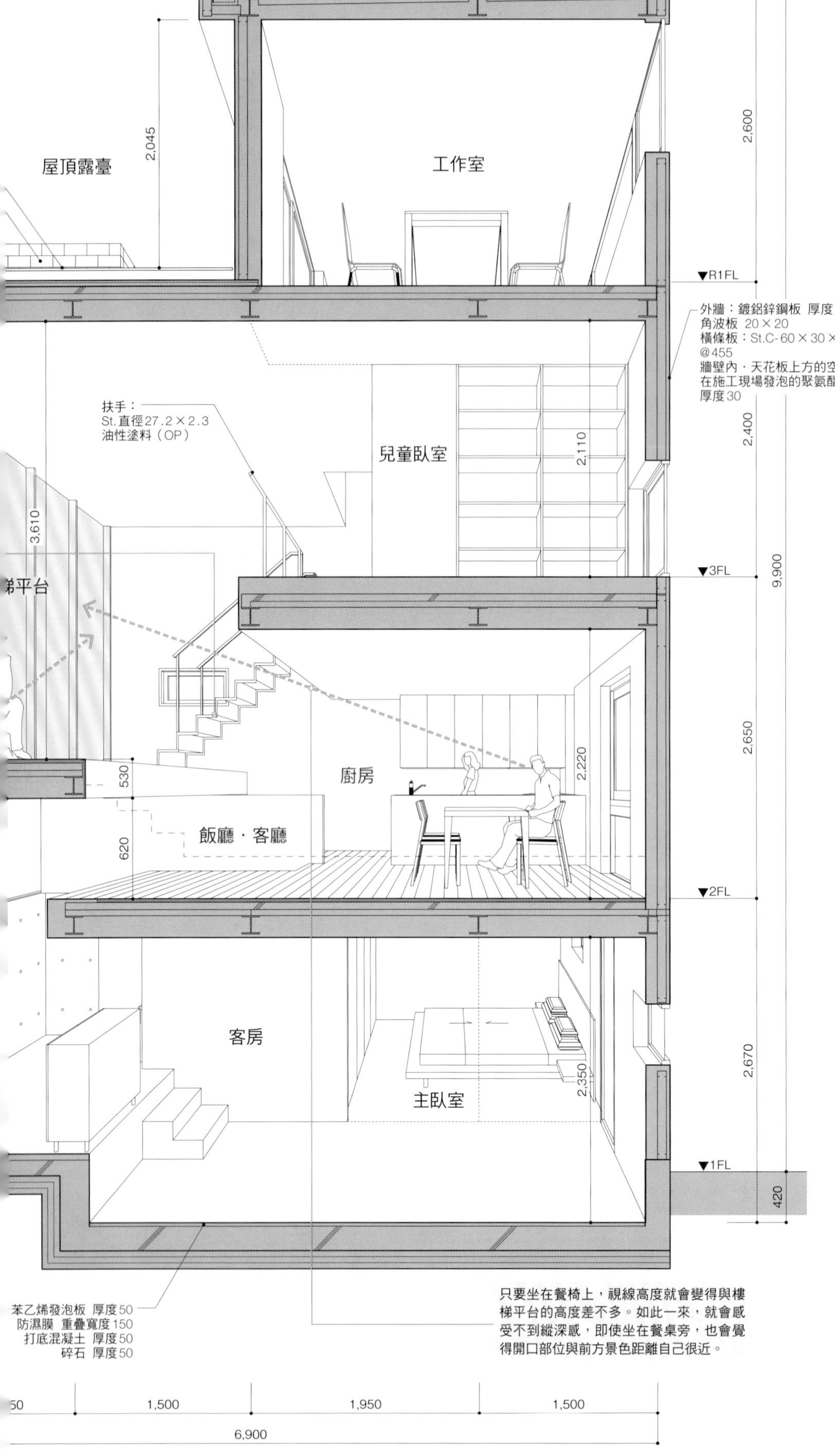

屋頂露臺
2,045
工作室
2,600
▼R1FL
外牆：鍍鋁鋅鋼板 厚度0.5
角波板 20×20
橫條板：St.C-60×30×10×1.6 @455
牆壁內・天花板上方的空間：
在施工現場發泡的聚氨酯發泡材
厚度30
扶手：
St.直徑27.2×2.3
油性塗料（OP）
兒童臥室
2,110
2,400
3,610
梯平台
▼3FL
9,900
2,650
廚房
2,220
530
620
飯廳・客廳
▼2FL
客房
主臥室
2,350
2,670
▼1FL
420
苯乙烯發泡板 厚度50
防濕膜 重疊寬度150
打底混凝土 厚度50
碎石 厚度50
只要坐在餐椅上，視線高度就會變得與樓梯平台的高度差不多。如此一來，就會感受不到縱深感，即使坐在餐桌旁，也會覺得開口部位與前方景色距離自己很近。
50
1,500
1,950
1,500
6,900

（上）飯廳的櫃檯會成為樓梯，然後再透過鋼骨樓梯來連接上層。
（中）從飯廳觀看東側的大型開口部位。
（下）傍晚時的東側外觀。

盥洗・更衣室、單人房的門都採用折疊門、窗簾等可以完全打開的設計，讓人不會產生狹窄感。

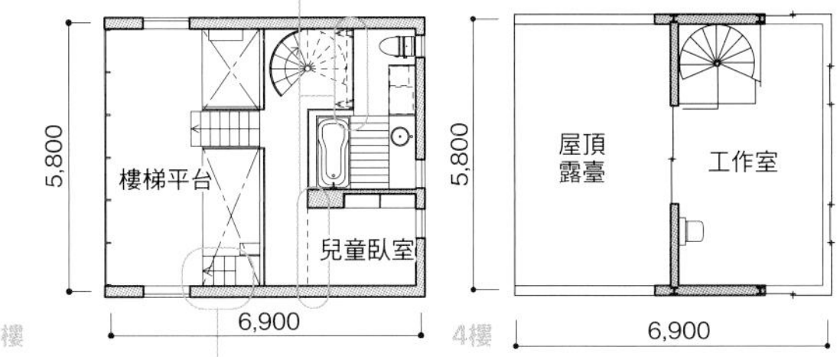

5,800
樓梯平台
兒童臥室
6,900
3樓
5,800
屋頂
露臺
工作室
4樓
6,900

用來連接飯廳與樓梯平台的樓梯。為了盡量降低樓梯的存在感，所以將其做成視聽櫃的延伸部分。

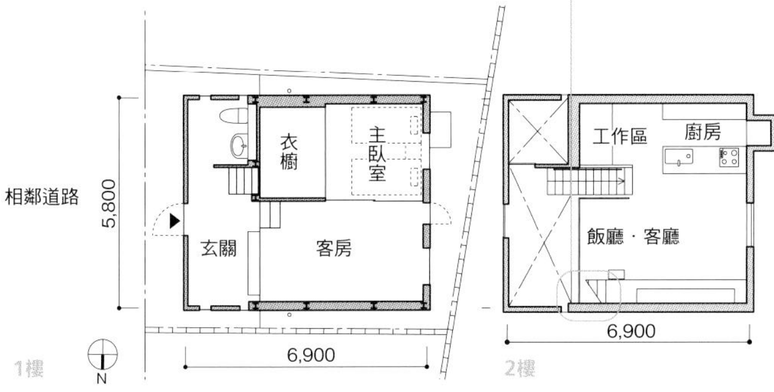

相鄰道路
5,800
衣櫥
主臥室
玄關
客房
1樓
N
6,900
工作區
廚房
飯廳・客廳
6,900
2樓

平面圖［S＝1：250］

木製露臺&花盆：
南洋櫸木　厚度30

豎窗框：H型鋼100×50×5×7
雙層玻璃　FL8＋A6＋FL8

為了不要讓樓梯阻礙視線，所以採用鋼骨樓梯。藉此就不會把空間分隔開來。

只要讓樓梯平台的深度達到2m左右，就能宛如簷廊那樣席地而坐。只要將地板塗成白色，就能讓地板反射陽光，使深處的空間變得明亮。

7,500

玄關門

1,250

剖面圖［S＝1：50］

GAP｜設計：二宮博　攝影：中川敦玲

開放視野

METHOD 7

讓庭院散布在各處，以確保開放的視野

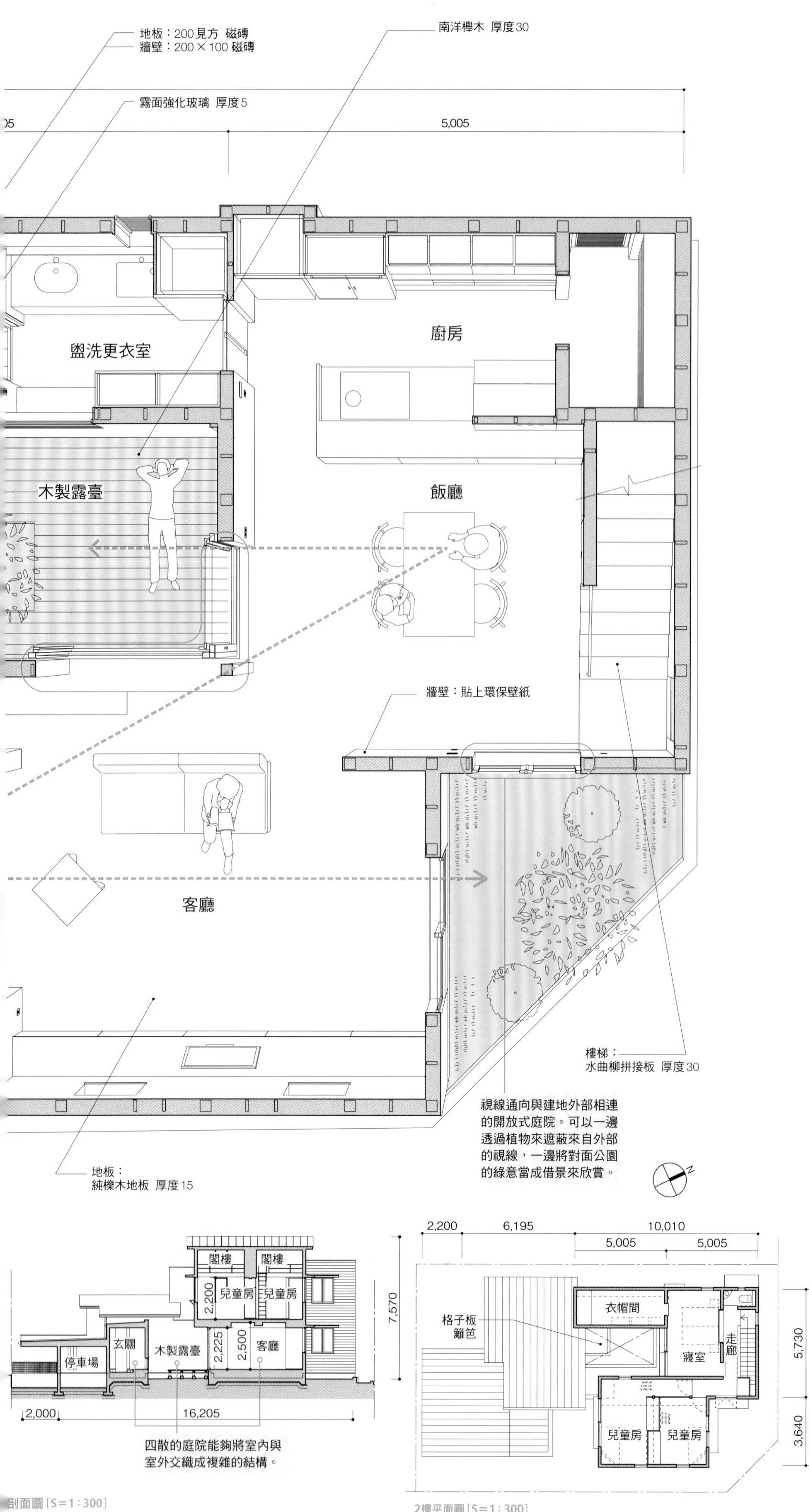

地板：200見方 磁磚
牆壁：200×100 磁磚
南洋櫸木 厚度30
霧面強化玻璃 厚度5
5,005
盥洗更衣室
廚房
木製露臺
飯廳
牆壁：貼上環保壁紙
客廳
樓梯：
水曲柳拼接板 厚度30
視線通向與建地外部相連的開放式庭院。可以一邊透過植物來遮蔽來自外部的視線，一邊將對面公園的綠意當成借景來欣賞。
地板：
純櫟木地板 厚度15
閣樓
閣樓
兒童房
兒童房
2,200
玄關
木製露臺
2,225
2,500
客廳
停車場
2,000
16,205
四散的庭院能夠將室內與室外交織成複雜的結構。
剖面圖［S＝1：300］
2,200
6,195
10,010
5,005
5,005
7,570
格子板籬笆
衣帽間
寢室
走廊
兒童房
兒童房
5,730
9,370
3,640
2樓平面圖［S＝1：300］

只要確保許多通向室外的視野，就能使空間產生開放感。只要讓外側庭院與中庭這2種庭院散布在為此而設置的開口部位外面，就會很有效。如果將開口部位完全打開，室內的視線就會經由各個方向通向室外，並產生連貫性，開放感也會進一步地提昇。

透過LDK、盥洗室、浴室來將中庭包圍起來，正是此設計的重點。在生活中，全家人會頻繁地感受到「採光・通風・開放視野」這3項能帶來開放感的要素。

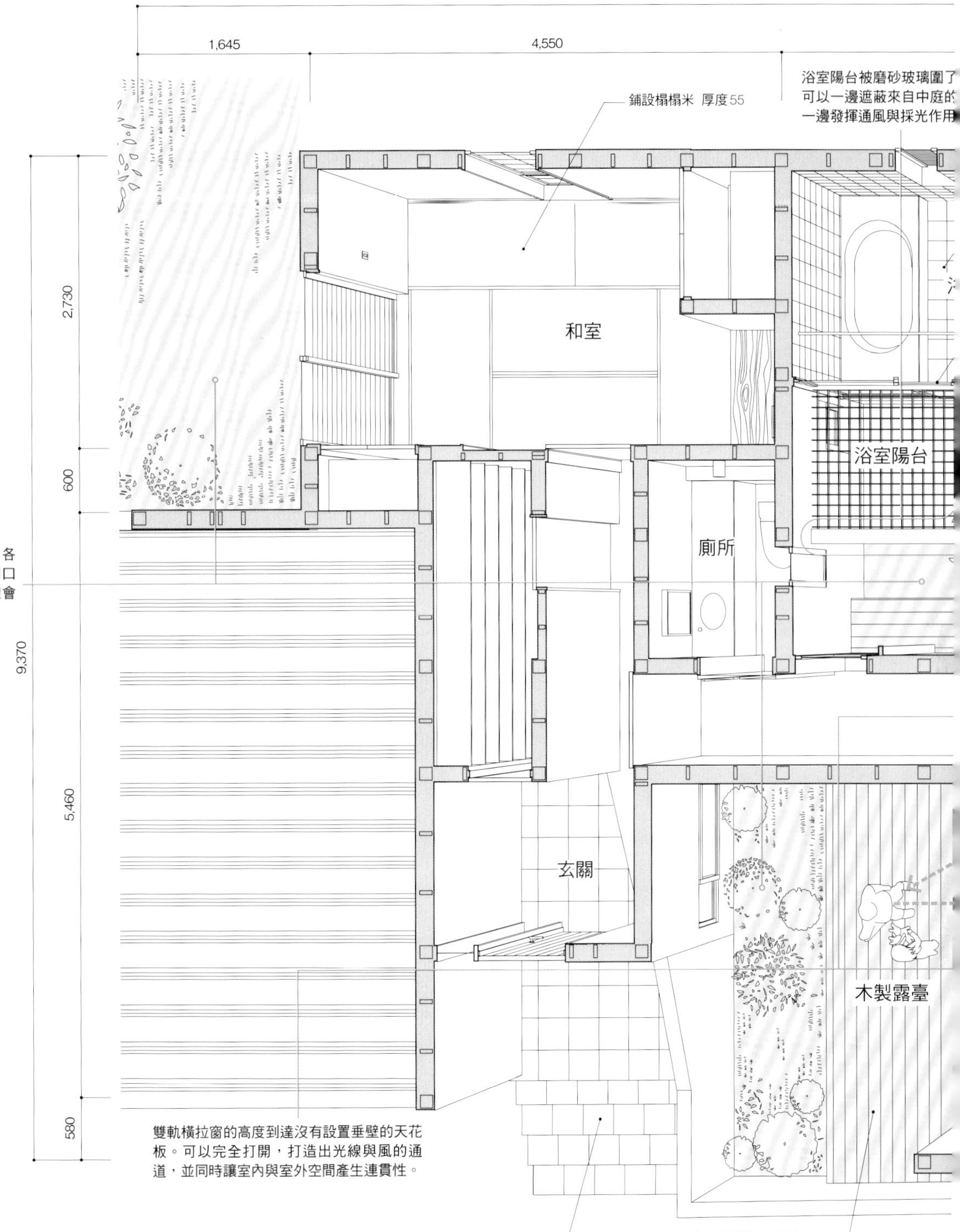

1,645　4,550

浴室陽台被磨砂玻璃圍了
可以一邊遮蔽來自中庭的
一邊發揮通風與採光作用

鋪設榻榻米 厚度55

2,730　600　9,370　5,460　580

和室

浴室陽台

廁所

玄關

木製露臺

藉由讓庭院散布在各處，就能設置許多開口部位。光、風、視線會朝多個方向移動。

雙軌橫拉窗的高度到達沒有設置垂壁的天花板。可以完全打開，打造出光線與風的通道，並同時讓室內與室外空間產生連貫性。

地板：鋪設陶瓦磁磚 300見方 厚度20

露臺：南洋櫸木 厚度30

1樓平面圖［S＝1：60］

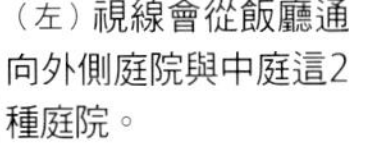

（左）視線會從飯廳通向外側庭院與中庭這2種庭院。
（右上）客廳被2種庭院圍繞，讓人覺得客廳被室外空間所包覆。
（右下）外牆的工法主要為灰泥。通道部位採用陶瓦磁磚。

稻村邸｜設計：黑木實　攝影：黑木實建築研究室

開放視野

METHOD 8

打造一個能將室外空間融入室內的水泥地空間

依照建築物周圍的環境來調整露臺、庭院等室外空間與室內空間，藉此就能解決採光與通風等問題。

舉例來說，設置前院與後院，並設置一個能貫穿1樓平面的水泥地來連接兩者。此時，如果想要控制開放性與隱私的話，透過拉門來設置整面式開口部位等，會是個有效的方法。再者，藉由將建地內的庭院（空地）與鄰居的庭院相連，也能使視野變得寬闊，打造出開放的居住空間。

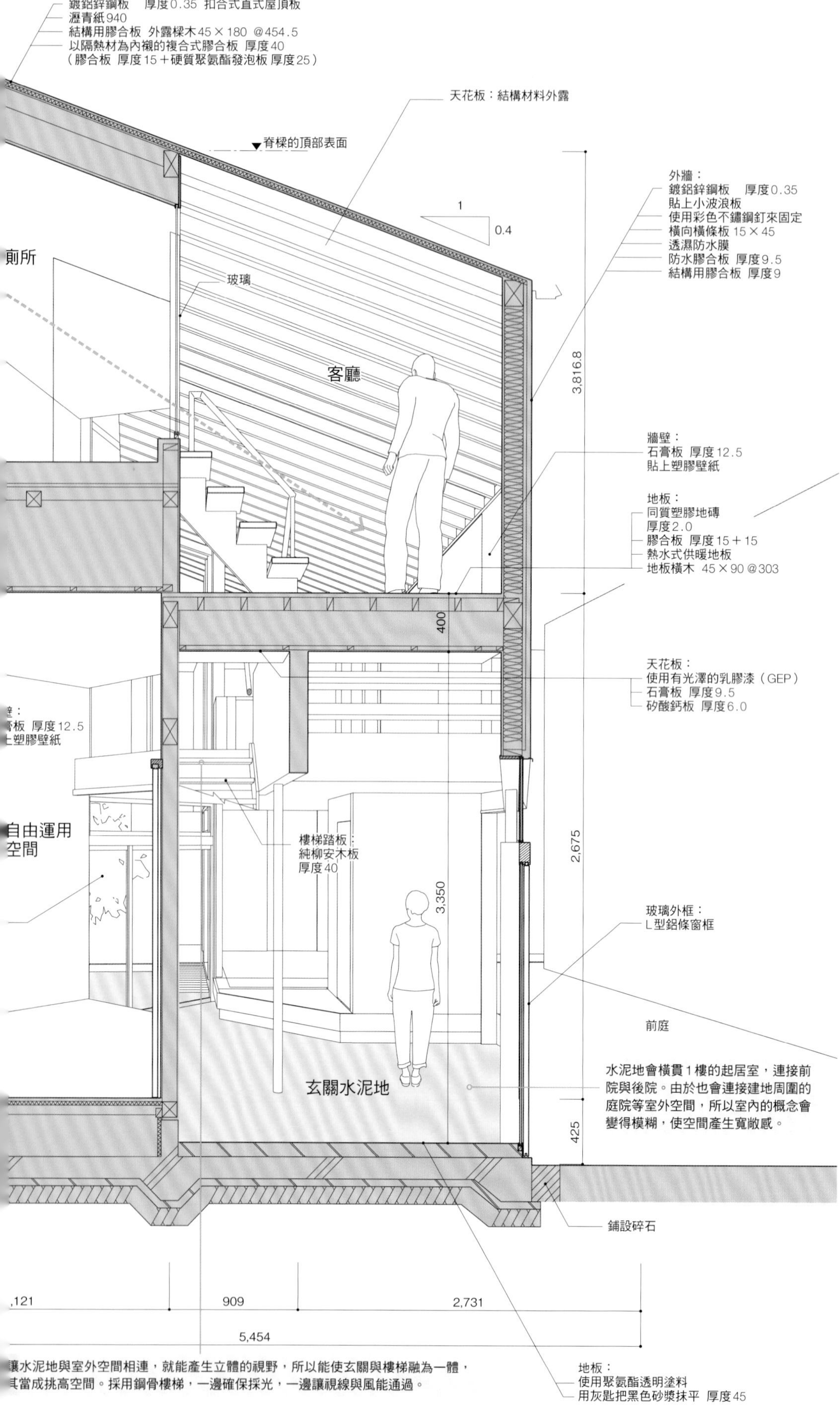
屋頂：
鍍鋁鋅鋼板　厚度0.35　扣合式直式屋頂板
瀝青紙940
結構用膠合板　外露梁木45×180　@454.5
以隔熱材為內襯的複合式膠合板　厚度40
（膠合板　厚度15＋硬質聚氨酯發泡板 厚度25）
天花板：結構材料外露
脊樑的頂部表面
外牆：
鍍鋁鋅鋼板　厚度0.35
貼上小波浪板
使用彩色不鏽鋼釘來固定
橫向橫條板 15×45
透濕防水膜
防水膠合板　厚度9.5
結構用膠合板　厚度9
1
0.4
廁所
玻璃
客廳
3,816.8
牆壁：
石膏板　厚度12.5
貼上塑膠壁紙
地板：
同質塑膠地磚
厚度2.0
膠合板　厚度15＋15
熱水式供暖地板
地板橫木　45×90 @303
400
天花板：
使用有光澤的乳膠漆（GEP）
石膏板　厚度9.5
矽酸鈣板　厚度6.0
板　厚度12.5
上塑膠壁紙
自由運用
空間
樓梯踏板：
純柳安木板
厚度40
2,675
3,350
玻璃外框：
L型鋁條窗框
前庭
水泥地會橫貫1樓的起居室，連接前院與後院。由於也會連接建地周圍的庭院等室外空間，所以室內的概念會變得模糊，使空間產生寬敞感。
玄關水泥地
425
鋪設碎石
,121
909
2,731
5,454
讓水泥地與室外空間相連，就能產生立體的視野，所以能使玄關與樓梯融為一體，其當成挑高空間。採用鋼骨樓梯，一邊確保採光，一邊讓視線與風能通過。
地板：
使用聚氨酯透明塗料
用灰匙把黑色砂漿抹平　厚度45

（上）客廳模樣。設置在南側的浴室的內牆採用透明玻璃，藉此就能讓陽光照到客廳。
（下）東南側外觀。只要把門打開來，玄關水泥地就會成為與室外相連的開放式空間。

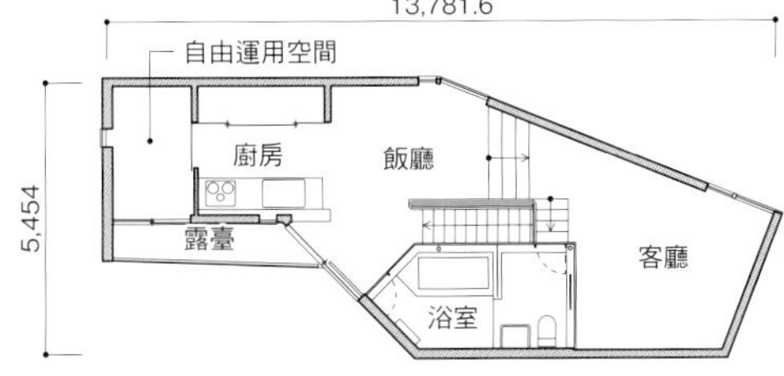
13,781.6
自由運用空間
廚房
飯廳
5,454
露臺
客廳
浴室

2樓

透過玄關（水泥地空間）來連接前院與後院，空間就會融為一體。藉由讓各個庭院與道路、鄰居的庭院等也融為一體，就能更進一步地營造出寬敞感。

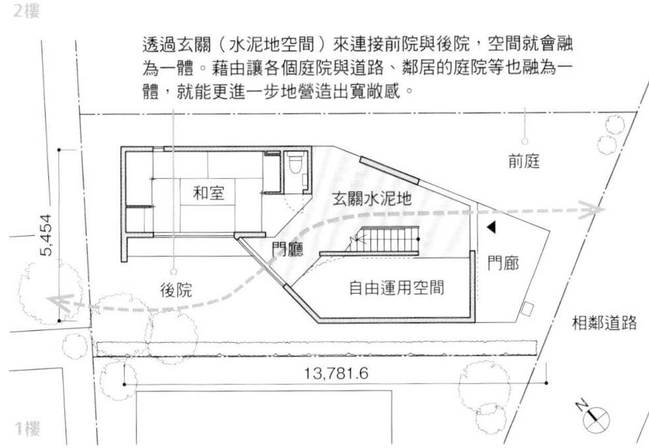
前庭
和室
玄關水泥地
5,454
門廳
門廊
後院
自由運用空間
相鄰道路
13,781.6

1樓

平面圖［S＝1：250］

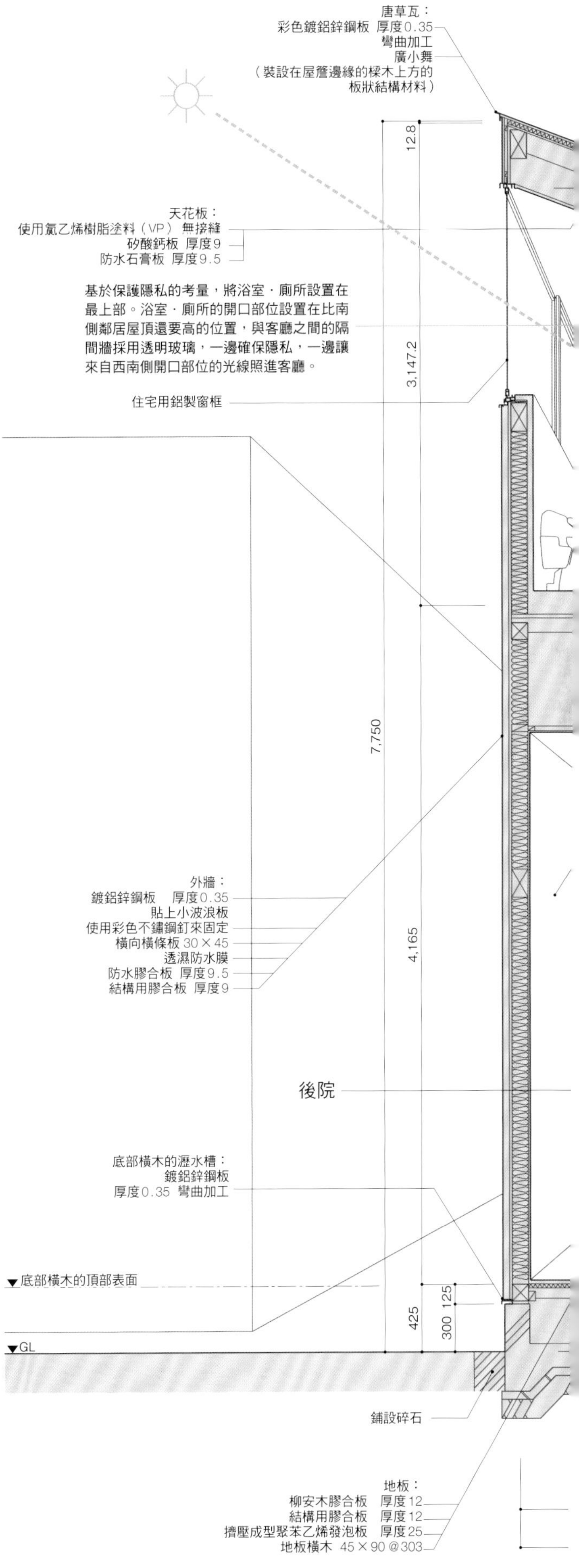

唐草瓦：
彩色鍍鋁鋅鋼板 厚度0.35
彎曲加工
廣小舞
（裝設在屋簷邊緣的椽木上方的板狀結構材料）

12.8

天花板：
使用氯乙烯樹脂塗料（VP） 無接縫
矽酸鈣板 厚度9
防水石膏板 厚度9.5

基於保護隱私的考量，將浴室．廁所設置在最上部。浴室．廁所的開口部位設置在比南側鄰居屋頂還要高的位置，與客廳之間的隔間牆採用透明玻璃，一邊確保隱私，一邊讓來自西南側開口部位的光線照進客廳。

3,147.2

住宅用鋁製窗框

7,750

外牆：
鍍鋁鋅鋼板 厚度0.35
貼上小波浪板
使用彩色不鏽鋼釘來固定
橫向橫條板 30×45
透濕防水膜
防水膠合板 厚度9.5
結構用膠合板 厚度9

4,165

後院

底部橫木的瀝水槽：
鍍鋁鋅鋼板
厚度0.35 彎曲加工

▼底部橫木的頂部表面

125
300
425

▼GL

鋪設碎石

地板：
柳安木膠合板 厚度12
結構用膠合板 厚度12
擠壓成型聚苯乙烯發泡板 厚度25
地板橫木 45×90＠303

剖面圖［S＝1：50］

SOH｜設計：長谷部勉 攝影：田中宏明

開放視野

METHOD 9

透過玄關大門的兩側來營造開放感

一般來說，具備開放視野的住宅都很舒適。不過，依照視野的方向與開放程度，居民的隱私也可能會受到侵害。在確保開放視野的同時，也必須避免讓室內遭受到他人窺視。

在玄關等狹小空間內，只要打造出通向室外的視野，就會獲得寬敞感，儘管如此，隱私還是令人在意。在這種情況下，只要宛如直立式細縫窗那樣，將磨砂玻璃鑲嵌在玄關兩側的翼牆上，就能同時兼顧視野與隱私。

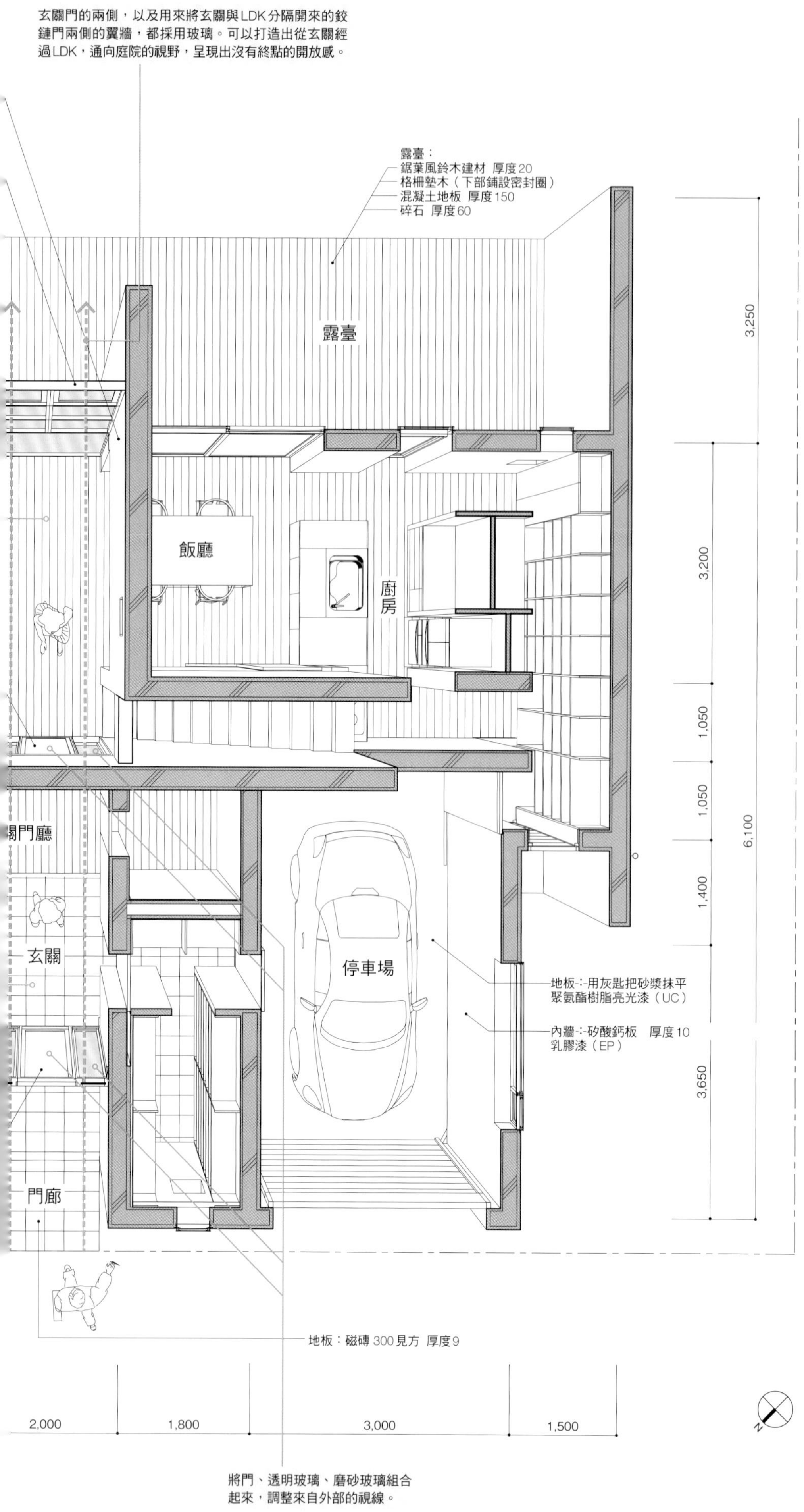

玄關門的兩側，以及用來將玄關與LDK分隔開來的鉸鏈門兩側的翼牆，都採用玻璃。可以打造出從玄關經過LDK，通向庭院的視野，呈現出沒有終點的開放感。

露臺：
鋸葉風鈴木建材 厚度20
格柵墊木（下部鋪設密封圈）
混凝土地板 厚度150
碎石 厚度60

露臺

飯廳

廚房

關門廳

玄關

停車場

門廊

地板：用灰匙把砂漿抹平
聚氨酯樹脂亮光漆（UC）

內牆：矽酸鈣板 厚度10
乳膠漆（EP）

3,250

3,200

1,050

1,050

1,400

3,650

6,100

地板：磁磚 300見方 厚度9

2,000

1,800

3,000

1,500

N

將門、透明玻璃、磨砂玻璃組合起來，調整來自外部的視線。

（上）只要從玄關進入客廳，就能看到庭院的象徵樹。
（下）從客廳觀看飯廳方向。

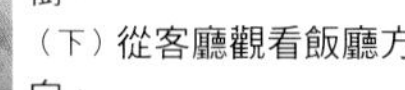

3,600 2,000 6,900
3,250 5,300 5,050
屋頂陽台
陽台
浴室
洗衣室
挑高空間
兒童房
書房
步入式衣櫥
主臥室
客房

2樓平面圖［S＝1：250］

只要讓天花板高度產生變化，各個空間就會變得有聲有色。大門．室內門都採用沒有垂壁的結構工法，如此一來，天花板高度的變化就會很顯著。

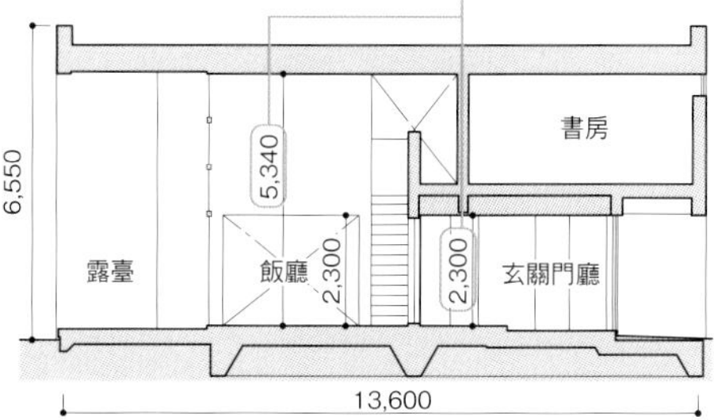
6,550
5,340
書房
露臺
飯廳
2,300
2,300
玄關門廳
13,600

剖面圖［S＝1：250］

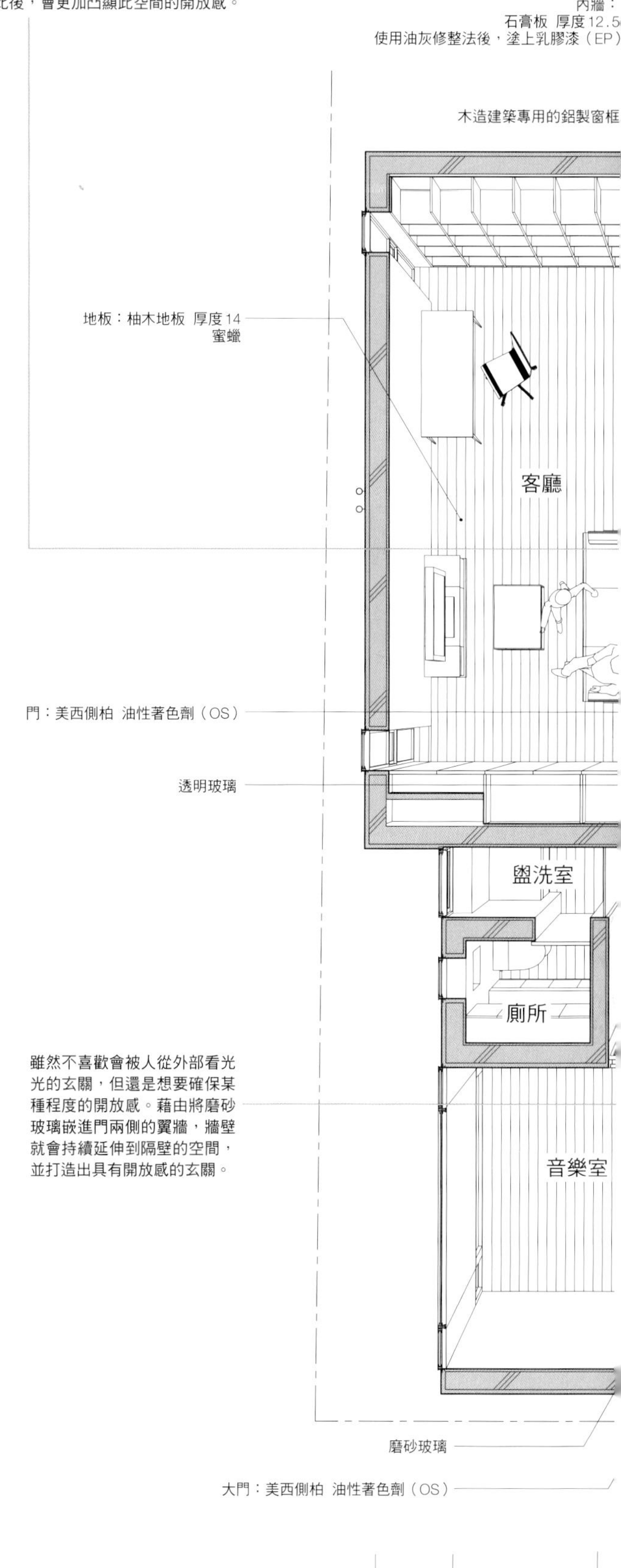
從玄關門廳到LDK的門打開後的部分，上方會成為挑高空間，此空間的前方、縱向、橫向都很寬敞。與封閉的玄關進行對比後，會更加凸顯此空間的開放感。
內牆：
石膏板 厚度12.5
使用油灰修整法後，塗上乳膠漆（EP）
木造建築專用的鋁製窗框
地板：柚木地板 厚度14
蜜蠟
客廳
門：美西側柏 油性著色劑（OS）
透明玻璃
盥洗室
廁所
雖然不喜歡會被人從外部看光光的玄關，但還是想要確保某種程度的開放感。藉由將磨砂玻璃嵌進門兩側的翼牆，牆壁就會持續延伸到隔壁的空間，並打造出具有開放感的玄關。
音樂室
磨砂玻璃
大門：美西側柏 油性著色劑（OS）
1,670
900
2,700

1樓平面圖［S＝1：80］

NSM｜設計：彥根明 攝影：彥根明

藉由讓人期待空間的延伸，來產生縱深感

「縱深感」的基本知識

當建地很狹小時，如果老實地依照建地來設計格局的話，狹窄感就會被完全地反映出來。

有那麼狹窄嗎？

一旦呈現出縱深感……

就會讓人產生錯覺，覺得前方空間比實際面積來得寬敞，藉此就能減緩狹窄感。

暢——通

一般來說，如果老實地依照建地來設計狹窄建地的居住空間，就會直接地受到建地狹窄感的影響，使居住空間變得狹小。不過，如果能夠賦予空間「縱深感」的話，就能讓人覺得空間比實際上來得寬敞。

「縱深感」是一種利用心理作用的視覺效果。在相連的空間內，藉由讓人期待前方比實際來得寬敞，就能產生縱深感。舉例來說，不要讓相連的空間看起來像是完全融為一體的大空間，而是要透過牆壁等結構來刻意製造死角。藉由營造出「讓人無法看穿空間全貌」的狀態，人們就會期待「通向前方的空間似乎很寬敞」，並感受到大於實際的「縱深感」＝寬敞感。同樣地，如果不要將視線前方的牆壁轉角設置成直角，而是設置成鈍角的話，牆壁看起來就會朝著比實際上更深的地方延伸，營造出「縱深感」。

另外，以重疊的方式來配置幾個用途不同的空間，也能產生「縱深感」。在這種情況下，只要在明亮度、地板高度、天花板高度等部分增

「縱深感」的重點

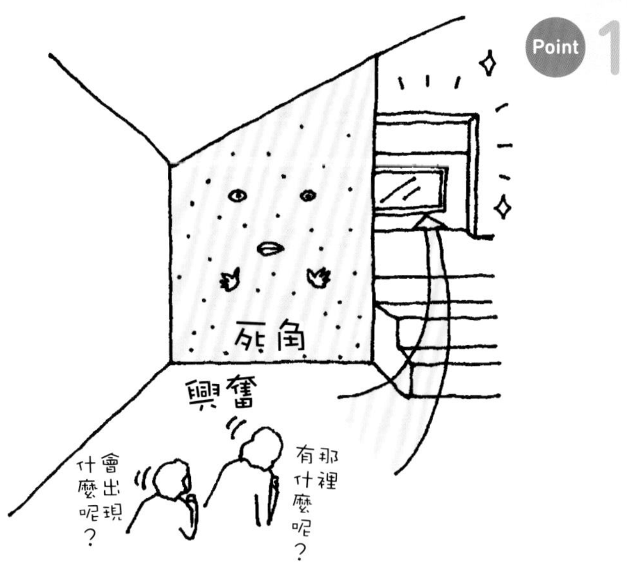
死角
興奮
那裡有什麼呢？
會出現什麼呢？

Point 1 只要製造出死角，就能讓人對前方空間的延伸產生期待，並感受到縱深感。

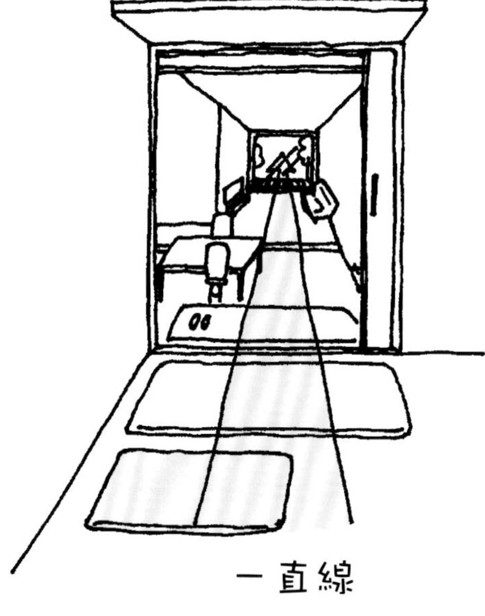
一直線

Point 2 只要將空間排列成一直線，強調空間的堆疊，就能產生縱深感。

喔！真美！

Point 3 為了提升人們對深處的興趣，所以應該在空間深處設置醒目物體（eyestop）。

添變化，讓人清楚地了解到各個空間的交界，並強調空間的重疊即可。伴隨著視點的移動，空間會持續不斷地產生變化，讓經過此處的人明顯地感受到縱深感。

此外，為了引導視線，也可以在空間深處設置醒目物體（eyestop）。醒目物體既能提昇縱深感，也能讓人在朝著深處空間移動時覺得更有趣味。

另外，將「擁有大型開口部位的開放式ＬＤＫ等空間」的寬度縮減，使其與具備「縱深感」的移動空間相連，也會很有趣。除了空間的寬窄對比，「縱深感」也是一項能使空間的格局產生劇烈變化的表現要素。

「縱深感」並不只是用來呈現空間的樣貌，「該處總是會伴隨著時間變化的概念」這一點也很重要。「縱深感」會伴隨著移動帶來變化，這點也與當下的期待感或興奮感有關，於是就會對人的空間感產生影響。這並非是空間上單純的延伸或距離的延長，而是透過變化來使空間產生各種堆疊，進而營造出「伴隨著時間的寬敞感」，同時也是「藉由變化而帶來的距離增幅」。舉例來說，藉由留意這種時間帶來的變化，並掌控「縱深感」，即使是狹小的住宅，也能消除狹窄感，打造出不受建地面積影響的寬敞居住空間。

［石井秀樹］

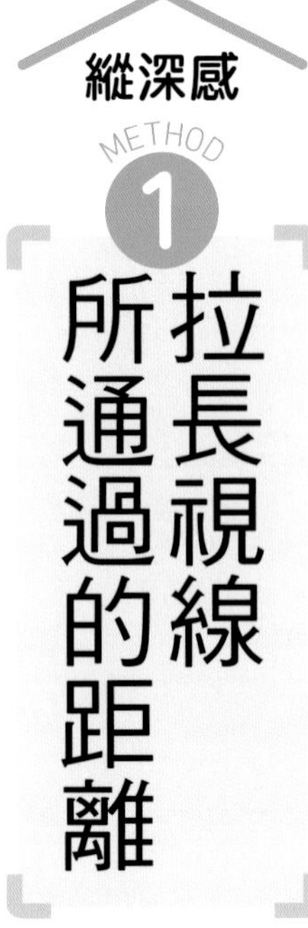

縱深感 METHOD 1 拉長視線所通過的距離

比起實際上的面積，住宅內部的體感寬敞度反而更容易受到「能讓多少視線通過」這種距離的影響。也就是說，即使是狹小的建地，藉由採用能讓視野變得開放的設計，就能產生縱深感，讓人覺得空間比實際上來得寬敞。

舉例來說，若想要讓視線通向遠處的話，只要設置有玻璃門的庭院即可。透過中庭，對面的空間就會映入眼簾，由於這樣能夠拉長視線所通過的距離，所以能夠感受到縱深感。

建地界線

2,399.3

1,500

822.9
1,800
2,080
720
1,100
1,400
1,900
1,500
1,500
1,800

備用室

玄關

中庭

門廳

廚房

將收納空間．儲藏室、廁所等空間彙集在單側，消除視覺上的存在感。

藉由將玄關設置在中央，就能透過面向中庭的部分來打造出通道，所以一進入住宅，就能感受到住宅整體的寬敞感。

地板：
木質地板 厚度15
供暖地板 厚度12
結構用膠合板 厚度24

N

（上）從1樓的飯廳觀看中庭。從右側繞進去，來連接對面的備用室。
（下）從大馬路上看到的南側外觀。建地被3邊道路所圍繞，所以要重視隱私，以避免讓周圍的住家看到住宅內的情況。

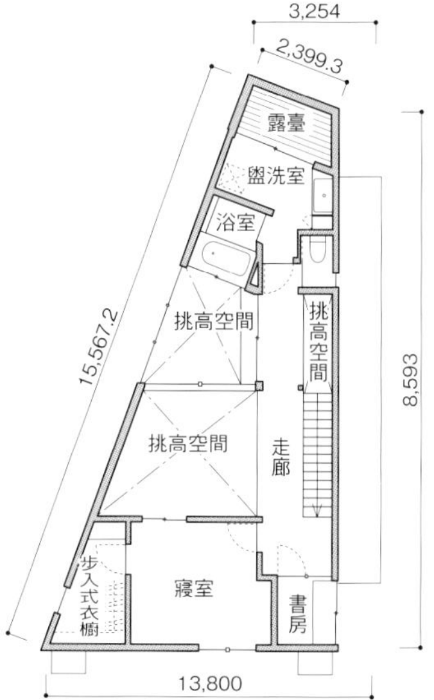
3,254
2,399.3
露臺
盥洗室
浴室
挑高空間
挑高空間
挑高空間
走廊
15,567.2
8,593
步入式衣櫥
寢室
書房
13,800

2樓平面圖［S＝1：250］

藉由將2樓的走廊做成一座橋，就不會破壞面向中庭的挑高空間的寬敞感，且能以立體的方式來連接1樓與2樓的空間。

1樓的牆面顏色採用白色，2樓採用灰色。藉此就能明確地區分樓層。也能凸顯2樓挑高空間的震撼力（dynamism）。

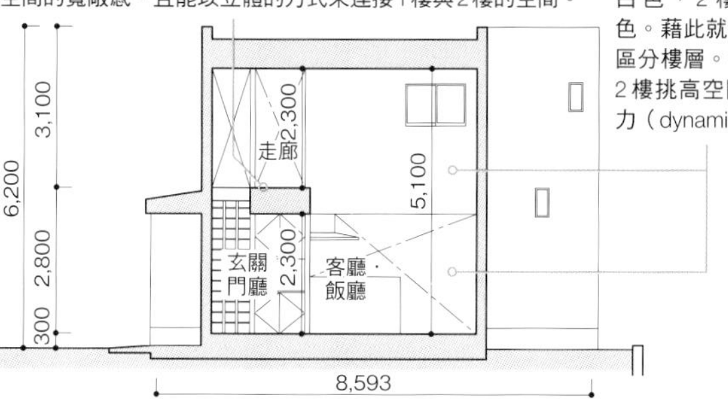
3,100
6,200
2,800
300
2,300
走廊
5,100
2,300
玄關
門廳
客廳．
飯廳
8,593

剖面圖［S＝1：200］

活用三角形的建地形狀，在較寬處設置大空間與挑高空間，確保寬敞感，在較狹窄處設置單人房，確保安穩感。

設置中庭，讓人可以眺望對面的空間，藉此就能拉長視線所通過的距離，營造出縱深感。

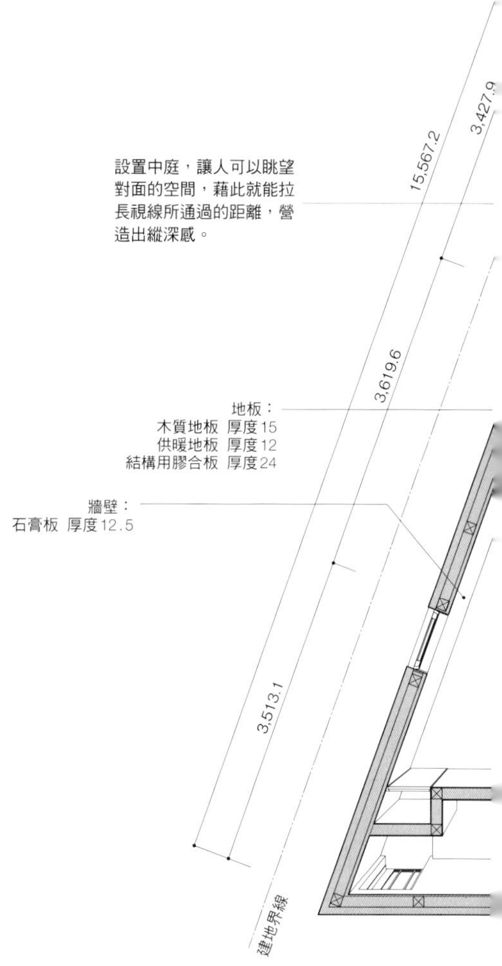
地板：
木質地板 厚度15
供暖地板 厚度12
結構用膠合板 厚度24
牆壁：
石膏板 厚度12.5
15,567.2
3,427.9
3,619.6
3,513.1
建地界線

1樓平面圖［S＝1：80］

Triangle House｜設計：田島則行＋tele-design　攝影：田島則行

縱深感

METHOD 2

只要在平面上加上角度，就能營造出縱深感

當住宅位於沒有縱深感的建地內時，若想要營造出縱深感，就要多下一些工夫。舉例來說，只要在建築物的平面形狀上設置能增添角度的結構，在視線前方製造出若隱若現的效果（死角），讓人產生「室內空間會持續延伸到前方嗎」這種想像，就能營造出縱深感。在這種情況下，重點在於，角度要採用鈍角。每次移動時，視線都會變得寬廣，藉此就能更進一步地營造出縱深感。

透過外觀也能推測出く字形的錯層式結構。

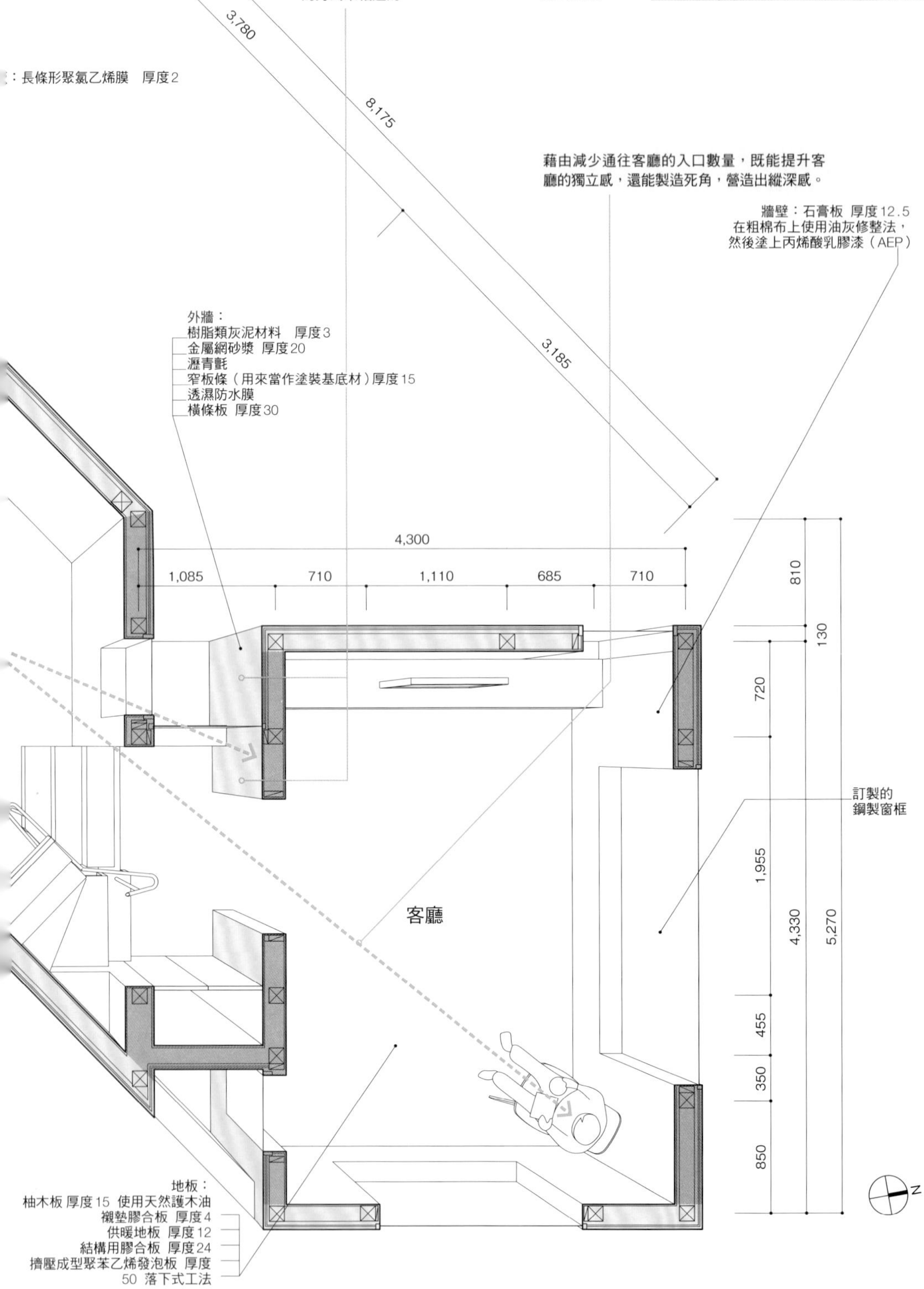

藉由讓內牆與外牆的加工方式一致，就能明確地得知，在結構上，這2個區域是以彎曲45度的方式來相連的。

：長條形聚氯乙烯膜　厚度2

藉由減少通往客廳的入口數量，既能提升客廳的獨立感，還能製造死角，營造出縱深感。

牆壁：石膏板 厚度12.5
在粗棉布上使用油灰修整法，
然後塗上丙烯酸乳膠漆（AEP）

外牆：
樹脂類灰泥材料　厚度3
金屬網砂漿 厚度20
瀝青氈
窄板條（用來當作塗裝基底材）厚度15
透濕防水膜
橫條板 厚度30

210
3,780
8,175
3,185
4,300
1,085　710　1,110　685　710
810
130
720
1,955
4,330
5,270
455
350
850

訂製的
鋼製窗框

客廳

N

地板：
柚木板 厚度15 使用天然護木油
襯墊膠合板 厚度4
供暖地板 厚度12
結構用膠合板 厚度24
擠壓成型聚苯乙烯發泡板 厚度
50 落下式工法

（左）藉由刻意設置翼牆來區隔空間，就能營造出縱深感。
（右）相連成く字形的錯層式結構，會讓人對前方的空間產生期待。

8,175
5,270
挑高空間
衣櫥
主臥室
挑高空間
3,005
2樓
8,175
5,270
停車場
門廊
玄關
書房
通道
步入式衣櫥
自由運用空間
浴室
3,005
盥洗更衣室
地下1樓
平面圖［S＝1：250］

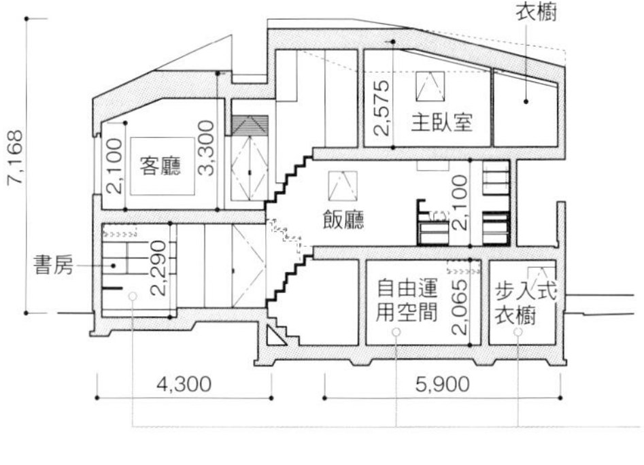
衣櫥
7,168
2,575
主臥室
2,100
客廳
3,300
2,100
飯廳
書房
2,290
自由運用空間
2,065
步入式衣櫥
4,300
5,900
剖面圖［S＝1：250］

讓「北側的2層樓區域」與「南側的3層樓區域」錯開半層樓高，打造出錯層式結構。藉由將3層樓區域的一半埋在地下，當成地下室來看待，就能一邊避開北側高度限制，一邊確保最大限度的起居室面積。

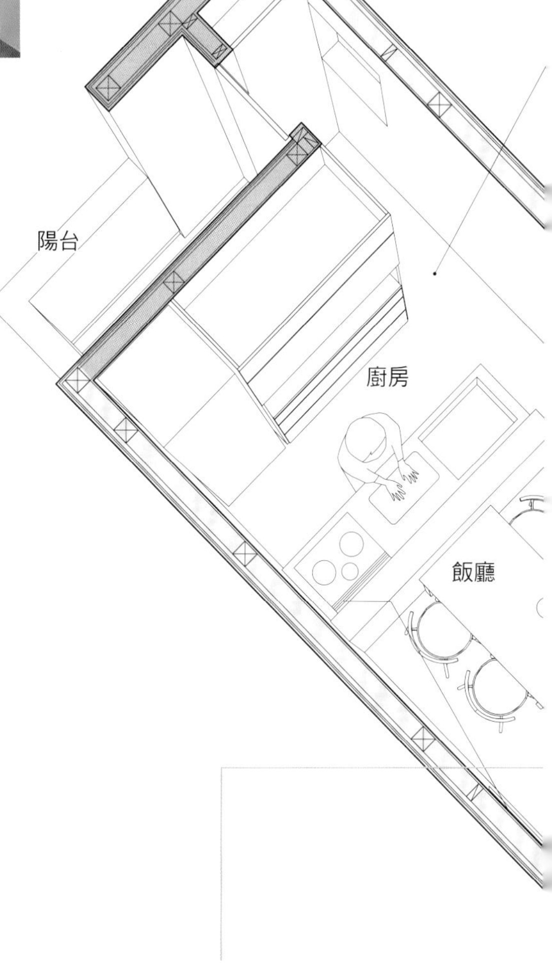
陽台
廚房
飯廳
1樓平面圖［S＝1：50］

藉由在部分區域設置挑高空間，就能讓光線從高處往下落在平面的彎曲處。光線一旦照射在角度有出現偏移的平面上，就會呈現出各種風情。

上高田的家｜設計：石井秀樹　攝影：鳥村鋼一

縱深感

METHOD 3

讓明亮・昏暗的空間互相重疊

很難像P48、49那樣「製造出死角」時，藉由讓人實際感受到空間的重疊，也能營造出縱深感。

舉例來說，只要交錯地排列明亮空間與昏暗空間，使空間的容積呈現明顯差異的話，就能讓人實際感受到空間的重疊。同樣地，藉由讓每個空間的天花板高度、地板高度產生變化，當這些變化重疊起來後，就能加強空間的縱深感。

天花板：
石膏板 厚度9.5
在粗棉布上使用油灰修整法後，塗上丙烯酸乳膠漆（AEP）（消光）

藉由改變天花板高度的設定，空間的容積就會產生變化。這一點也會使光線的反射產生變化，對空間的明暗度產生影響。

廚房

水泥地

2,250

2,550

1,844

2,345

550

4,739

0

1,820

1,820

1,820

藉由改變地板高度來賦予空間動感。

地板：
露礫修飾工法 厚度15

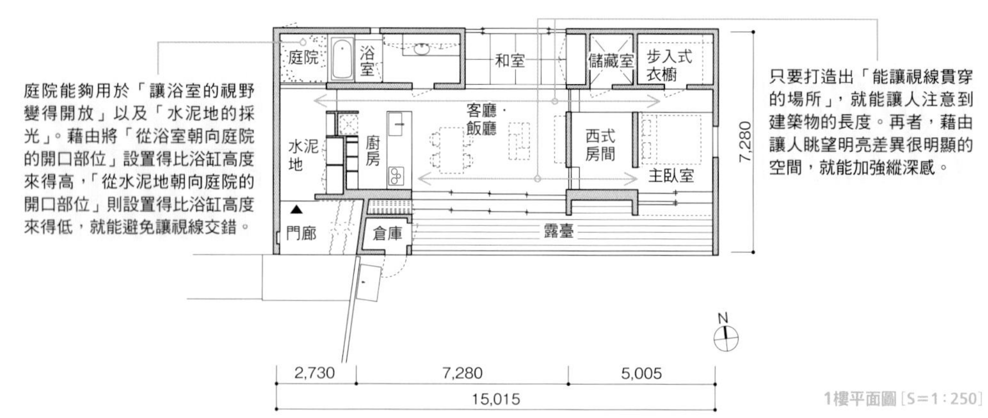

庭院
浴室
和室
儲藏室
步入式衣櫥
客廳・飯廳
水泥地
廚房
西式房間
主臥室
門廊
倉庫
露臺
7,280
N
2,730
7,280
5,005
15,015

庭院能夠用於「讓浴室的視野變得開放」以及「水泥地的採光」。藉由將「從浴室朝向庭院的開口部位」設置得比浴缸高度來得高，「從水泥地朝向庭院的開口部位」則設置得比浴缸高度來得低，就能避免讓視線交錯。

只要打造出「能讓視線貫穿的場所」，就能讓人注意到建築物的長度。再者，藉由讓人眺望明亮差異很明顯的空間，就能加強縱深感。

1樓平面圖［S＝1：250］

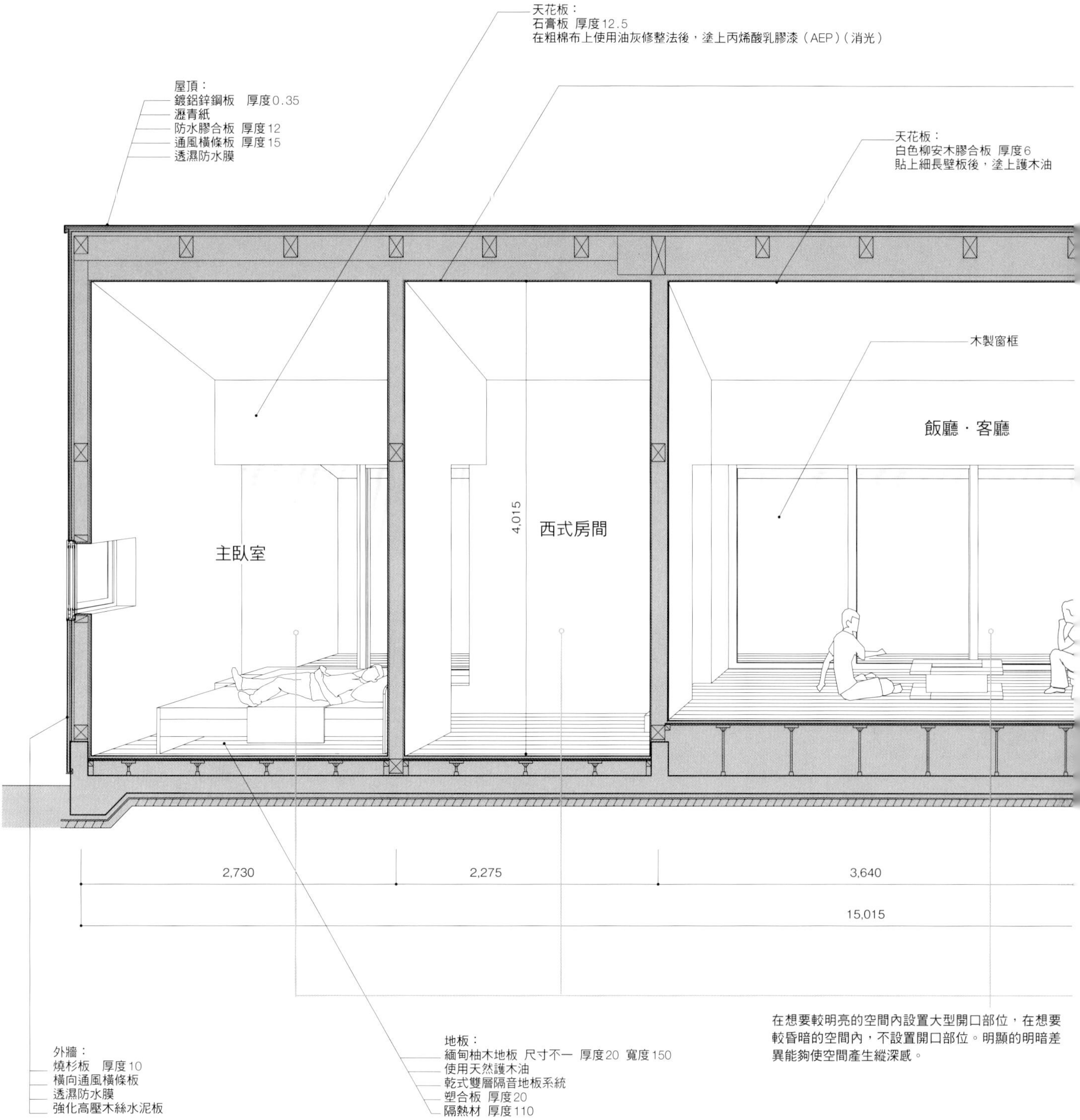

天花板：
石膏板 厚度12.5
在粗棉布上使用油灰修整法後，塗上丙烯酸乳膠漆（AEP）（消光）

屋頂：
鍍鋁鋅鋼板　厚度0.35
瀝青紙
防水膠合板 厚度12
通風橫條板 厚度15
透濕防水膜

天花板：
白色柳安木膠合板 厚度6
貼上細長壁板後，塗上護木油

木製窗框

飯廳・客廳

4,015

西式房間

主臥室

2,730
2,275
3,640
15,015

在想要較明亮的空間內設置大型開口部位，在想要較昏暗的空間內，不設置開口部位。明顯的明暗差異能夠使空間產生縱深感。

外牆：
燒杉板　厚度10
橫向通風橫條板
透濕防水膜
強化高壓木絲水泥板

地板：
緬甸柚木地板 尺寸不一 厚度20 寬度150
使用天然護木油
乾式雙層隔音地板系統
塑合板 厚度20
隔熱材 厚度110

剖面圖［S＝1：50］

（左）將明暗空間交互排列，以營造出縱深感。
（中央）讓「透過地板台階、天花板高度變化而產生的多樣化空間」互相連接。
（右）深屋簷是內外部的中間區域，能夠賦予空間輪廓清晰的縱深感。

濱北的家｜設計：石井秀樹　攝影：鳥村鋼一

不要在細長型建築物內設置走廊

當建地具有深度，但正面寬度較狹窄時，依照房間的配置方式，會出現「只有走廊很長，反而凸顯了建地的狹窄感」這種情況。我們只要活用建地的特色，將大小不同的空間排列成一直線，就能隨著視點的移動來感受到空間的重疊，並營造出縱深感。此時，如果還能夠在挑高空間或部分地板使用具有穿透性［※］的材料，在垂直方向也打造出開放視野的話，就能避免空間變得單調。另外，藉由變更地板高度與顏色，即使不設置隔間牆，也能使空間變得醒目。只要運用這種堆疊空間的方法，就能反過來利用建地的缺點，應付各種形狀的建地。

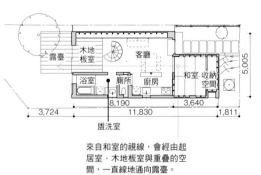

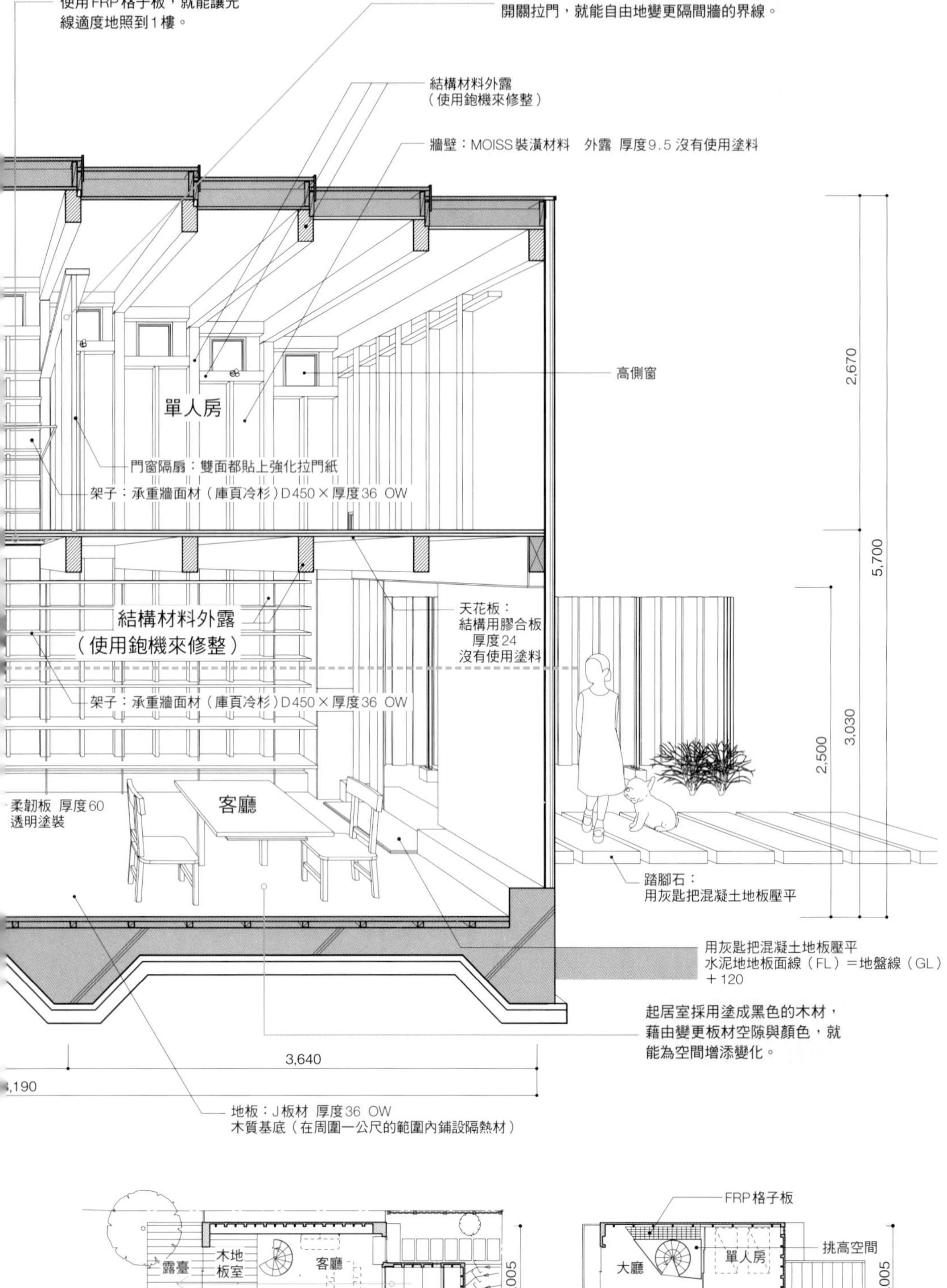
藉由在螺旋梯與室內地板上使用FRP格子板，就能讓光線適度地照到1樓。
透過三片式拉門來區隔單人房與大廳。藉由開關拉門，就能自由地變更隔間牆的界線。
結構材料外露（使用鉋機來修整）
牆壁：MOISS裝潢材料　外露　厚度9.5 沒有使用塗料
高側窗
單人房
門窗隔扇：雙面都貼上強化拉門紙
架子：承重牆面材（庫頁冷杉）D450×厚度36 OW
2,670
5,700
結構材料外露
（使用鉋機來修整）
天花板：
結構用膠合板
厚度24
沒有使用塗料
架子：承重牆面材（庫頁冷杉）D450×厚度36 OW
2,500
3,030
柔韌板 厚度60
透明塗裝
客廳
踏腳石：
用灰匙把混凝土地板壓平
用灰匙把混凝土地板壓平
水泥地地板面線（FL）＝地盤線（GL）＋120
起居室採用塗成黑色的木材，藉由變更板材空隙與顏色，就能為空間增添變化。
3,640
8,190
地板：J板材 厚度36 OW
木質基底（在周圍一公尺的範圍內鋪設隔熱材）
露臺
木地板室
客廳
浴室
廁所
廚房
和室
收納空間
盥洗室
5,005
8,190
3,640
3,724
11,830
1,811
FRP格子板
大廳
單人房
挑高空間
書房
5,005
910
11,830
3,640
N

來自和室的視線，會經由起居室．木地板室與重疊的空間，一直線地通向露臺。

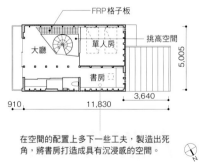

在空間的配置上多下一些工夫，製造出死角，將書房打造成具有沉浸感的空間。

1樓　2樓　平面圖［S＝1：300］

※ 除了本案例所採用的FRP格子板以外，也可以考慮使用多孔金屬板或玻璃等。

一邊大約每隔2度，就變更間距910㎜的斜樑的斜度，一邊裝上單斜面屋頂。在室內空間，依照站立位置，斜樑看起來會彎曲成圓弧形，讓人覺得整個家被溫柔地包覆住。

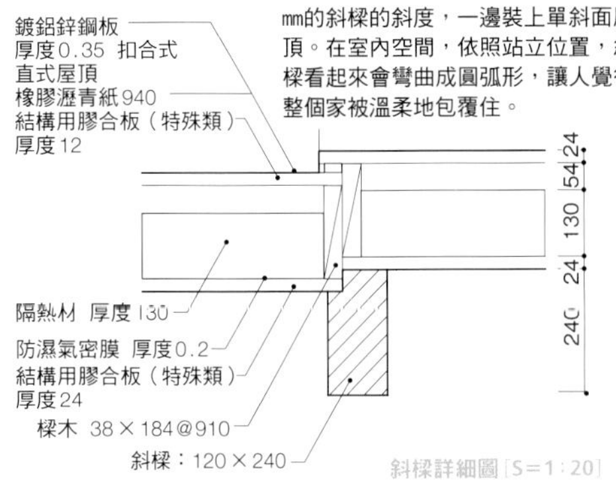

鍍鋁鋅鋼板
厚度0.35 扣合式
直式屋頂
橡膠瀝青紙940
結構用膠合板（特殊類）
厚度12
隔熱材 厚度130
防濕氣密膜 厚度0.2
結構用膠合板（特殊類）
厚度24
椽木 38×184@910
斜樑：120×240

24
54
130
24
240

斜樑詳細圖［S=1：20］

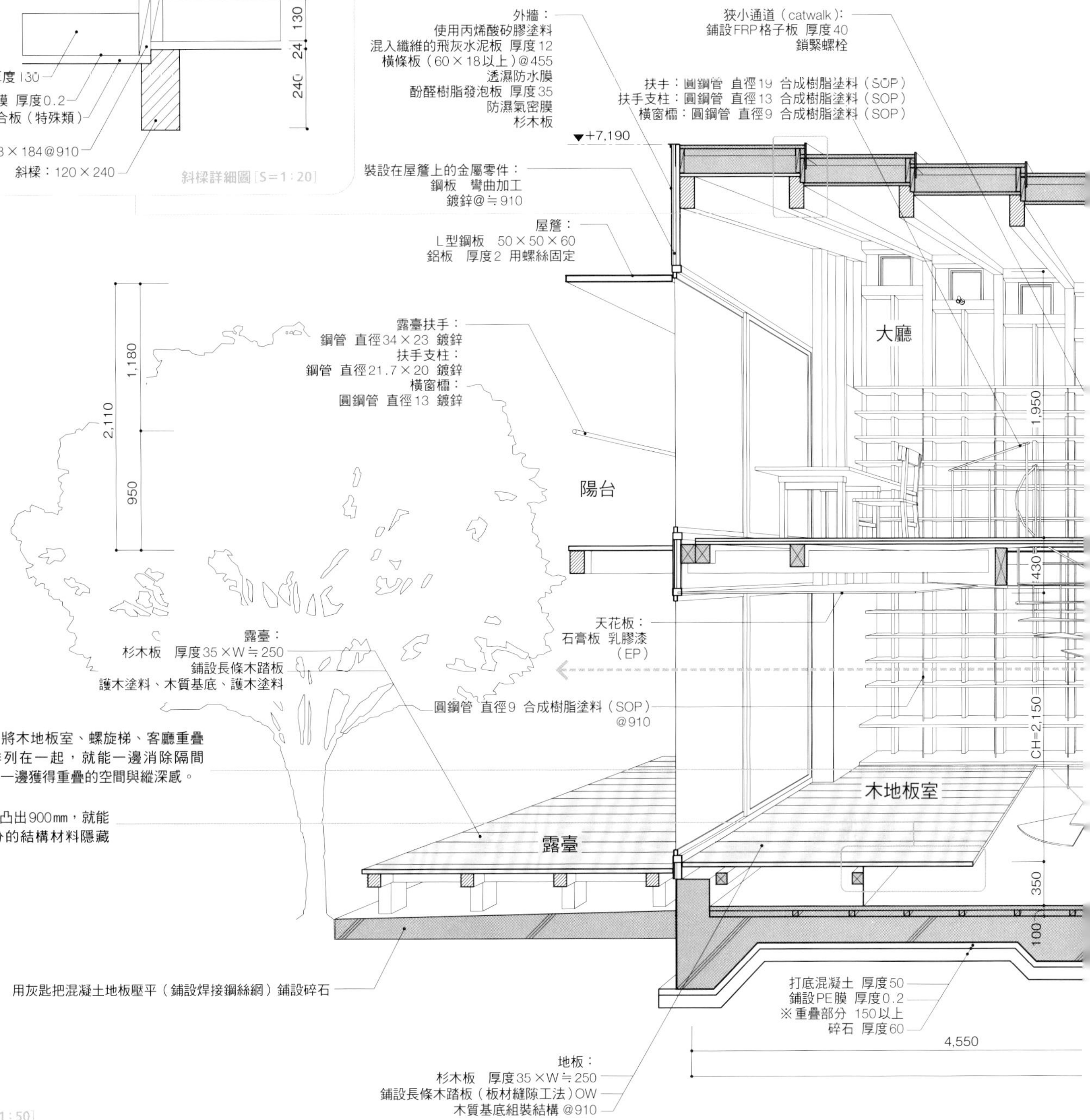

外牆：
使用丙烯酸矽膠塗料
混入纖維的飛灰水泥板 厚度12
橫條板（60×18以上）@455
透濕防水膜
酚醛樹脂發泡板 厚度35
防濕氣密膜
杉木板

狹小通道（catwalk）：
鋪設FRP格子板 厚度40
鎖緊螺栓

扶手：圓鋼管 直徑19 合成樹脂塗料（SOP）
扶手支柱：圓鋼管 直徑13 合成樹脂塗料（SOP）
橫窗櫺：圓鋼管 直徑9 合成樹脂塗料（SOP）

▼+7,190

裝設在屋簷上的金屬零件：
鋼板 彎曲加工
鍍鋅@≒910

屋簷：
L型鋼板 50×50×60
鋁板 厚度2 用螺絲固定

1,180
2,110
950

露臺扶手：
鋼管 直徑34×23 鍍鋅
扶手支柱：
鋼管 直徑21.7×20 鍍鋅
橫窗櫺：
圓鋼管 直徑13 鍍鋅

大廳
陽台
1,950
430

天花板：
石膏板 乳膠漆
（EP）

露臺：
杉木板 厚度35×W≒250
鋪設長條木踏板
護木塗料、木質基底、護木塗料

圓鋼管 直徑9 合成樹脂塗料（SOP）
@910

CH=2,150

藉由將木地板室、螺旋梯、客廳重疊地排列在一起，就能一邊消除隔間牆，一邊獲得重疊的空間與縱深感。

木地板室

藉由讓地板凸出900㎜，就能將台階部分的結構材料隱藏起來。

露臺
350
100

用灰匙把混凝土地板壓平（鋪設焊接鋼絲網）鋪設碎石

打底混凝土 厚度50
鋪設PE膜 厚度0.2
※重疊部分 150以上
碎石 厚度60

4,550

地板：
杉木板 厚度35×W≒250
鋪設長條木踏板（板材縫隙工法）OW
木質基底組裝結構 @910

剖面圖［S=1：50］

（左）在1樓客廳、螺旋梯的對面，可以看到日式客廳與綠意。透過挑高空間來連接2樓。
（右）南側外觀。在面向綠地的大型開口部位，裝設有深度的屋簷。

由於在建築物的長邊方向，距離鄰居很近，所以要讓2樓的斜樑外露，確保天花板高度，並設置高側窗，藉此就能獲得採光與通風的效果。

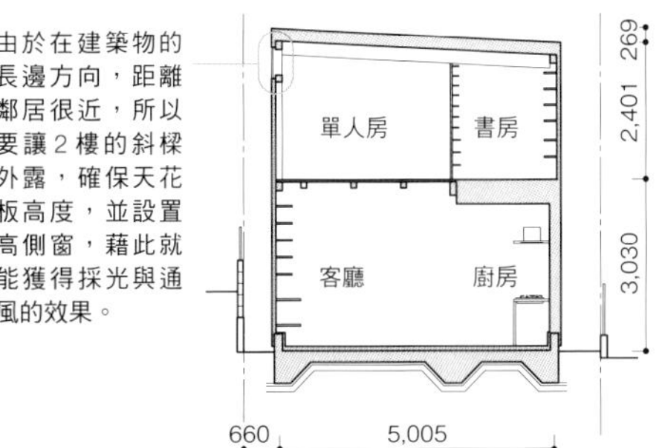
單人房
書房
客廳
廚房
269
2,401
3,030
660
5,005

剖面圖［S=1：200］

日野的家｜設計：荒木毅 攝影：篠澤裕

縱深感

METHOD 5

凸顯長通道的縱深感

在構思空間的格局時，整理動線，以避免產生無謂的動線，是很基本的事項。不過，在某些案例中，會依照屋主的要求來刻意拉長動線距離。在這種情況下，就並非只是單純地拉長移動空間，設計重點在於該如何營造出縱深感，讓人在移動後，對接下來可能會發生的戲劇性場面產生期待。

在此案例中，藉由等間隔地設置照明設備，並使用玻璃來當作大門兩側的翼牆，打造出開放視野，就能讓通道呈現出連貫性、距離感、縱深感。

另外，也透過「寬度狹窄的移動空間」與「開放式LDK」來呈現寬窄的對比，將「昏暗狹窄的移動空間」轉變為能為居住空間增添魅力的關鍵要素。

22,750
1,820
1,820
910
2,275
1,515
1,215
3,185
為了不讓照明器具變得顯眼，所以採用與牆壁相同的黑色。只有光線會浮現在通道上，產生出固定的節奏感。
藉由在通道的前方設置能看到戶外光線與綠色植物的庭院，就能打造出很有魅力的長通道。
玄關台階裝飾材：水曲柳拼接板
玄關水泥地
紫薇
庭院 鋪設砂礫
倉庫
書房
+350
鞋子收納間
玄關
廁所
浴室
鋪設磁磚
200見方
管線區
盥洗室
牆壁：
貼上杉木板
油性著色劑(OS)
客廳
曬衣露臺
鋸葉風鈴木
建材
鋪設長條木
踏板
雜物間
牆壁：
石膏板 厚度12.5
使用油灰修整法後，塗上高性能塗料
中庭
地板：
黑胡桃木　護木塗料（WP）
飯廳
廚房
1,820
1,820
1,820
910
3,640
15,470
4,550
910
N
中庭能夠適當地將訪客區與居住區分隔開來。透過植物與該土地上原本就存在的高低落差（約1m）來防止視線的干擾。
藉由在兩個地方設置樓梯，就能讓人可以直接從道路進入書房或訪客區，將平常的動線與有訪客時的動線分開。
在主臥室的衣櫥內設置2個入口，藉此就能打造出迴遊動線，提昇便利性。
書房
步入式衣櫥
辦公室
自動化
設備區
和室
休息區
工作區
主臥室
WIC
兒童房
廁所
書房
1,820
13,650
4,550
12,285
5,915
22,750

2樓平面圖［S＝1：400］

(上) 道路側的外觀。隔著停車場，可以看到中庭的綠意。
(中) 從飯廳觀看通道方向。
(左下) 在飯廳上部，藉由設置一扇與挑高空間一樣高的窗戶，就能讓中庭的光線映照進來。
(右下) 從停車場可以隔著中庭看到住宅的部分夜景。

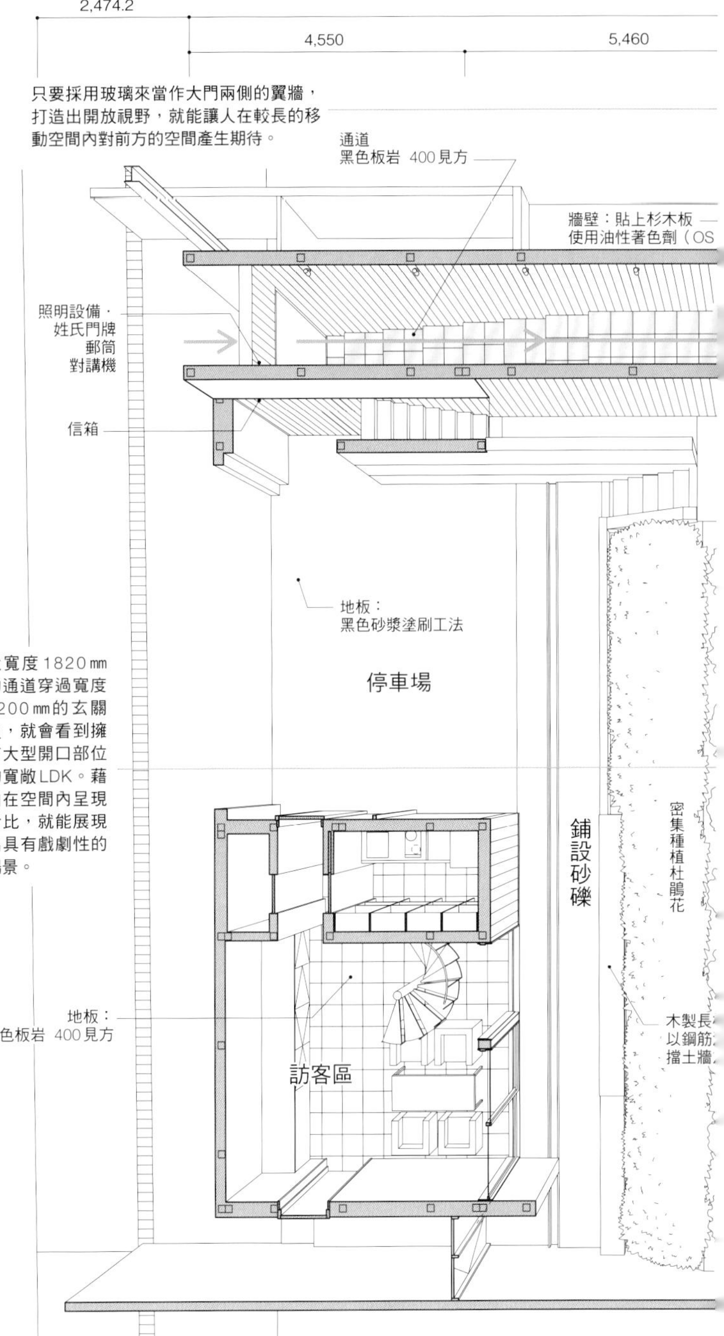
2,474.2
4,550
5,460
只要採用玻璃來當作大門兩側的翼牆，打造出開放視野，就能讓人在較長的移動空間內對前方的空間產生期待。
通道
黑色板岩 400見方
牆壁：貼上杉木板
使用油性著色劑（OS
照明設備，
姓氏門牌
郵筒
對講機
信箱
地板：
黑色砂漿塗刷工法
從寬度1820㎜的通道穿過寬度1200㎜的玄關後，就會看到擁有大型開口部位的寬敞LDK。藉由在空間內呈現對比，就能展現出具有戲劇性的場景。
停車場
鋪設砂礫
密集種植杜鵑花
地板：
黑色板岩 400見方
訪客區
木製長
以鋼筋
擋土牆

1樓平面圖 [S=1：120]

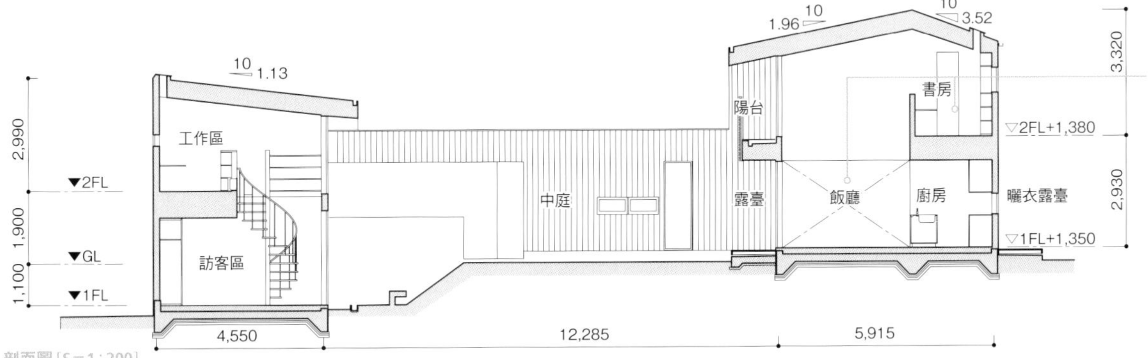
10
1.13
1.96
3.52
2,990
1,900
1,100
▼2FL
▼GL
▼1FL
工作區
訪客區
中庭
陽台
露臺
飯廳
書房
廚房
曬衣露臺
3,320
2,930
▽2FL+1,380
▽1FL+1,350
4,550
12,285
5,915
透過挑高空間來連接飯廳與書房。在與書房相連的通道深處，有兒童房和主臥室。在構造上，會從公共空間逐漸轉變為私人空間。

剖面圖 [S=1：200]

TJM｜設計：彥根明　攝影：彥根明

重疊

只要在劃分空間時注意空間的重疊，就能使空間之間產生良好的關聯性

住宅是由許多個分開的空間所構成的。即使是以「完全沒有隔間的家」而聞名的蒙古包，其廁所也是位於室外，並被其他東西圍起來。當然，我們可以說，蒙古包本身是透過毛氈來區隔室內與室外的空間。了解「重疊」的第一步，就是要像這樣地區隔空間。

試著將「重疊」定義為，透過某種固定的隔間方式而產生的「空間與空間的關係」吧。只要將「被劃分出來的範圍」當成個別的空間來看待，透過劃分區域而產生的許多空間就會形成「重疊」的狀態。

如果想要讓各空間雖然是獨立的，但卻能夠感受到其他空間的氣息的話，只要在劃分區域時多留意空間的重疊即可。舉例來說，只要藉由透明的隔間方式來讓空間互相重疊，就能在不遮蔽光線與視線的情況下，確保隔音功能。如果採用半透明的隔間方式，則能夠一邊遮蔽視線，一邊傳遞亮度。

同樣地，使用日式拉門等具備高度穿透性的隔間方式時，只要多注意光

「重疊」的基本知識

KITCHEN
LIVING
DINING
TOILET
BATHROOM

在居住空間內，空間會互相重疊。

只要利用這種
重疊狀態……

就能產生各種功效，像是「雖然各空間是獨立的，但能夠感受到其他空間傳過來的氣息」等。

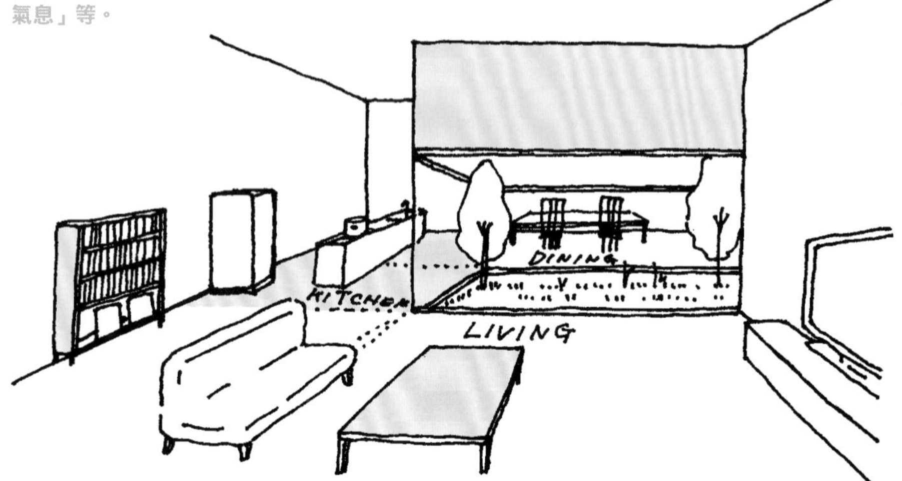
KITCHEN
DINING
LIVING

「重疊」的重點

只要採用半透明的隔間方式，就能將人的氣息傳達給相鄰空間。

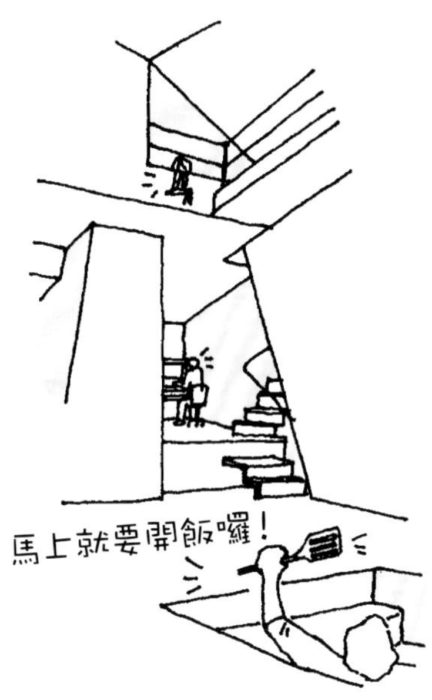
馬上就要開飯囉！

Point 2

不要將空間的重疊部分完全區隔開來，而是使其相連，就能打造出具有整體感的寬敞空間。

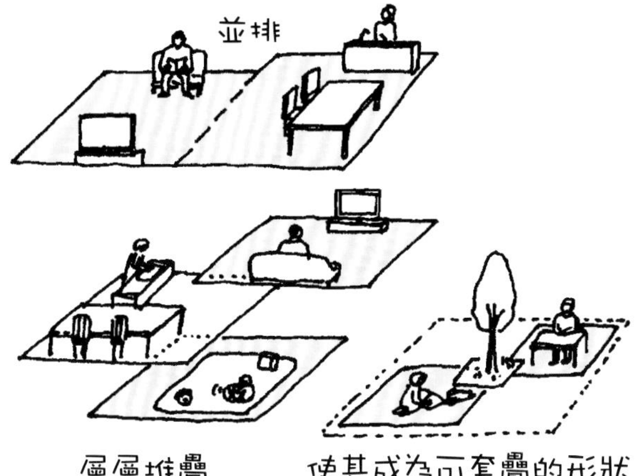
並排
層層堆疊
使其成為可套疊的形狀

Point 3

重疊方式有很多種，像是「並排、讓空間層層堆疊、把空間設計成可套疊的形狀」等。

線的照射方式，讓人與植物的影子等映照在隔間門上即可。如此一來，位於隔間門對面空間的人的氣息就會傳遞過來，隨風搖曳的樹木擺動也能為居住空間增添趣味。

另外，即使不使用隔間牆等方式來區隔空間，藉由「讓室外空間散布在室內空間中」、「讓獨立的空間與空間進行堆疊」等方式，也能打造出空間的「重疊」狀態。採用層層堆疊方式時，重點在於，要讓人注意到「採用錯層式結構等設計的空間彼此的連接方式」。

像這樣地將空間「重疊」起來時，只要將「被區隔開來的空間」當成「一團獨立的空氣」來看待，並去思考要如何去分隔、排列、堆疊、貫穿、套疊這些空氣團即可。我們也希望大家仔細地去理解身為「一團獨立的空氣」的空間彼此的關聯性——舉例來說，像是光線、風、聲音、視線、功能性的連結等各種能使空間產生關聯性的要素，並去思考要採用何種重疊方式才能取得最佳的關聯性、距離感。每次在設計這些隔間方式（連接方式）時，都要去留意空間的「重疊」，藉此應該就能使空間內產生各種關聯性，呈現出在獨立空間中無法獲得的豐富樣貌。另外，以極為實事求是的態度來看待「空間的重疊」，也可以說是一種有助於發現「新的空間關聯性」的方法。

[石井秀樹]

重疊

METHOD 1

中庭的重疊部分能夠呈現出各種縱深感

面向中庭設置開口部位，對外部而言相對封閉的住宅，容易形成既單調又沉悶的空間。因此，我們不能只設置一個中庭，而是要讓好幾個中庭散布在各處，藉此就能試著考慮採用「室內→室外→室內→室外……」這種將空間重疊起來的方法。由於光線會照進中庭，使中庭變得比室內明亮，所以明暗的對比也會產生重疊。隨著移動，這些重疊狀態會不斷地產生變化，藉此就能賦予各個空間個性，不用仰賴隔間牆，也能打造出多樣化的居住空間。

室
+420
書房
庭院1
+200
寢室
+450
庭院2
+690
+900
玄關
收納空間
停車場
鄰地界線
道路界線
3,640
1,820
3,640
3,640
2,275
2,275
910
1,553
1,664
3,217
1,297
地板：
露礫修飾工法　厚度10
較乾的砂漿　厚度30
在焊接鋼絲網上使用煤渣混凝土
厚度60
藉由製造出「在中庭的對面還有一個中庭」的情況，就能讓人對深處的空間產生興趣，營造出縱深感。
訂製的鋼製窗框
藉由將收納空間設置在建築的周圍，並改變每個房間的地板高度，就不需要在室內設置隔間牆，可以打造出開放的室內空間。
地板：
蒙特古羅板岩　厚度15
較乾的砂漿　厚度25
在焊接鋼絲網上使用煤渣混凝土　厚度60
N

（上）連接成鈍角的玻璃面，會讓室內外之間產生界線淡薄的關係。
（中）以「室外（中庭）→室內→室外（中庭）」的方式來重疊地排列空間。如此一來，明暗的重疊就會使空間產生縱深感。
（下）豐富的空間在內部延伸，讓人想不到此處是人來人往的場所。

藉由讓天花板高度產生連續性的變化，來為空間增添變化。

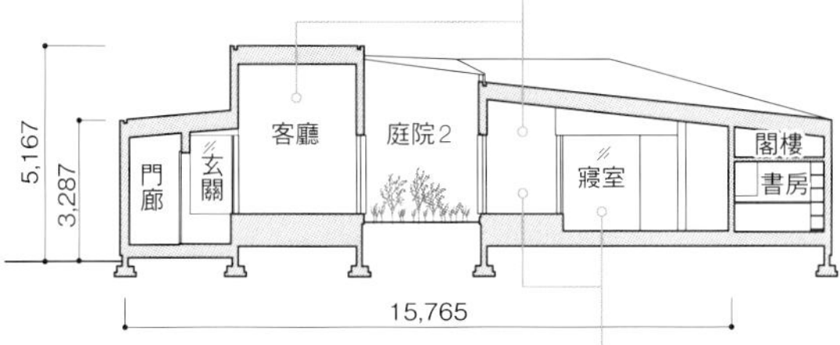

5,167
3,287
門廊
玄關
客廳
庭院2
寢室
閣樓
書房
15,765

藉由「改變每個起居室的地板高度」的隔間方式來間接地為空間增添變化。

剖面圖［S＝1：300］

鄰地界線

廁所

牆壁：
石膏板 厚度12.5
在粗棉布上使用油灰修整法
然後塗上丙烯酸乳膠漆（AEP）（消光）
膠合板 厚度9

飯廳

藉由讓庭院散布在各處，中庭的綠意就會隨著季節與時間，帶給起居室不同的風情，讓空間的氣氛也產生變化。

地板：
使用天然護木油
緬甸柚木地板 厚度15

1,287
1,287
644
1,930
1,287

鄰地界線

地板：
緬甸柚木地板 厚度15
結構用膠合板 厚度24
擠壓成型聚苯乙烯發泡板 B類3種 厚度65

平面圖［S＝1：100］

東村山的家｜設計：石井秀樹　攝影：鳥村鋼一

重疊
METHOD
2
透過半透明的牆壁來傳遞人的氣息與光線

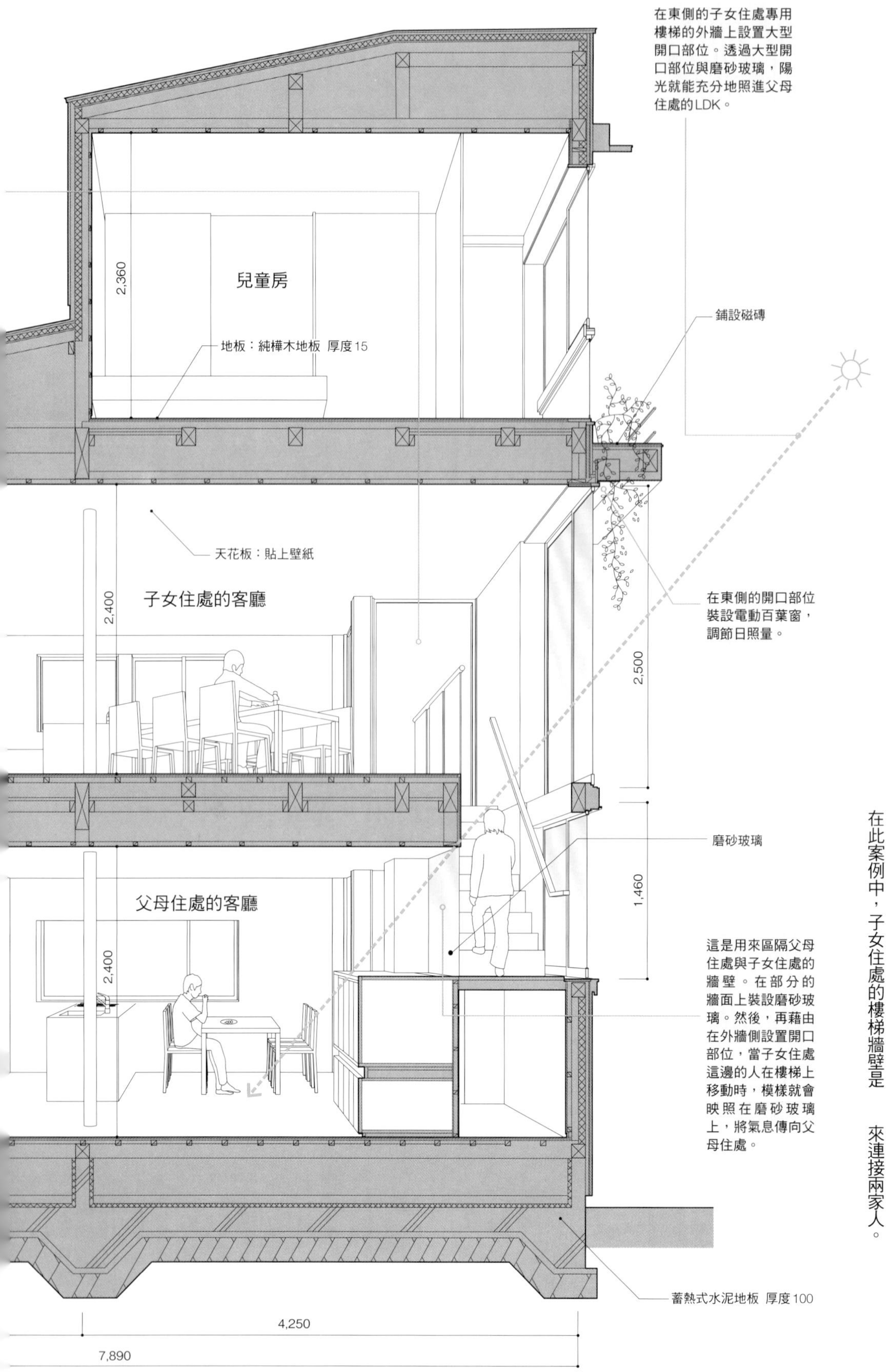

在東側的子女住處專用樓梯的外牆上設置大型開口部位。透過大型開口部位與磨砂玻璃，陽光就能充分地照進父母住處的LDK。

兒童房

2,360

地板：純樺木地板 厚度15

鋪設磁磚

天花板：貼上壁紙

子女住處的客廳

2,400

在東側的開口部位裝設電動百葉窗，調節日照量。

2,500

磨砂玻璃

1,460

父母住處的客廳

2,400

這是用來區隔父母住處與子女住處的牆壁。在部分的牆面上裝設磨砂玻璃。然後，再藉由在外牆側設置開口部位，當子女住處這邊的人在樓梯上移動時，模樣就會映照在磨砂玻璃上，將氣息傳向父母住處。

蓄熱式水泥地板 厚度100

4,250

7,890

在兩世代住宅中，下層給父母居住，上層給子女一家人居住，這種情況很常見。不過，在這種情況下，兩家人會被很明確地隔開來。即使讓兩家人分別住在上下層，只要能夠活用空間的重疊，就能讓生活氣息能互相傳遞，就能創造出適當的距離感。

在此案例中，子女住處的樓梯牆壁是沿著父母住處的ＬＤＫ來設置的。藉由採用磨砂玻璃來當作該面牆壁的一部分，並在外牆側設置開口部位，進行採光。

人在樓梯上移動的模樣會宛如剪影般地映照在牆上，讓位於父母住處這邊的人看到。藉此，就能透過適當的距離感來連接兩家人。

（左上）剪影般的動作，富有詩意地映照在牆上。
（右上）朝向藍天的樓梯。
（下）裝設在各種移動空間上的窗戶。

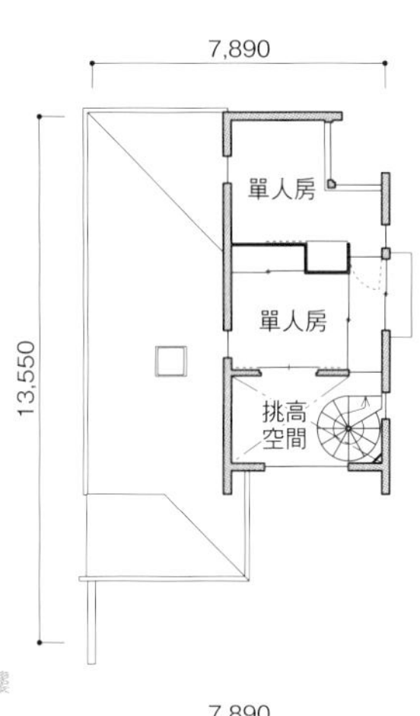
7,890
13,550
單人房
單人房
挑高
空間

3樓

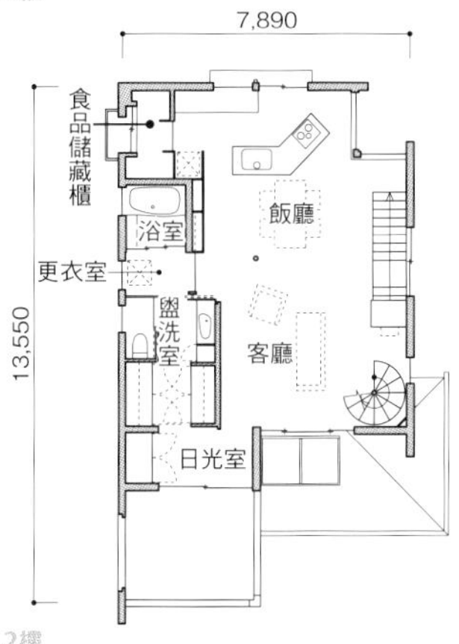
7,890
13,550
食品儲藏櫃
浴室
更衣室
盥洗室
飯廳
客廳
日光室

2樓

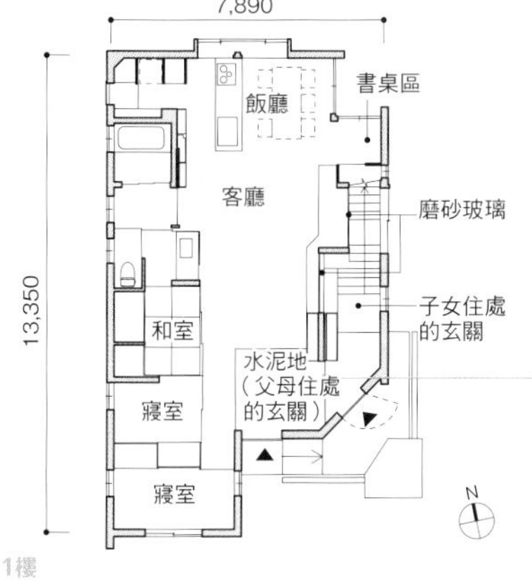
7,890
13,350
飯廳
書桌區
客廳
磨砂玻璃
子女住處的玄關
和室
水泥地（父母住處的玄關）
寢室
寢室
N

1樓

為了讓子女與父母兩家人保持良好的距離感，所以設置了大拉門。只要將大拉門打開來，就能看到共用的水泥地玄關。一邊設置能讓兩家人直接交流的場所，一邊打造出「能將子女一家人的生活氣息傳遞給父母」的移動空間。藉此，就能保持若即若離的距離。

平面圖［S＝1：300］

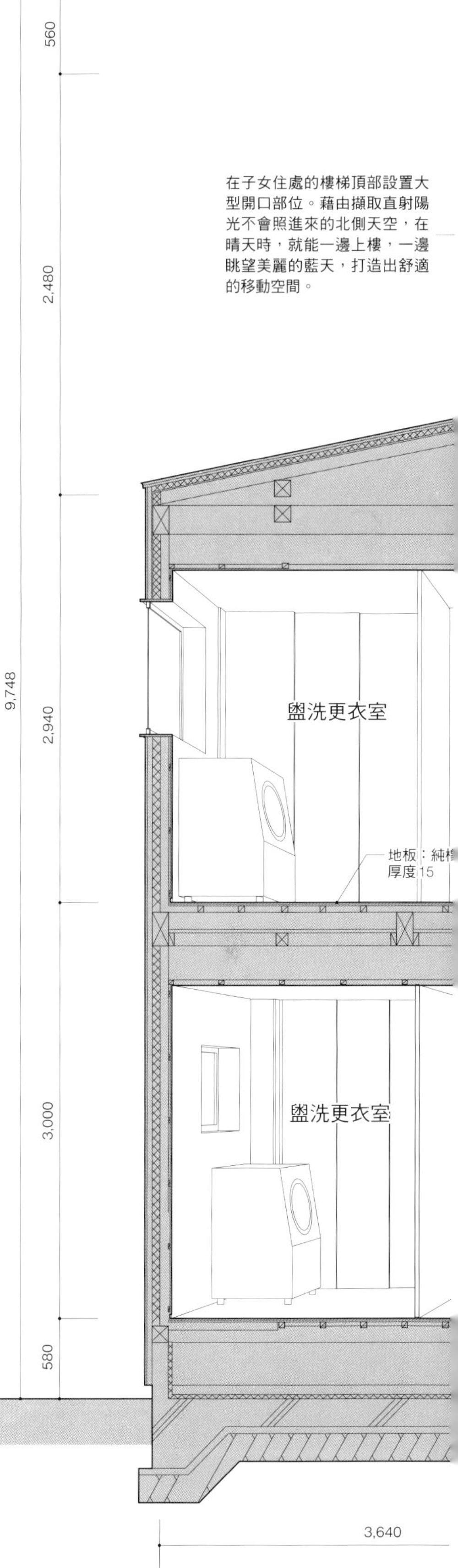
188
560
2,480
9,748
2,940
3,000
580
盥洗更衣室
地板：純
厚度15
盥洗更衣室
3,640

在子女住處的樓梯頂部設置大型開口部位。藉由擷取直射陽光不會照進來的北側天空，在晴天時，就能一邊上樓，一邊眺望美麗的藍天，打造出舒適的移動空間。

剖面圖［S＝1：50］

松戶的家｜設計：長谷川順持　攝影：黑住直民

重疊

METHOD 3

打造一個上下重疊的生活空間

我們想要打造的是「即使家人都位於屋內不同場所，還是能夠互相感受到彼此氣息」的住宅。若想實現這一點的話，在整體的結構上，只要一邊讓客廳、飯廳等生活空間各錯開半層樓高，一邊將空間連接起來，並透過閣樓等空間來讓單人房上部與其他空間相連，將空間重疊起來即可。如此一來，空間就不會被分開，而是會融為一體，在居住空間內，能夠一邊感受到家人的氣息，一邊確保自己的生活空間。

另外，只要運用錯開半層樓高的結構，讓玄關比相鄰道路高出半層樓，就能遮蔽來自外部的視線，確保隱私。

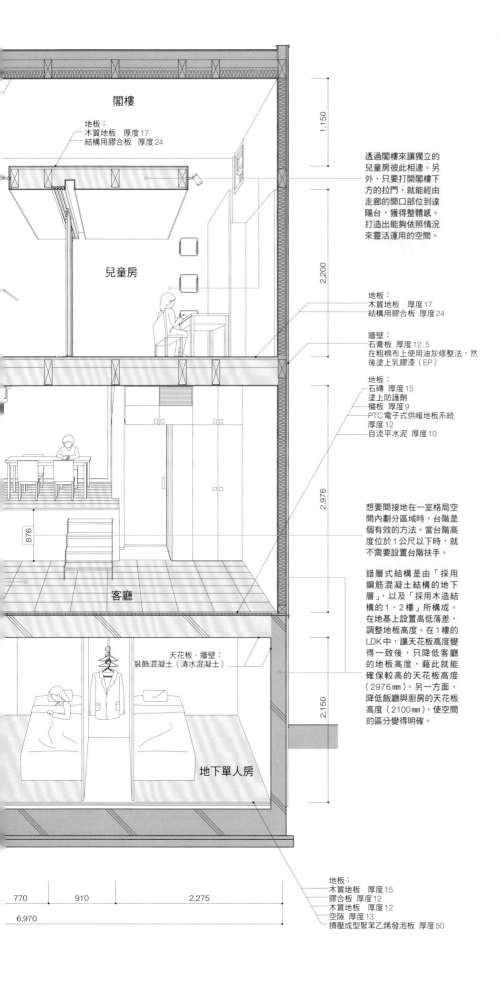

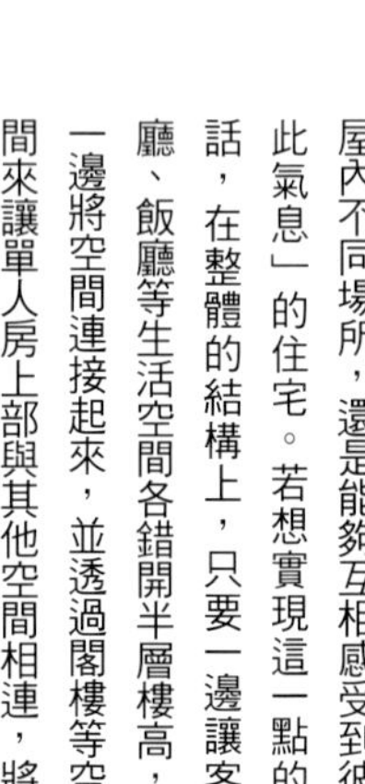

閣樓

地板：
木質地板　厚度17
結構用膠合板　厚度24

1,150

透過閣樓來讓獨立的兒童房彼此相連。另外，只要打開閣樓下方的拉門，就能經由走廊的開口部位到達陽台，獲得整體感。打造出能夠依照情況來靈活運用的空間。

兒童房

2,200

地板：
木質地板　厚度17
結構用膠合板　厚度24

牆壁：
石膏板　厚度12.5
在粗棉布上使用油灰修整法，然後塗上乳膠漆（EP）

地板：
石磚　厚度15
塗上防護劑
襯板　厚度9
PTC電子式供暖地板系統
厚度12
自流平水泥　厚度10

2,976

876

想要間接地在一室格局空間內劃分區域時，台階是個有效的方法。當台階高度位於1公尺以下時，就不需要設置台階扶手。

客廳

錯層式結構是由「採用鋼筋混凝土結構的地下層」，以及「採用木造結構的1、2樓」所構成。在地基上設置高低落差，調整地板高度。在1樓的LDK中，讓天花板高度變得一致後，只降低客廳的地板高度，藉此就能確保較高的天花板高度（2976㎜）。另一方面，降低飯廳與廚房的天花板高度（2100㎜），使空間的區分變得明確。

天花板・牆壁：
裝飾混凝土（清水混凝土）

2,150

地下單人房

地板：
木質地板　厚度15
膠合板　厚度12
木質地板　厚度12
空隙　厚度13
擠壓成型聚苯乙烯發泡板　厚度50

770　910　2,275

6,970

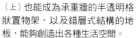

（上）也能成為承重牆的半透明格狀置物架，以及錯層式結構的地板，能夠創造出各種生活空間。
（下）東側外觀。藉由讓玄關與道路相差半層樓高，來營造出距離感。

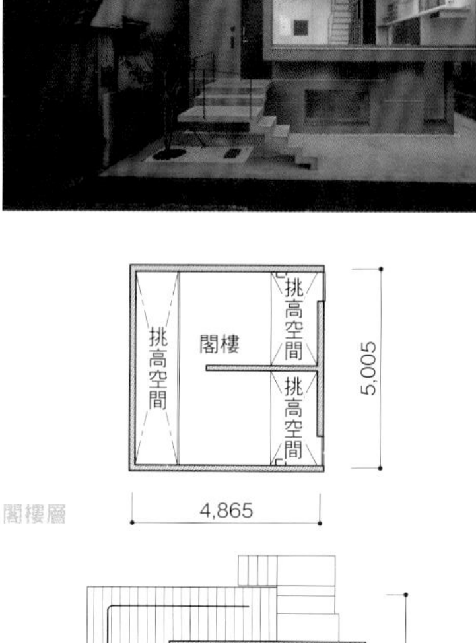

挑高空間
閣樓
挑高空間
挑高空間
5,005
4,865
閣樓層

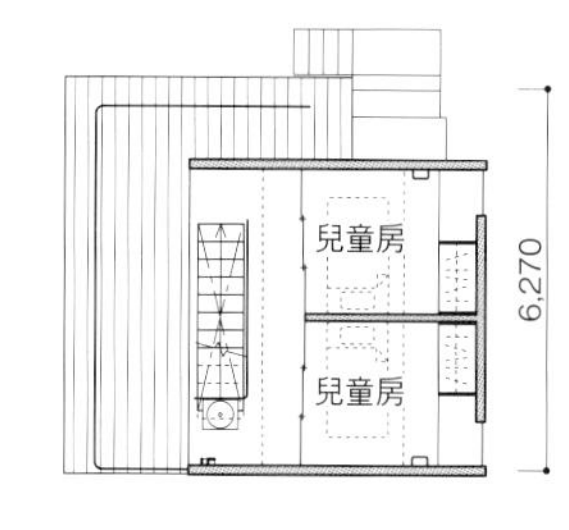

兒童房
兒童房
6,270
2樓
6,970

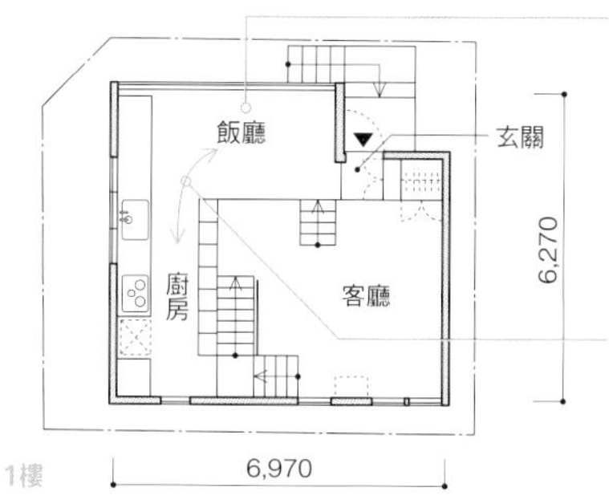

飯廳
玄關
廚房
客廳
6,270
1樓
6,970

飯廳設置在早上經常有陽光照進來的東側。能夠在明亮空間內，愉快地展開一天的生活。

讓飯廳與廚房的地板高度一致，提昇使用便利性。

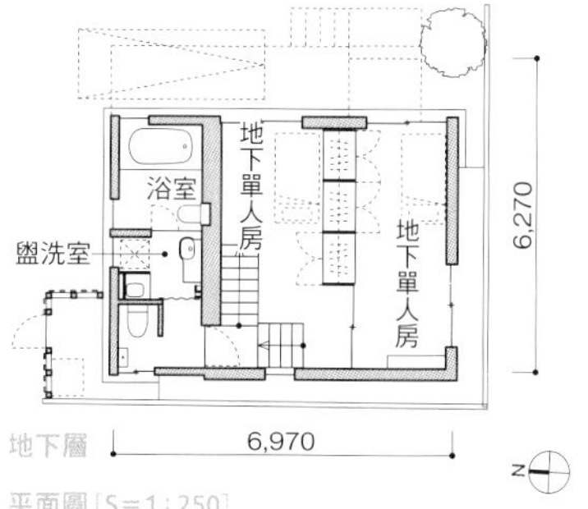

浴室
盥洗室
地下單人房
地下單人房
6,270
地下層
6,970

平面圖［S＝1：250］

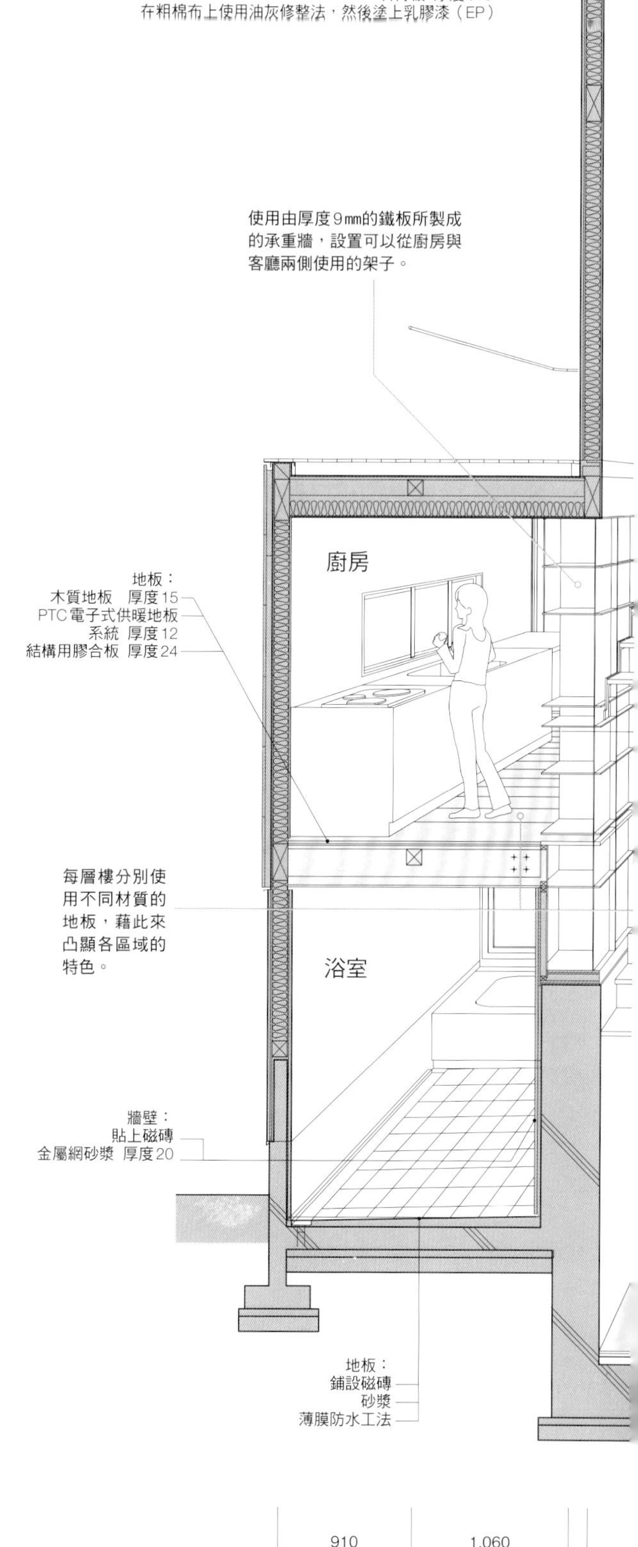

牆壁：
石膏板 厚度9.5
在粗棉布上使用油灰修整法，然後塗上乳膠漆（EP）
使用由厚度9mm的鐵板所製成的承重牆，設置可以從廚房與客廳兩側使用的架子。
廚房
地板：
木質地板 厚度15
PTC電子式供暖地板
系統 厚度12
結構用膠合板 厚度24
每層樓分別使用不同材質的地板，藉此來凸顯各區域的特色。
浴室
牆壁：
貼上磁磚
金屬網砂漿 厚度20
地板：
鋪設磁磚
砂漿
薄膜防水工法
910
1,060
135

剖面圖［S＝1：50］

K's Step｜設計：FEDL（Far East Design Lab）伊原孝則　攝影：平剛

重疊

METHOD 4

透過木格柵板來間接地連接室外空間與中庭

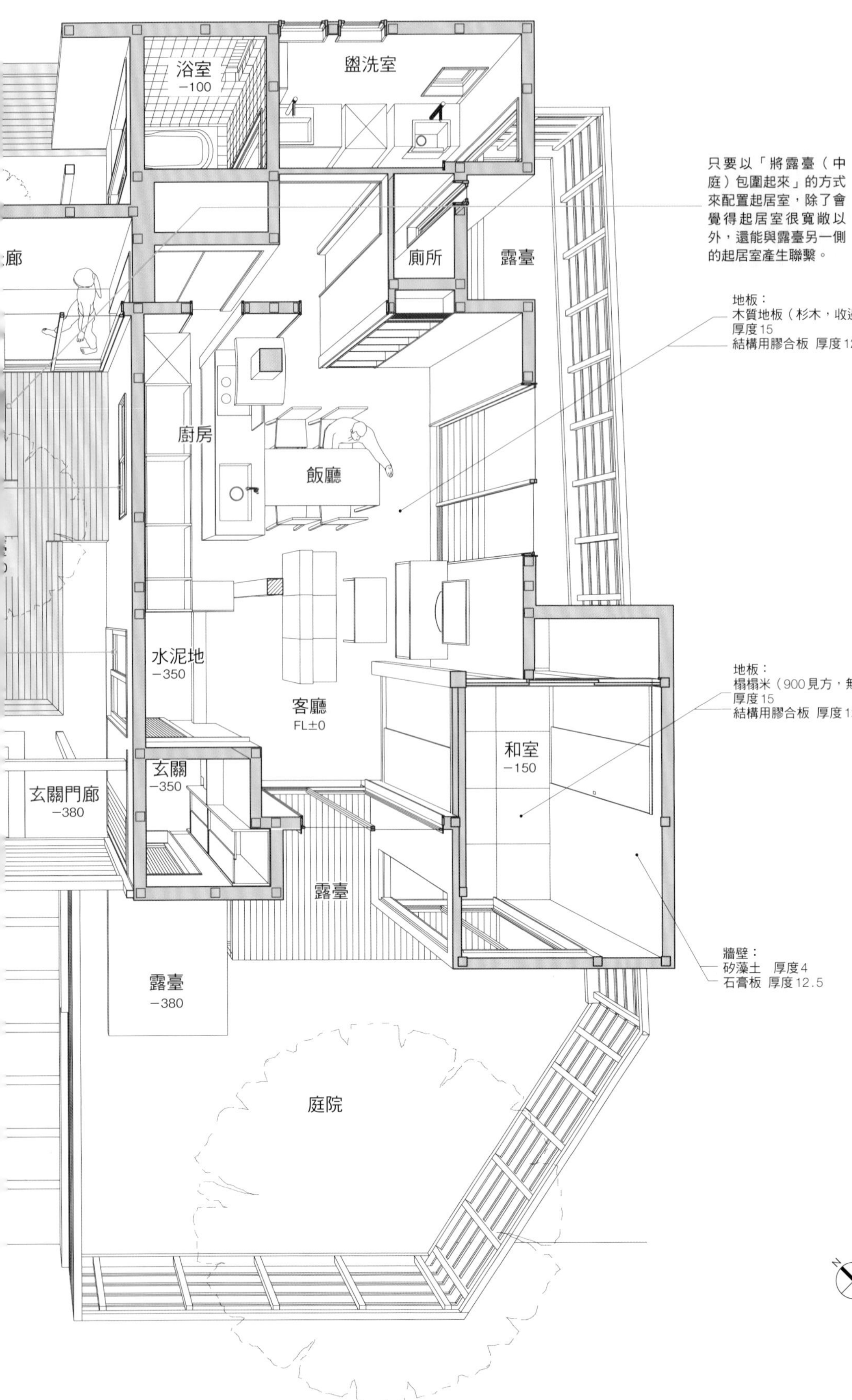
15,270
5,260
1,820
2,050
1,820
3,440
浴室
−100
盥洗室
廊
廁所
露臺
廚房
飯廳
水泥地
−350
客廳
FL±0
和室
−150
玄關
−350
玄關門廊
−380
露臺
露臺
−380
庭院
只要以「將露臺（中庭）包圍起來」的方式來配置起居室，除了會覺得起居室很寬敞以外，還能與露臺另一側的起居室產生聯繫。
地板：
木質地板（杉木，收邊條150）
厚度15
結構用膠合板 厚度12
地板：
榻榻米（900見方，無邊榻榻米）
厚度15
結構用膠合板 厚度12
牆壁：
矽藻土 厚度4
石膏板 厚度12.5
N

一般來說，為了「遮蔽來自道路的視線」與「防盜上的考量」，會將道路側．鄰地側的開口部位數量減到最少，尺寸也會弄得較小。以中庭型住宅（court house，一種建築形式，建地周圍是圍牆，中庭位於建築內）來說，只要能透過中庭來進行採光與通風，就沒有問題。話雖如此，當整個建地都被圍牆圍住時，室內與室外空間的關聯性就容易變得稀薄。

因此，只要在與中庭以及室外相連的部分設置木格柵板，就能兼顧「與外部的聯繫」與「確保隱私」。依照木格柵板的空隙與正面部分，縱深尺寸，也能夠調整連接方式。

（上）正面的左側部分是被木格柵板圍起來的門廊以及中庭。在白天，從外部不易看到裡面。
（中）走進木格柵板內後，觀看右側主屋的玄關。透過右邊的木格柵板，可以稍微看到外面。
（下）起居室與飯廳。老欅木製成的支柱，與從高側窗照進來的光線，形成了很漂亮的對比。

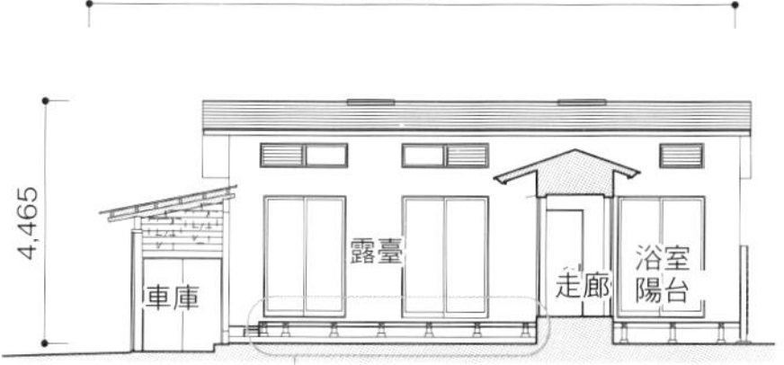
12,185
4,465
車庫
露臺
走廊
浴室
陽台

藉由讓露臺高度與地板高度相近，就能使露臺成為室外與室內之間的緩衝空間，並能讓人感受到從室內延伸出來的寬敞感。

剖面圖［S＝1：250］

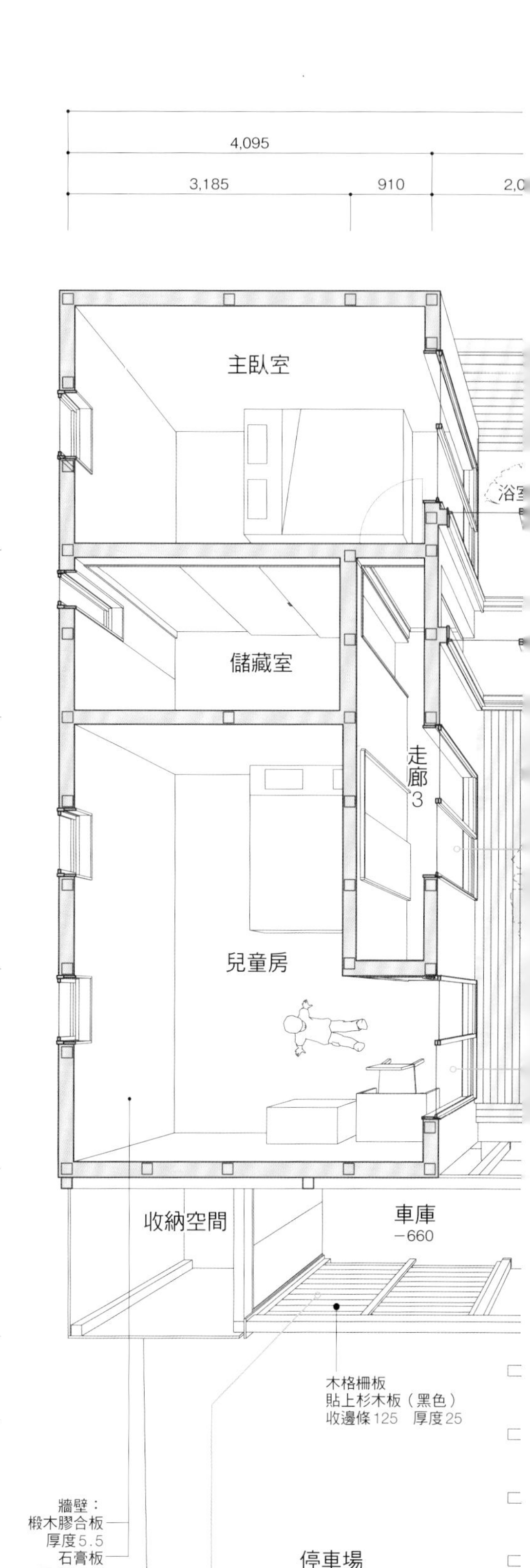
4,095
3,185
910
11,275
2,730
1,820
4,905
2,730
2,175
1,820
910
主臥室
浴室
儲藏室
走廊3
兒童房
收納空間
車庫
−660
木格柵板
貼上杉木板（黑色）
收邊條125　厚度25
牆壁：
椴木膠合板
厚度5.5
石膏板
厚度12.5
停車場

木格柵板能用來顯示與朝向室外開放部位之間的界線。在木格柵板的結構方面，正面部分的寬度為125㎜，空隙的寬度為100㎜。在中庭空間內，雖然會間接地朝向室外開放，但還是能夠確保隱私。

只要將被設置在露臺周圍的許多開口部位打開來，起居室就會與室外空間融為一體。

平面圖［S＝1：80］

和田邸｜設計：村山隆司　攝影：石井雅義

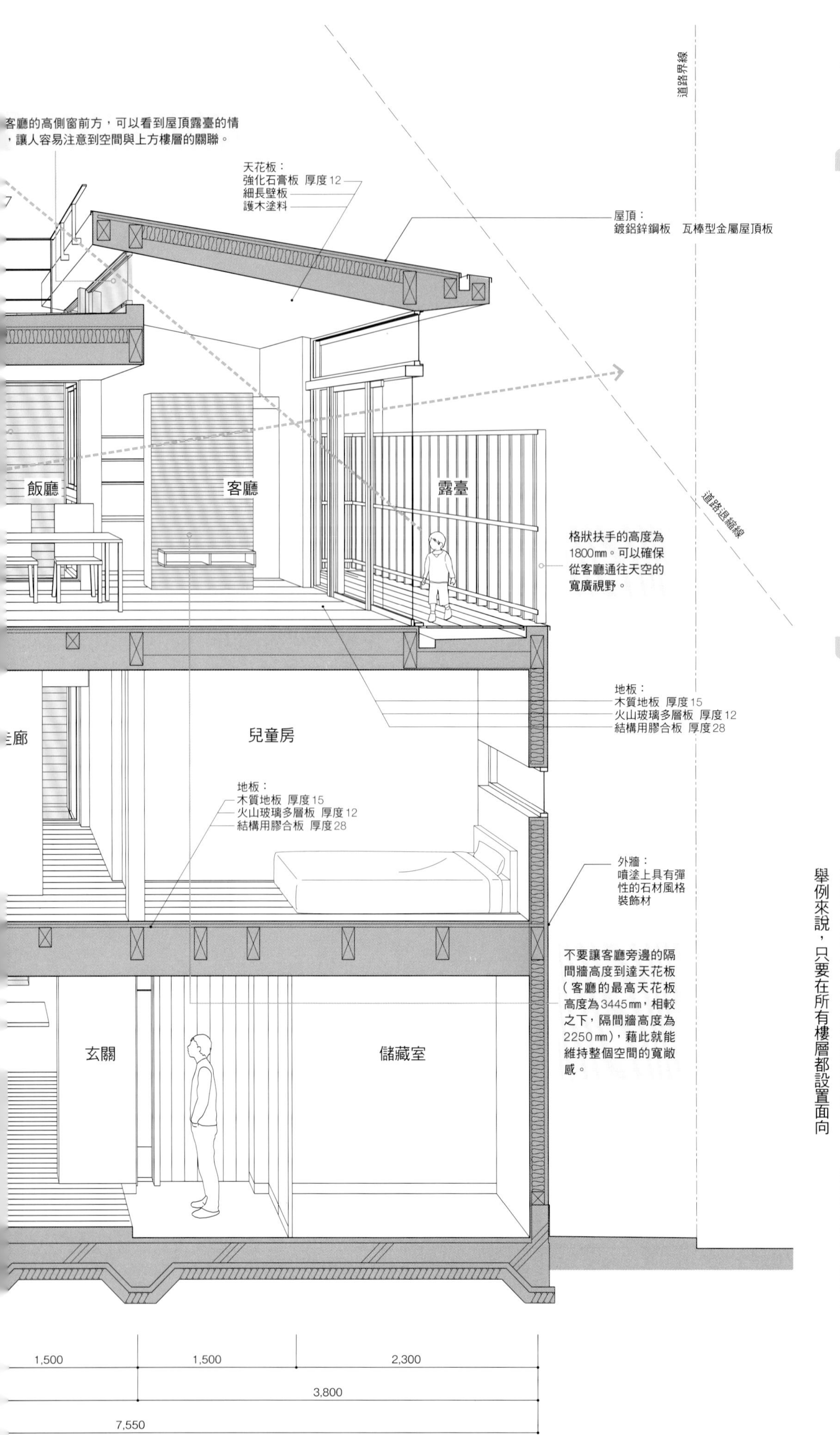
客廳的高側窗前方，可以看到屋頂露臺的情
，讓人容易注意到空間與上方樓層的關聯。
天花板：
強化石膏板 厚度12
細長壁板
護木塗料
屋頂：
鍍鋁鋅鋼板　瓦棒型金屬屋頂板
道路界線
道路退縮線
飯廳
客廳
露臺
格狀扶手的高度為
1800mm。可以確保
從客廳通往天空的
寬廣視野。
地板：
木質地板 厚度15
火山玻璃多層板 厚度12
結構用膠合板 厚度28
兒童房
地板：
木質地板 厚度15
火山玻璃多層板 厚度12
結構用膠合板 厚度28
外牆：
噴塗上具有彈
性的石材風格
裝飾材
不要讓客廳旁邊的隔
間牆高度到達天花板
（客廳的最高天花板
高度為3445mm，相較
之下，隔間牆高度為
2250mm），藉此就能
維持整個空間的寬敞
感。
玄關
儲藏室
1,500
1,500
2,300
3,800
7,550

重疊 METHOD 5

透過中庭來讓分成多層的空間產生一體感

在建造於狹小建地上的3層樓住宅中，空間大多會被各樓層分開，使整個家的整體感遭到破壞。另外，與外部空間的關聯也很薄弱，容易產生阻塞感。如果想要解決這些問題的話，只要採用能讓各樓層互相產生聯繫的設計即可。舉例來說，只要在所有樓層都設置面向中庭的開口部位，層層相疊的各樓層的氣息就能稍微地互相傳遞，並營造出整個家的整體感。再者，藉由採用木格柵板來當作陽台扶手牆的話，就能讓人在視覺上實際感受到與室外空間的聯繫，並使室內產生開放感。

（左）在客廳內，可以透過高側窗來眺望屋頂露臺。另外，經由右手邊所看到的小型中庭，光線就能照進廚房深處。
（右）南側外觀。雖然從外部觀看時，會覺得看起來很封閉，但從內部往外看時，不會感受到封閉感與壓迫感。

屋頂露臺
5,600
屋頂層
7,550
廚房
飯廳
客廳
露臺
5,600
3樓
7,550
浴室
盥洗室
主臥室
走廊
兒童房
5,600
2樓
7,550
會客室
中庭
停車場
休閒室
走廊
玄關
儲藏室
5,600
1樓
7,550
平面圖［S＝1：200］

在露臺上將翼牆延長，並在其前方設置U字型的扶手，藉此就能一邊讓人不易看到隔壁的建築物，一邊確保開放的視野。

雖然中庭很小，不過除了能夠採光以外，還能讓人看到上下樓層的聯繫。

高度限制

頂部蓋板：
鍍鋁鋅鋼板　彎曲加工

天花板：
強化石膏板　厚度12
貼上壁紙

屋簷高度

露臺

廚房

▼3FL

▼2FL

走廊

地板：
木質地板　厚度15
襯墊膠合板　厚度12

▼1FL

▼GL

1,440　530　230　2,950　2,775　55　9,990　8,850　2,700　2,700　55　2,800　2,425　420　100

2,250　3,7　400

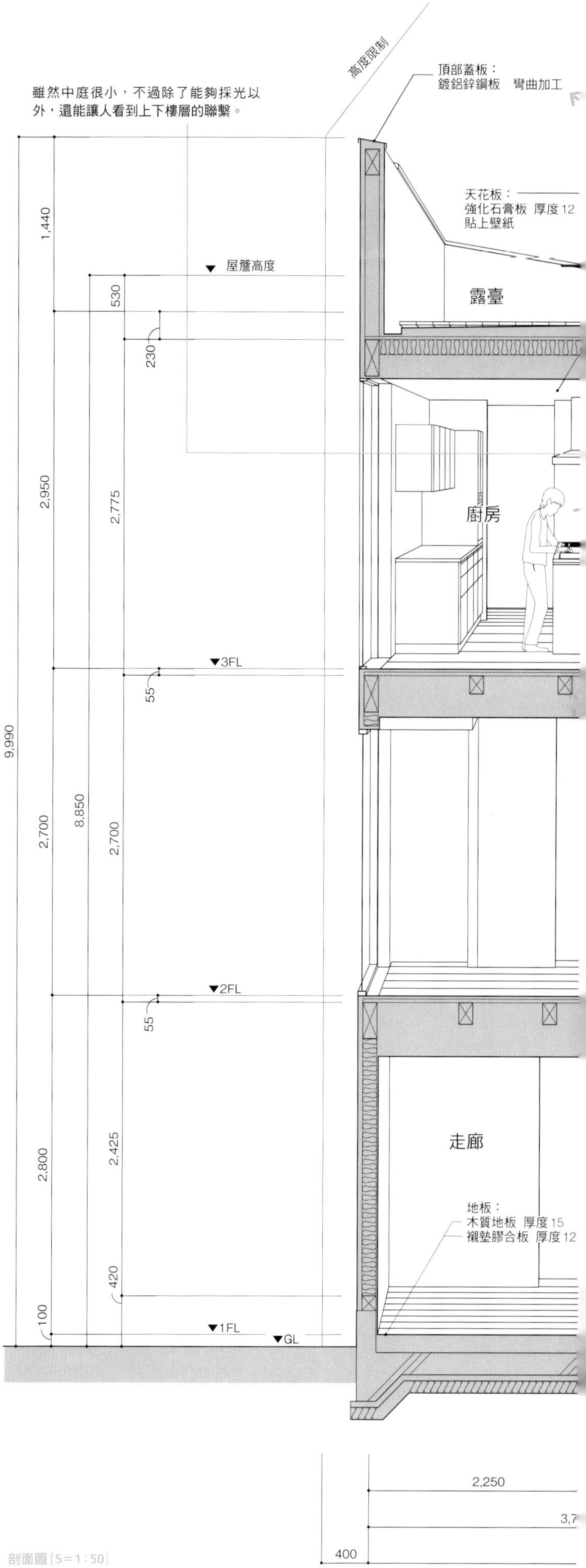

剖面圖［S＝1：50］

High Terrace House｜設計：田島則行＋tele-design　攝影：田島則行

中間區域

充分地發揮隱藏在空間之間的中間區域當中的可能性

「中間區域」的基本知識

在居住空間中，規劃格局時，大多會事先設想空間的目的或功能。

Cooking
Relax
LIVING
KITCHEN
DINING

只要捨棄固執的想法……

我們要去察覺，在室內與室外空間之間，或者是依照目的或功能來區分的空間與空間之間，隱藏著「能夠使居住空間變得更加充實」的可能性。

中間區域

過去，我們會依照「透過空間彼此的關聯性而產生的效果」，以及「與此伴隨而生的感官上的評價」來為空間進行分類。不過，「中間區域」則是一個用來表示空間本身的詞彙。

一般來說，居住空間是由「玄關、客廳、飯廳、廚房、寢室等具備特定用途的空間」所排列而成。本章節要說明的「中間區域」指的是，介於客廳或飯廳那樣具備明確定義的空間與空間之間的區域，或者是室外空間與室內空間之間的區域。

在人類的生活中，除了有目的的行為以外，像休息、發呆那樣沒有目的的行為，占了一大半。儘管如此，在空間格局的設計上，所有空間都會依照「用餐、睡覺、工作」等行為來分配。這樣做的結果，也會導致「使生活變得不方便」的例子出現。在本章節中，我們想要介紹的是，如何藉由妥善地規劃中間區域，來打造出符合人類行為的充實空間。

舉例來說，藉由在室內與室外之間設置一個半室外空間，就能打造出「中間區域」。這種空間既不算室內，

「中間區域」的重點

Point 1 只要在室內與室外之間設置半室外空間，就能打造出「明明在室外，但卻舒適到宛如置身室內般的空間」。

Point 2 只要不把房間與房間之間的空間當成單純的移動空間，就能打造出新的交流場所。

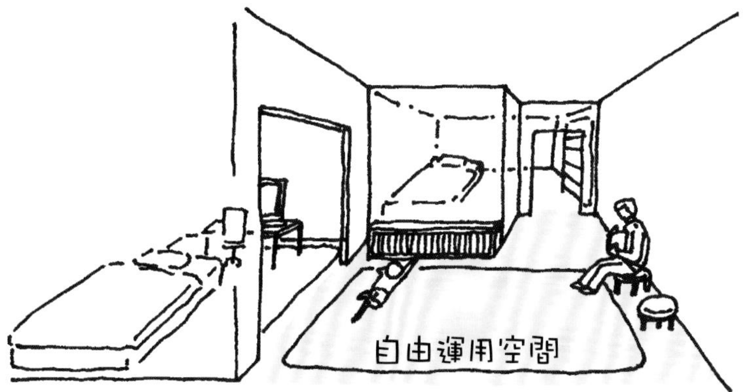
自由運用空間

中立
室內
室外

Point 3 中間區域有如全能選手，能夠成為各種空間的緩衝地帶。

也不算室外，透過這種模稜兩可的空間，人們可以依照當時的心情來自由運用該空間，將其當成室外或室外空間。舉例來說，明明位於室外，但卻跟位在室內一樣舒適的簷廊，也可以說是「中間區域」。

另外，樓梯平台與走廊等具有明確目的的空間，也能夠成為「中間區域」。藉由變更縱深或寬度等尺寸，讓「一般只會在移動過程中經過的空間」變得不那麼單純，就能產生新的運用方式。在連接空間的同時，還能使該處成為「中間區域」。

再者，「中間區域」也能夠用來當作「將空間劃分開來的緩衝地帶」。如果能夠在街道（室外）與自家（室內）之間，或是LDK等公共空間與單人房等私人空間之間等處設置具備緩衝地帶作用的「中間區域」，就能協調兩者的關係，使居住空間變得舒適。

就像這樣，藉由著重「中間區域」的隨意性，將其運用在格局的設計上，就能發展出與「將事先設想好目的或功能的空間堆疊起來而形成的居住空間」不同的可能性。我們認為，若想要讓「過去依照目的來規劃的空間、侷限於功能性的居住空間」變得開放、自由的話，「中間區域」會成為重要的線索。

［石井秀樹］

中間區域

METHOD 1

用來連接空間與空間的自由運用空間

4,800
3,900
900
1,900
2,800
900
主臥室
廁所
廚房
自由運用空間
飯廳・客廳
露臺
3,800
1,600

樓梯踏板：低溫管線裝設用鋼管（St.PL）厚度6 油性塗料（OP）

樓梯踏板：木板 900×215 厚度30

在各個房間之間設置自由運用空間來當作半公共空間。人們會自然地聚集在此處，使此處成為家人的交流場所。

扶手：在鋼製平坦橫桿上裝設SOP防墜網

牆壁：石膏板 厚度12.5 然後貼上塑膠壁紙

木製露臺：SPF建材

扶手支柱：方形鋼管 20×40

N

在討論居住空間的構造時，人們大多不希望用來將具備明確用途的空間（LDK與寢室等）連接起來的走廊，變成單純的移動空間。

為了避免變成那樣，我們可以採用「設置家人共用的自由運用空間」這個方法。如果能在LDK等公共空間與單人房等私人空間之間，或是各個單人房之間設置這種空間，家人就會自然地聚集在該處，讓該處變得更加充實，而非只是單純的移動空間。

（上）在客廳內，透過挑高空間，抬頭觀看自由運用空間。自由空間就位在這個可以和其他區域相連的空間中央。
（下）以箱狀的方式來將小小的單人房、小空間組合起來。這樣打造出來的空間構造會呈現在住宅外觀上。

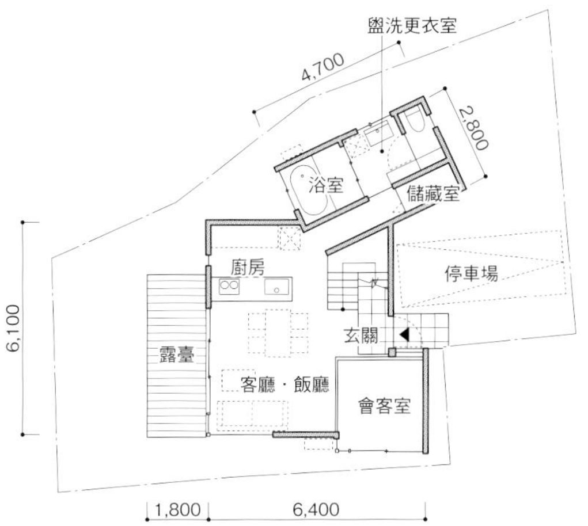
盥洗更衣室
4,700
2,800
浴室
儲藏室
廚房
停車場
6,100
玄關
露臺
客廳・飯廳
會客室
1,800
6,400

1樓平面圖［S=1：250］

在共用的自由運用空間內，家人可以進行各自的休閒活動，或是讀書。透過挑高空間來將LDK與自由運用空間連接起來，就能讓家人感受到彼此的氣息。

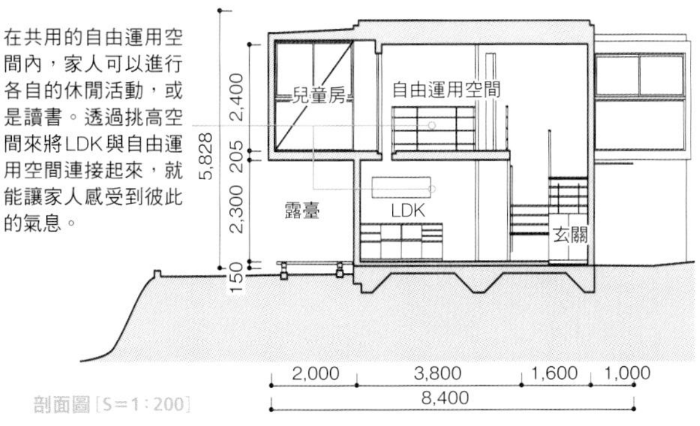
兒童房
自由運用空間
5,828
2,400
205
2,300
150
露臺
LDK
玄關
2,000
3,800
1,600
1,000
8,400

剖面圖［S=1：200］

兒童房的門採用聚碳酸酯這種透明材質。比起隱私，屋主更加重視空間的連接。

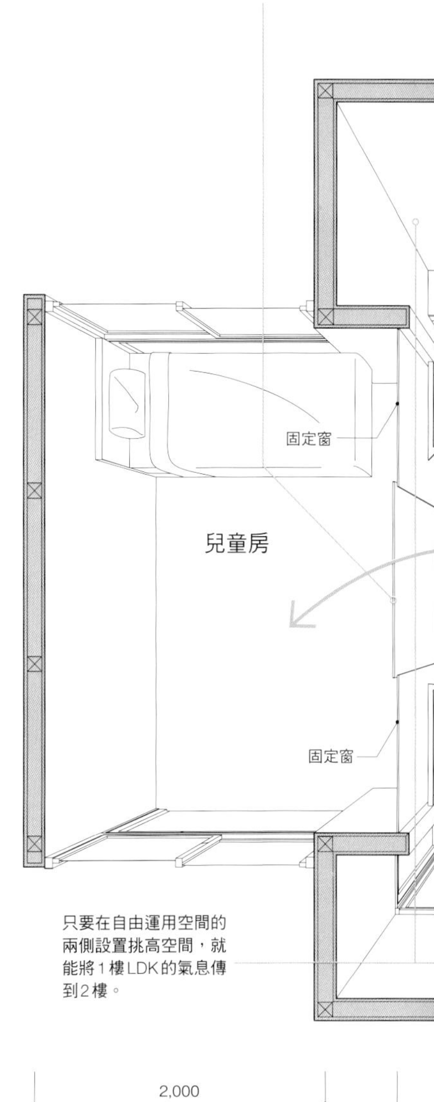
1,500
6,100
3,500
1,100
固定窗
兒童房
固定窗
2,000
2,500

只要在自由運用空間的兩側設置挑高空間，就能將1樓LDK的氣息傳到2樓。

2樓平面圖［S=1：50］

Box'n Box House｜設計：田島則行＋tele-design　攝影：野秋達也

METHOD 2

透過中庭來連接LDK空間

雖然將LDK設計成一室格局的方案也很吸引人，不過把中庭等其他要素插進空間之間也是值得考慮一下的方法。藉由重新構築各空間之間的關聯性，來打造出更加充實的空間。

舉例來說，只要在中庭周圍設置「相連成U字形的LDK」，中庭就能夠用來連接LDK。LDK會成為「雖然被適當地劃分區域，但還是能夠整體地連用」的空間。尤其是，只要設計成能夠從廚房直接進出中庭的話，中庭的使用方法就會大幅地增加。

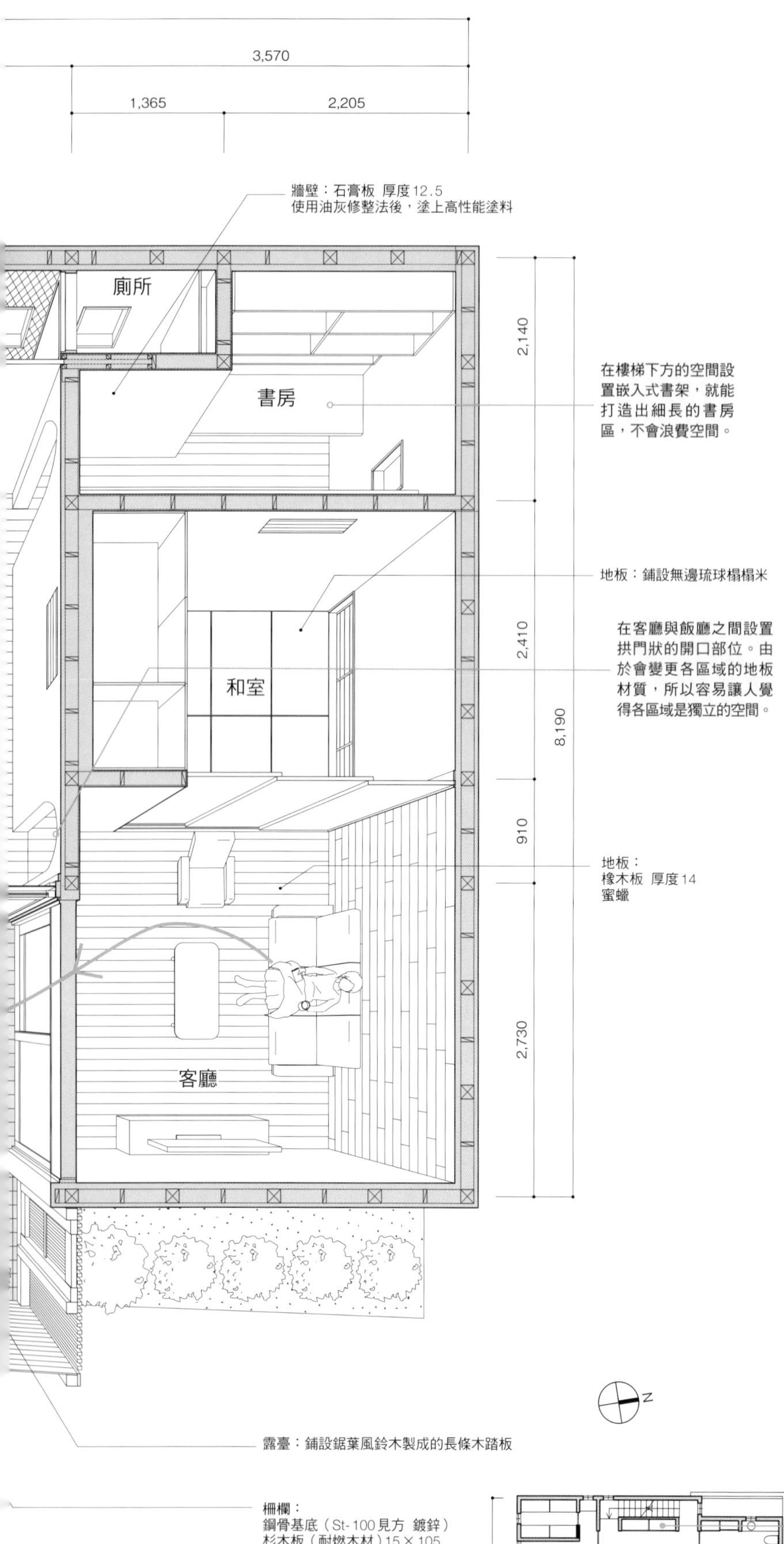
3,570
1,365
2,205
牆壁：石膏板 厚度12.5
使用油灰修整法後，塗上高性能塗料
廁所
書房
在樓梯下方的空間設置嵌入式書架，就能打造出細長的書房區，不會浪費空間。
2,140
地板：鋪設無邊琉球榻榻米
和室
在客廳與飯廳之間設置拱門狀的開口部位。由於會變更各區域的地板材質，所以容易讓人覺得各區域是獨立的空間。
2,410
8,190
910
地板：
橡木板 厚度14
蜜蠟
2,730
客廳
露臺：鋪設鋸葉風鈴木製成的長條木踏板
柵欄：
鋼骨基底（St-100見方 鍍鋅）
杉木板（耐燃木材）15×105
美西側柏（門窗豎框）36×40
油性著色劑（OS）

只要在走廊上設置家人共用的收納空間，就能有效運用空間。

寢室
自由運用空間
露臺
中庭上部
8,190
11,760

由於可以從盥洗更衣室直接進入露臺，所以曬衣服的動線會變短。

2樓設置了像是要將中庭圍繞起來的露臺。藉此，各間單人房都能透過有如簷廊般的露臺，來間接地與中庭相連。

2樓平面圖［S=1：300］

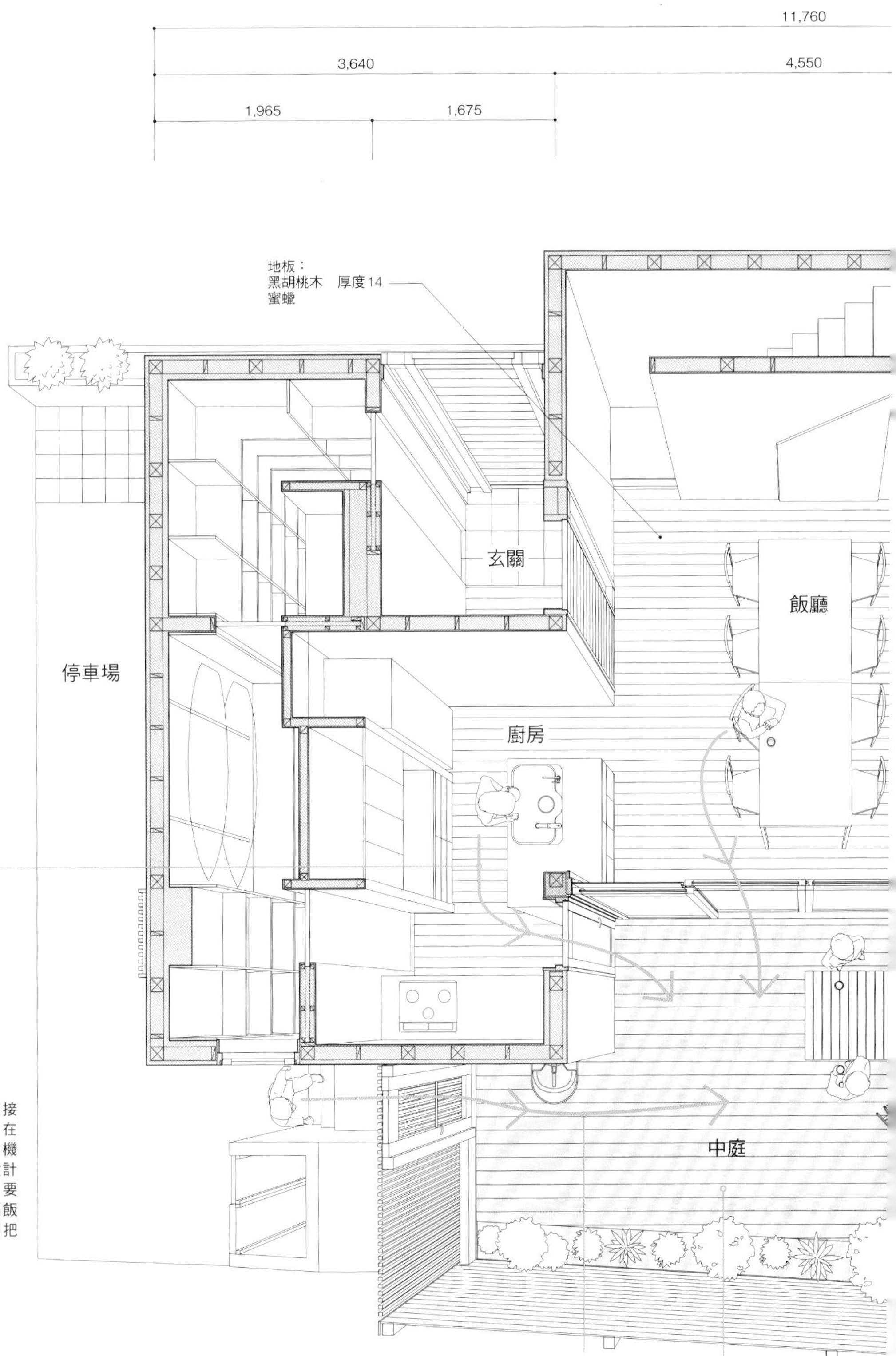

11,760
3,640
4,550
1,965
1,675
地板：
黑胡桃木 厚度14
蜜蠟
玄關
飯廳
停車場
廚房
中庭

只要設計成可以直接從廚房進入中庭，在中庭用餐或喝茶的機會就會增加。在設計門的打開方向時，要考慮到是否會受到飯廳清掃窗與球狀門把的干擾。

設計成可以直接從停車場進入中庭，讓人可以很方便地搬運戶外用品。

雖然LDK不是採用一室格局，但各個區域都有設置面向中庭的開口部位。如此一來，中庭就會成為用來連接LDK的空間。

1樓平面圖［S＝1：60］

（左）從飯廳觀看中庭。
（中央）從客廳朝著中庭與飯廳的方向觀看。
（右）道路側的外觀。透過百葉結構來隱藏玄關的屋簷與曬衣場，使外觀設計看起來很整齊。

OKM｜設計：彥根明　攝影：彥根明

中間區域

METHOD 3

設置一個能夠間接地劃分空間的箱型構造

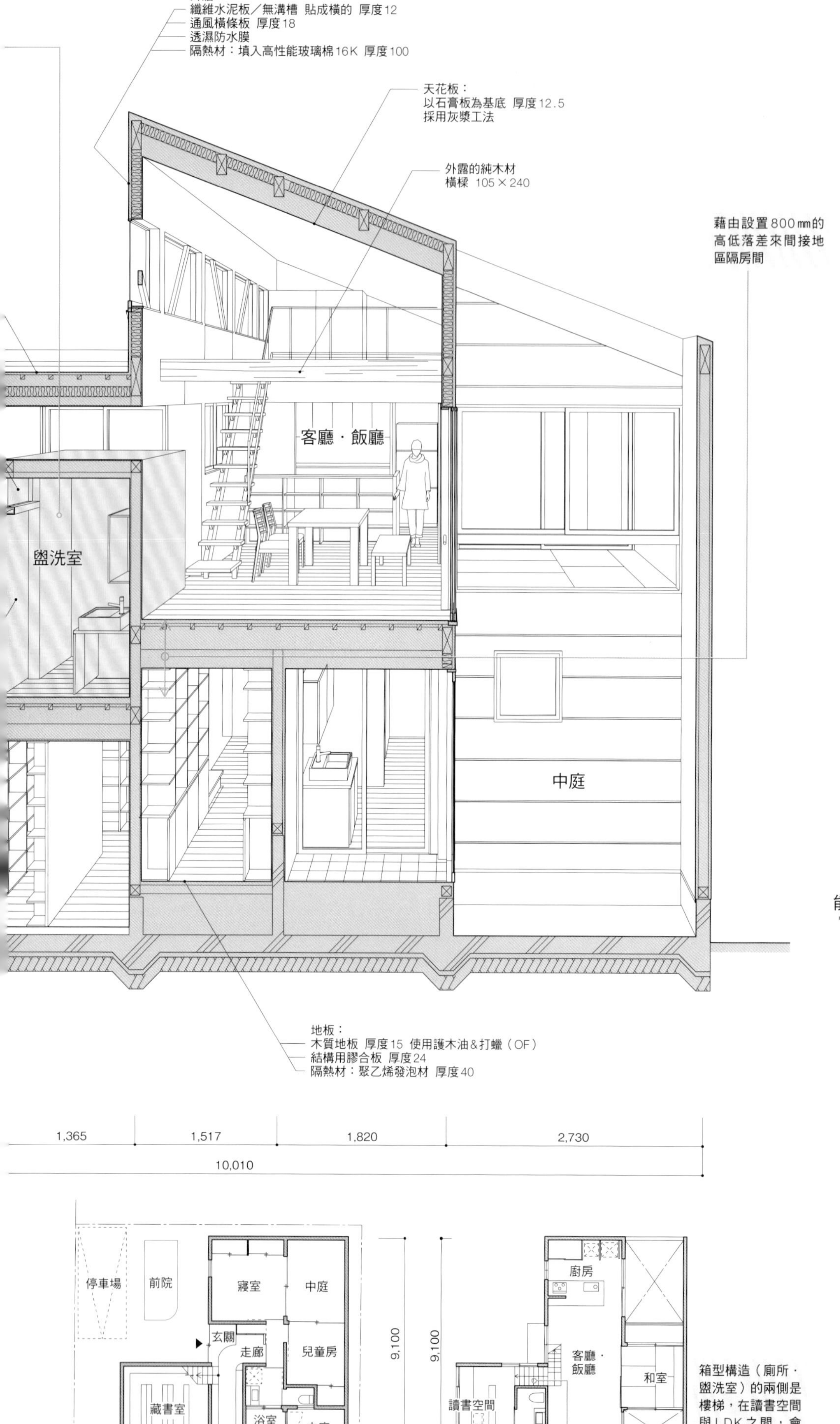

外牆：
纖維水泥板／無溝槽 貼成橫的 厚度12
通風橫條板 厚度18
透濕防水膜
隔熱材：填入高性能玻璃棉16K 厚度100
天花板：
以石膏板為基底 厚度12.5
採用灰漿工法
外露的純木材
橫樑 105×240
藉由設置800㎜的
高低落差來間接地
區隔房間
客廳・飯廳
盥洗室
中庭
地板：
木質地板 厚度15 使用護木油＆打蠟（OF）
結構用膠合板 厚度24
隔熱材：聚乙烯發泡材 厚度40
1,365
1,517
1,820
2,730
10,010
停車場
前院
寢室
中庭
玄關
走廊
兒童房
藏書室
浴室
中庭
9,100
1樓
廚房
客廳・
飯廳
和室
讀書空間
9,100
10,010
2樓
箱型構造（廁所・
盥洗室）的兩側是
樓梯，在讀書空間
與LDK之間，會
形成洄游動線。
平面圖［S＝1：250］

理想的單人房指的應該是，既能夠讓家人各自度過私人的時光，同時又能暗中地感受到其他家人氣息的空間吧。如果透過高度到達天花板的隔間牆來區隔空間的話，就會無法感受到彼此的氣息。話雖如此，若依舊維持一室格局的大空間的話，則無法發揮單人房的功能。

因此，我們在天花板高度較高的起居室與起居室之間，設置了「盥洗室等共用空間」這類天花板高度不需要那麼高的箱型構造，藉此來區隔空間。如此一來，即使位在兩間不同起居室的人無法看到對方，但這兩個室內空間依然是相連的。

（上）從3樓和室朝著LDK方向觀看。可以在深處看到木造的箱型構造（廁所）。
（下）2樓LDK。可以看到深處的廚房，以及其上方的閣樓。

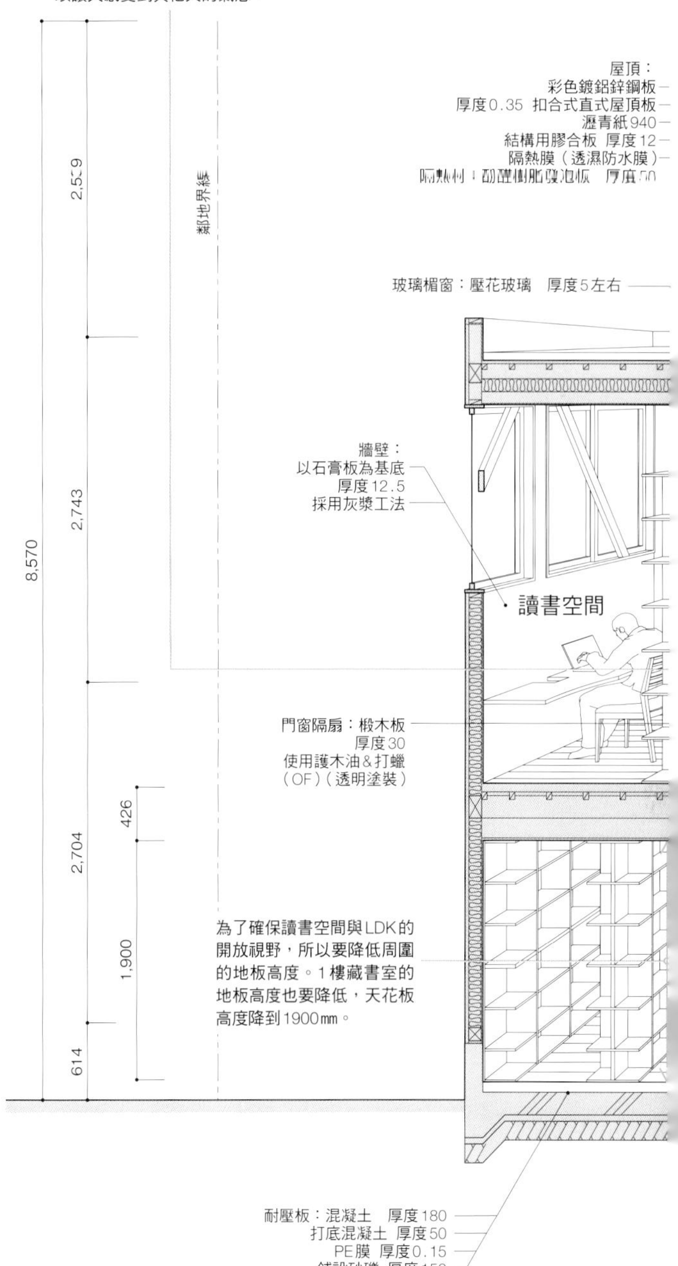
透過高度2480㎜的書櫃來區隔讀書空間與走廊，打造出一個容易產生沉浸感的空間。上部是空的，可以讓人感受到其他人的氣息。
設置一個用高度2480㎜的椴木膠合板打造而成的箱型構造（廁所・盥洗室），藉此就能間接地區隔空間，讓人感受到寬敞感。
屋頂：
彩色鍍鋁鋅鋼板
厚度0.35 扣合式直式屋頂板
瀝青紙940
結構用膠合板 厚度12
隔熱膜（透濕防水膜）
玻璃楣窗：壓花玻璃 厚度5左右
鄰地界線
8,570
2,743
2,704
426
1,900
614
牆壁：
以石膏板為基底
厚度12.5
採用灰漿工法
讀書空間
門窗隔扇：椴木板
厚度30
使用護木油＆打蠟
（OF）（透明塗裝）
為了確保讀書空間與LDK的開放視野，所以要降低周圍的地板高度。1樓藏書室的地板高度也要降低，天花板高度降到1900㎜。
耐壓板：混凝土 厚度180
打底混凝土 厚度50
PE膜 厚度0.15
鋪設砂礫 厚度150
910

剖面圖［S＝1：60］

北側外觀。讀書空間位於建築物右側的2樓部分。

SU-HOUSE30｜設計：岡村泰之　攝影：吉田みちほ

中間區域
METHOD
4
能夠引導人進行各種行為的台階

能夠引導人進行各種行為的台階

藉由將客廳與飯廳之間的台階當成一個能夠引導人進行「坐下」、「眺望」等各種行為的場所，就能更加提昇其價值與魅力。不要受到房間的稱呼與功用等既有觀念的束縛，在思考設計方案時，只要去想像「這樣的話，似乎會很開心」、「坐在這裡觀賞庭院，似乎會很舒服」等具體的行為即可。讓這些想法融入形體中，就能打造出充實的中間區域。

在本案例中，我們讓客廳與飯廳之間的約3層台階沿著開口部位延伸。既能當作長椅，也能當作櫃台，讓人可以盡情欣賞庭院的景色。

：
鋅鋼板 厚度0.35 扣合式直式屋頂板
底板：防水膠合板 厚度12
椽木（通風層）30見方 @303
膜
用膠合板 厚度24（剛床工法）

材：玻璃棉
膜（室內側）

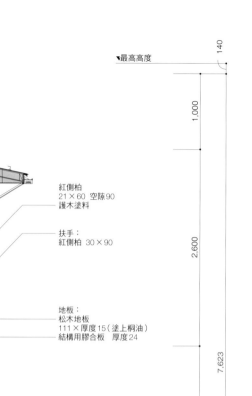

最高高度

兒童房

紅側柏
21×60 空隙90
護木塗料

扶手：
紅側柏 30×90

地板：
松木地板
111×厚度15（塗上桐油）
結構用膠合板 厚度24

天花板：
石膏板 厚度9.5
貼上壁紙

客廳

建地是平緩的傾斜地，南側的地勢較低。由於直接將傾斜度反映在地板高度上，所以客廳會比飯廳．廚房矮上一截。

地板：
松木地板 111×厚度15（塗上桐油）
結構用膠合板 厚度12
地板橫木 45見方 @454.5
格柵墊木 90見方 @909
地基隔熱材：擠壓成型聚苯乙烯發泡板 厚度50

連接露臺台階的高度為320mm，可當成長椅或櫃檯。對於矮小的孩子們來說，是個很棒的場所。坐在此處時，視線高度變得與坐在客廳內的父母一樣高。

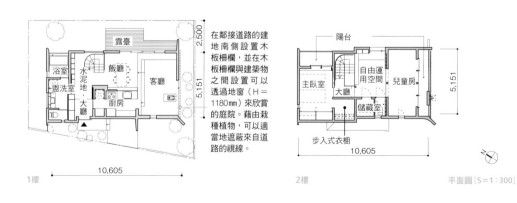

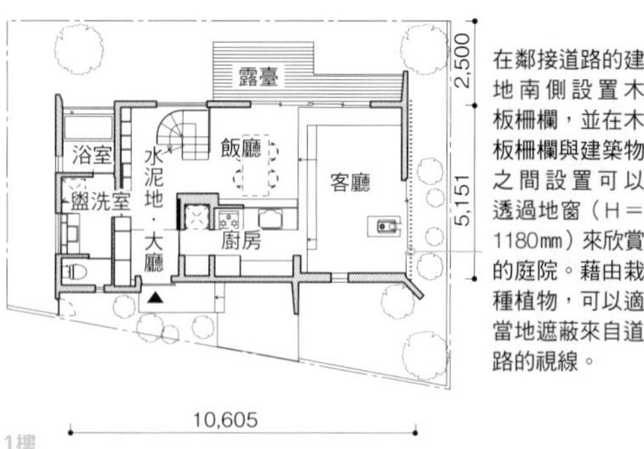
露臺
浴室
盥洗室
水泥地．大廳
飯廳
廚房
客廳
2,500
5,151
10,605
1樓

在鄰接道路的建地南側設置木板柵欄，並在木板柵欄與建築物之間設置可以透過地窗（H＝1180mm）來欣賞的庭院。藉由栽種植物，可以適當地遮蔽來自道路的視線。

陽台
主臥室
大廳
自由運用空間
儲藏室
兒童房
步入式衣櫥
10,605
5,151
2樓

平面圖［S＝1：300］

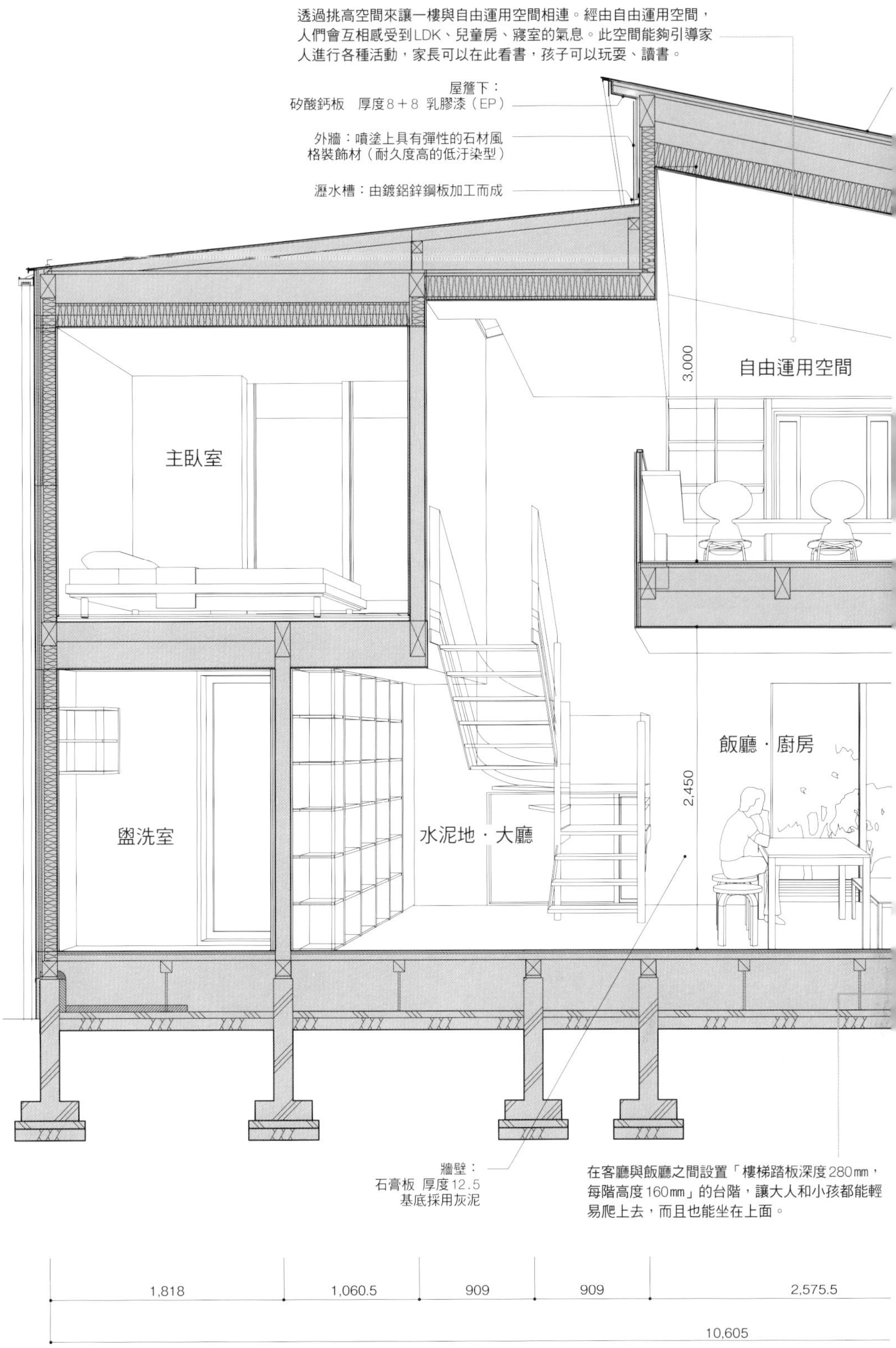

透過挑高空間來讓一樓與自由運用空間相連。經由自由運用空間，人們會互相感受到LDK、兒童房、寢室的氣息。此空間能夠引導家人進行各種活動，家長可以在此看書，孩子可以玩耍、讀書。

屋簷下：
矽酸鈣板　厚度8＋8　乳膠漆（EP）

外牆：噴塗上具有彈性的石材風格裝飾材（耐久度高的低汙染型）

瀝水槽：由鍍鋁鋅鋼板加工而成

自由運用空間

3,000

主臥室

盥洗室

水泥地・大廳

飯廳・廚房

2,450

牆壁：
石膏板　厚度12.5
基底採用灰泥

在客廳與飯廳之間設置「樓梯踏板深度280㎜，每階高度160㎜」的台階，讓大人和小孩都能輕易爬上去，而且也能坐在上面。

1,818　1,060.5　909　909　2,575.5

10,605

剖面圖［S＝1：50］

（左）從客廳觀看飯廳・水泥地大廳。
（中央）從水泥地大廳觀看飯廳・客廳。
（右）觀看南側外觀。

北千束的家｜設計：高野保光　攝影：鳥村鋼一

中間區域

METHOD 5

透過設置在中庭的室外樓梯來連接起居室

當建地位於住宅密集地區，而且正面寬度又很狹窄時，建築物的中央區域就容易變得昏暗潮濕。因此，若想要確保舒適的居住環境，設置中庭會是個有效的方法。

另外，在建蔽率限制很嚴格的地區，若想要盡量確保寬敞的室內空間的話，也可以採用「不把樓梯設置在室內，而是設置在室外」這個方法。雖然用來連接上下樓層的移動空間變成位在室外，但建蔽率的限制會變得較寬鬆，使人能夠在最大限度內擴充室內空間。也能感受到季節與天候的變化，生活應該會變得很充實。

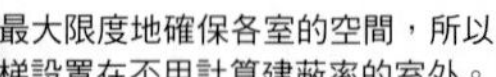
最大限度地確保各室的空間，所以
梯設置在不用計算建蔽率的室外。

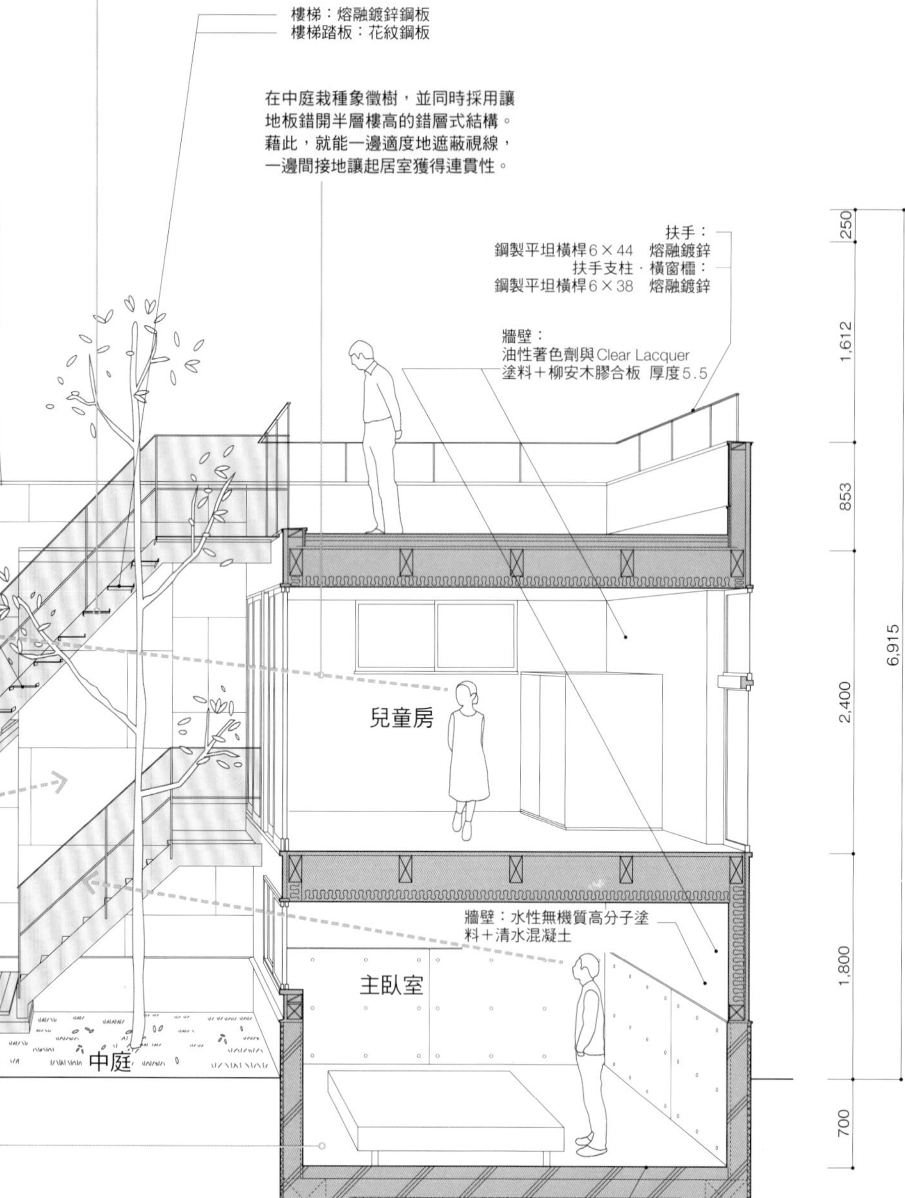
樓梯：熔融鍍鋅鋼板
樓梯踏板：花紋鋼板
在中庭栽種象徵樹，並同時採用讓地板錯開半層樓高的錯層式結構。藉此，就能一邊適度地遮蔽視線，一邊間接地讓起居室獲得連貫性。
扶手：
鋼製平坦橫桿6×44 熔融鍍鋅
扶手支柱・橫窗櫺：
鋼製平坦橫桿6×38 熔融鍍鋅
牆壁：
油性著色劑與Clear Lacquer塗料＋柳安木膠合板 厚度5.5
兒童房
牆壁：水性無機質高分子塗料＋清水混凝土
主臥室
中庭
地板：
聚氨酯樹脂亮光漆（塗3次）
用灰匙把黑色砂漿抹平 焊接鋼絲網 厚度100
250
1,612
853
2,400
1,800
700
6,915
1,313
1,009
3,637
80

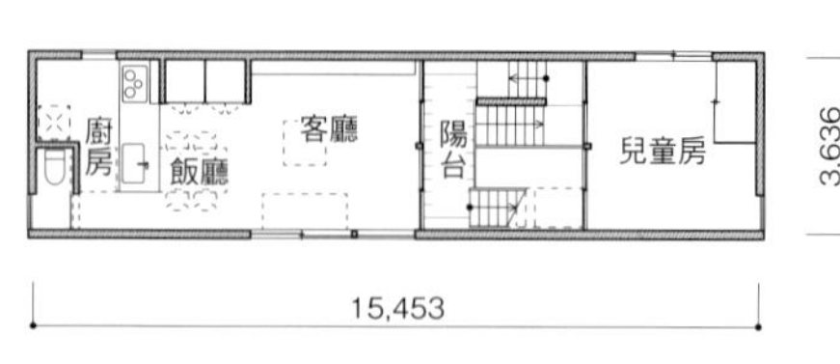
廚房
飯廳
客廳
陽台
兒童房
3,636
15,453

2樓

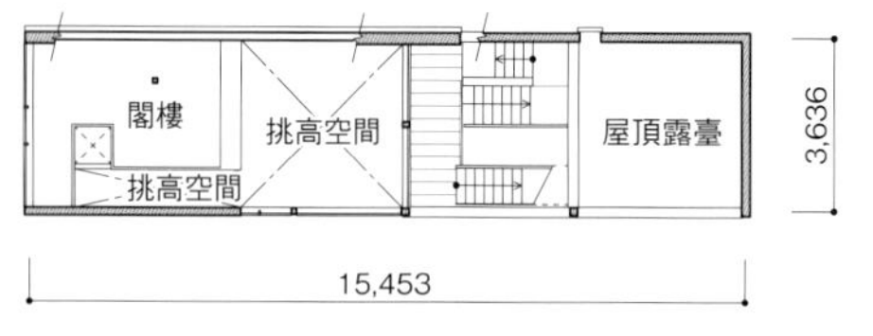
閣樓
挑高空間
挑高空間
屋頂露臺
3,636
15,453

閣樓層

平面圖[S=1：300]

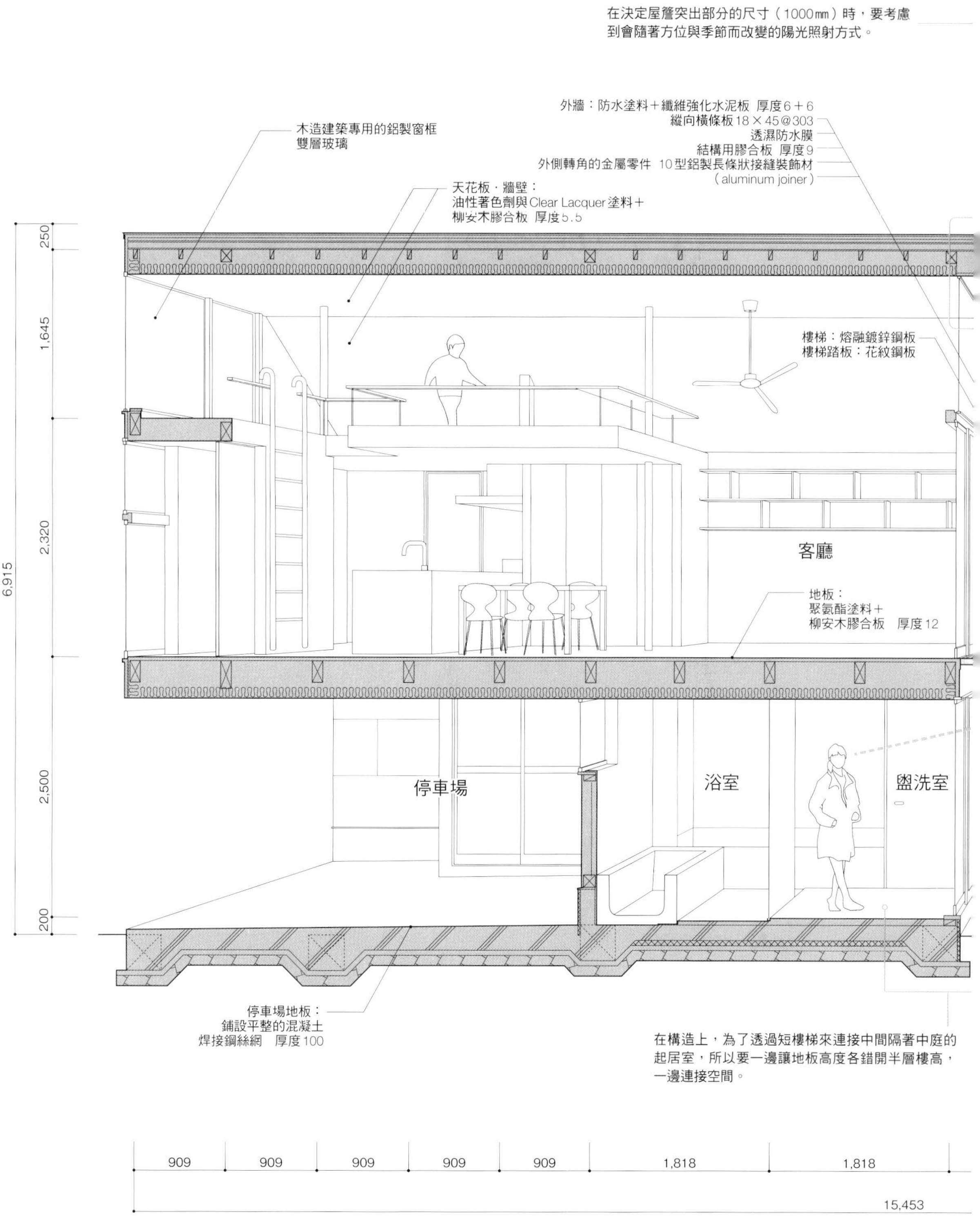

在決定屋簷突出部分的尺寸（1000㎜）時，要考慮到會隨著方位與季節而改變的陽光照射方式。

外牆：防水塗料＋纖維強化水泥板 厚度6＋6
縱向橫條板18×45@303
透濕防水膜
結構用膠合板 厚度9
外側轉角的金屬零件 10型鋁製長條狀接縫裝飾材
（aluminum joiner）

木造建築專用的鋁製窗框
雙層玻璃

天花板．牆壁：
油性著色劑與Clear Lacquer塗料＋
柳安木膠合板 厚度5.5

樓梯：熔融鍍鋅鋼板
樓梯踏板：花紋鋼板

客廳

地板：
聚氨酯塗料＋
柳安木膠合板 厚度12

250
1,645
2,320
6,915
2,500
200

停車場
浴室
盥洗室

停車場地板：
鋪設平整的混凝土
焊接鋼絲網 厚度100

在構造上，為了透過短樓梯來連接中間隔著中庭的起居室，所以要一邊讓地板高度各錯開半層樓高，一邊連接空間。

909 909 909 909 909 1,818 1,818
15,453

剖面圖［S＝1：50］

（左）夜晚的中庭外觀。只有室外有樓梯。採用了「可以確保室內空間」的方法。
（右）客廳景象。客廳與中庭、屋頂露臺會融為一體，營造出寬敞感。

在正面寬度很狹窄的建地中設計建築物時，中央區域會出現採光與通風不足的情況。在此案例中，我們藉由在建地中央區域設置中庭來避免這類問題發生。

鄰居
露臺
鄰地界線
道路界線
3,636
停車場
玄關門廳
中庭
主臥室
鄰地界線
道路界線
鄰居
15,453

1樓

NWH｜設計：長谷部勉　攝影：田中宏明

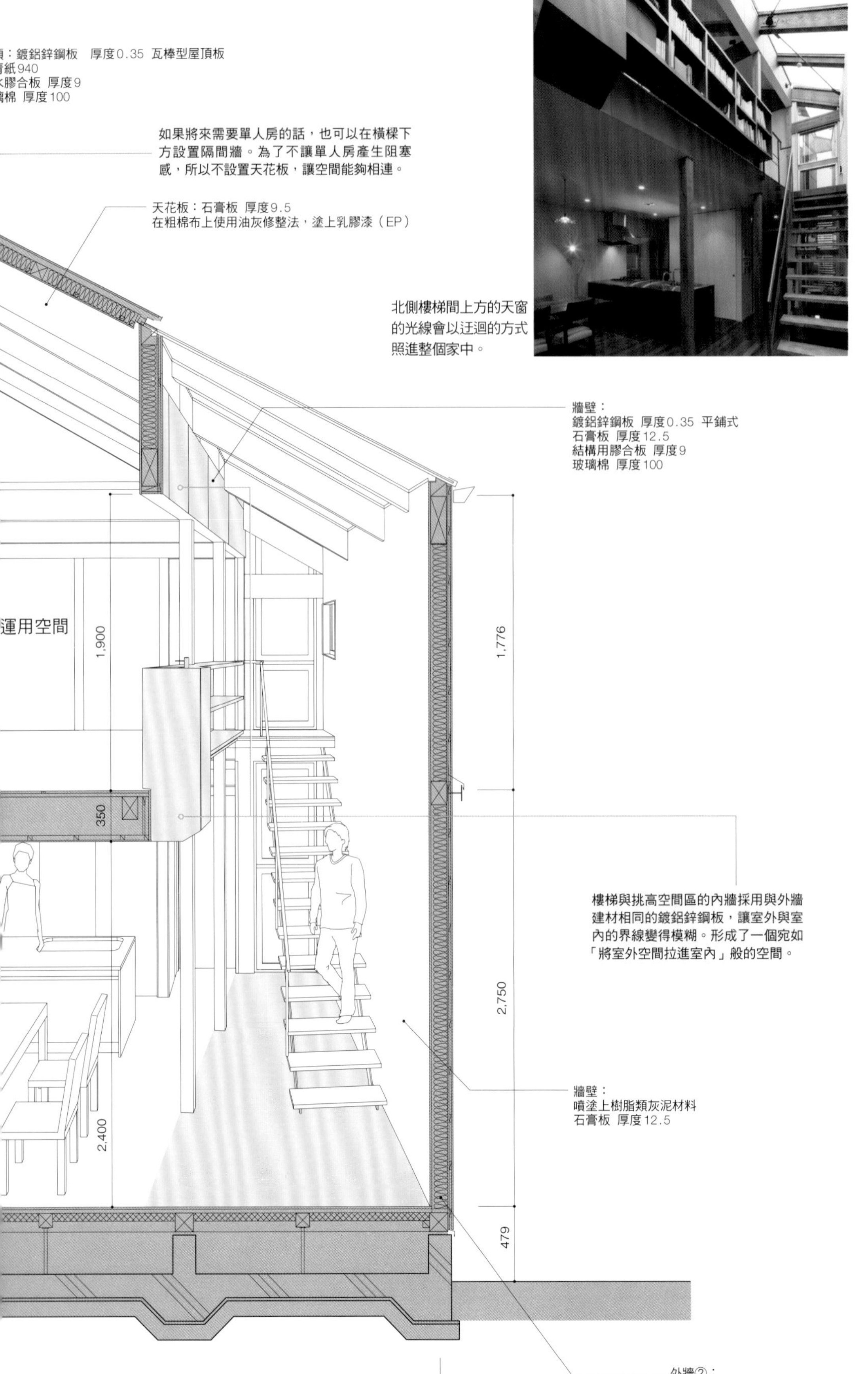
：鍍鋁鋅鋼板　厚度0.35　瓦棒型屋頂板
紙940
膠合板 厚度9
棉 厚度100
如果將來需要單人房的話，也可以在橫樑下方設置隔間牆。為了不讓單人房產生阻塞感，所以不設置天花板，讓空間能夠相連。
天花板：石膏板 厚度9.5
在粗棉布上使用油灰修整法，塗上乳膠漆（EP）
北側樓梯間上方的天窗的光線會以迂迴的方式照進整個家中。
牆壁：
鍍鋁鋅鋼板 厚度0.35 平鋪式
石膏板 厚度12.5
結構用膠合板 厚度9
玻璃棉 厚度100
運用空間
1,900
1,776
350
樓梯與挑高空間區的內牆採用與外牆建材相同的鍍鋁鋅鋼板，讓室外與室內的界線變得模糊。形成了一個宛如「將室外空間拉進室內」般的空間。
2,750
牆壁：
噴塗上樹脂類灰泥材料
石膏板 厚度12.5
2,400
479
5,318.9
外牆②：
鍍鋁鋅鋼板 厚度0.35　將小波浪板貼成直的
通風橫條板 厚度15
透濕防水膜
防水石膏板 厚度12.5
結構用膠合板 厚度9
玻璃棉 厚度100

中間區域

METHOD 6

將門廊拉進來，為居住空間增添變化

在狹窄的建地內，立體地運用空間是很重要的。在此案例中，我們除了讓「從通道到露臺、大型雙軌橫拉窗、挑高空間、天窗、樓梯、庭院」這些室內外空間連接起來，也能為「容易成為單純通道的走廊等空間」增添附加價值。

再者，只要採用「將室外的門廊拉進家中」的結構，就能打造出可以間接地連接室內與室外的空間。整個家會產生縱深感，同時，藉由開放的視野，也能讓人感受到寬敞感。

（上）樓梯間與鋪設了聚碳酸酯板的挑高空間會連接上下的空間，營造出2樓的浮游感。
（下）西邊道路側的正面外觀。宛如將門廊拉進來似地，室外的小空間會朝向裡面延伸。

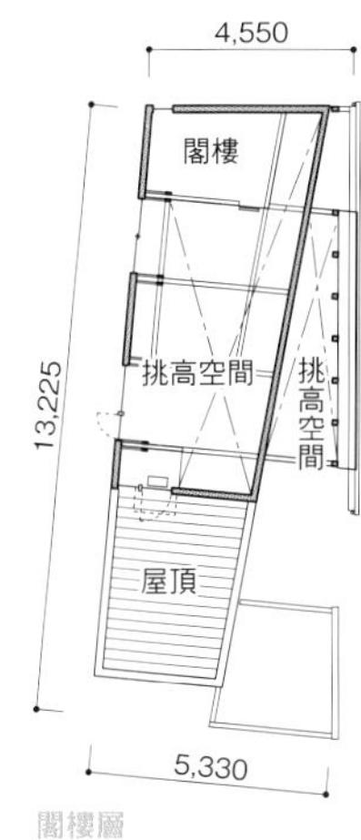
4,550
閣樓
挑高空間
挑高空間
13,225
屋頂
5,330

閣樓層

挑高空間區域的寬度，會隨著遠離相鄰道路而變得狹窄。凸顯「通道從外部朝內部持續延伸」的印象，以營造出縱深感。

只要將2樓的門完全打開來，空間就會融為一體。屋主考慮將來還要再設置2間單人房。

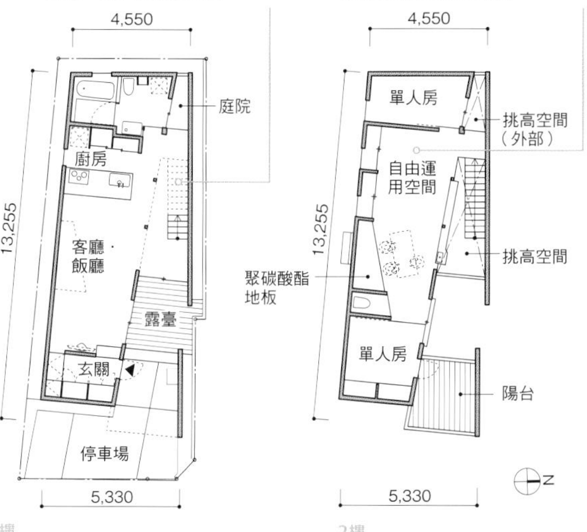
4,550
庭院
廚房
13,255
客廳．飯廳
露臺
玄關
停車場
5,330
4,550
單人房
挑高空間（外部）
自由運用空間
13,255
聚碳酸酯地板
挑高空間
單人房
陽台
5,330
N

1樓　2樓

平面圖［S＝1：300］

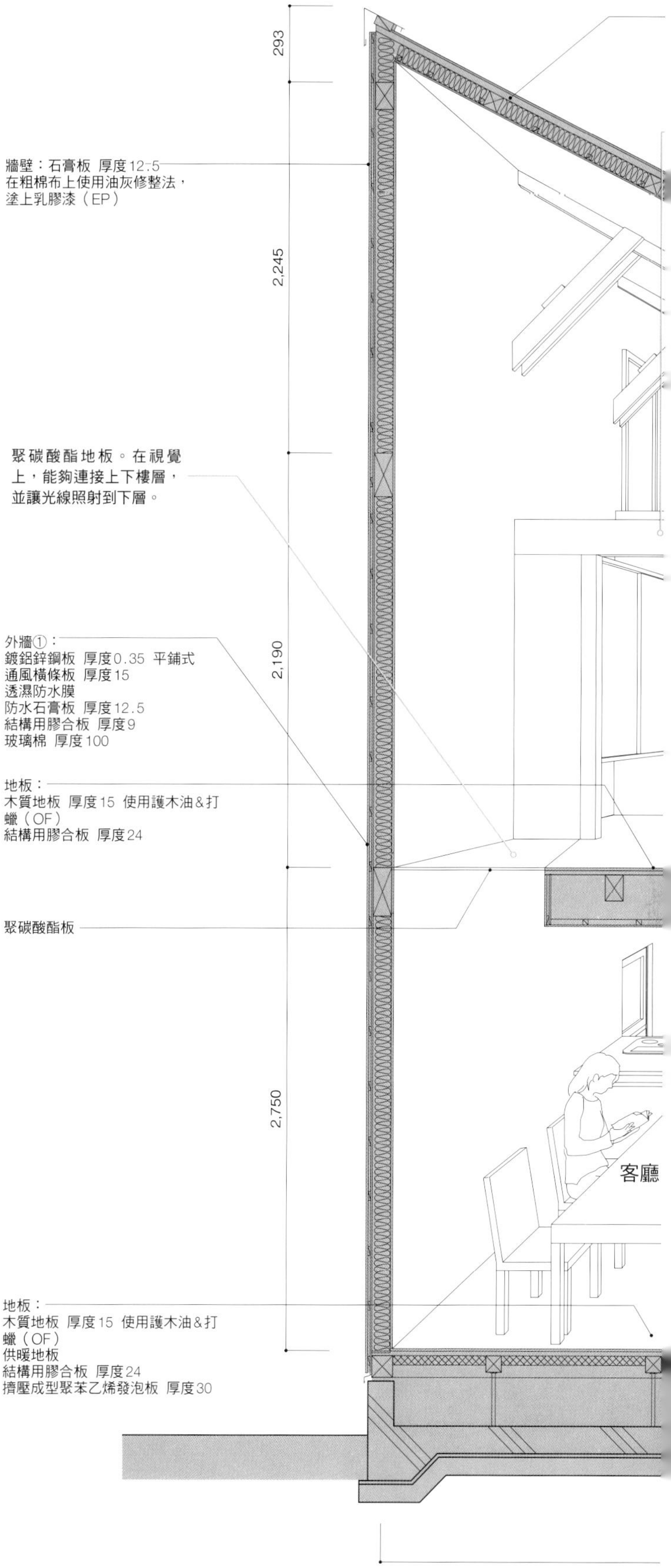

牆壁：石膏板 厚度12.5
在粗棉布上使用油灰修整法，
塗上乳膠漆（EP）

聚碳酸酯地板。在視覺上，能夠連接上下樓層，並讓光線照射到下層。

外牆①：
鍍鋁鋅鋼板 厚度0.35 平鋪式
通風橫條板 厚度15
透濕防水膜
防水石膏板 厚度12.5
結構用膠合板 厚度9
玻璃棉 厚度100

地板：
木質地板 厚度15 使用護木油&打蠟（OF）
結構用膠合板 厚度24

聚碳酸酯板

地板：
木質地板 厚度15 使用護木油&打蠟（OF）
供暖地板
結構用膠合板 厚度24
擠壓成型聚苯乙烯發泡板 厚度30

293
2,245
2,190
2,750
客廳

剖面圖［S＝1：40］

SHIMOKITA BASE｜設計：FEDL（Far East Design Lab）伊原孝則　攝影：平剛

中間區域

METHOD 7

透過室外空間與不同高度的地板來劃分空間

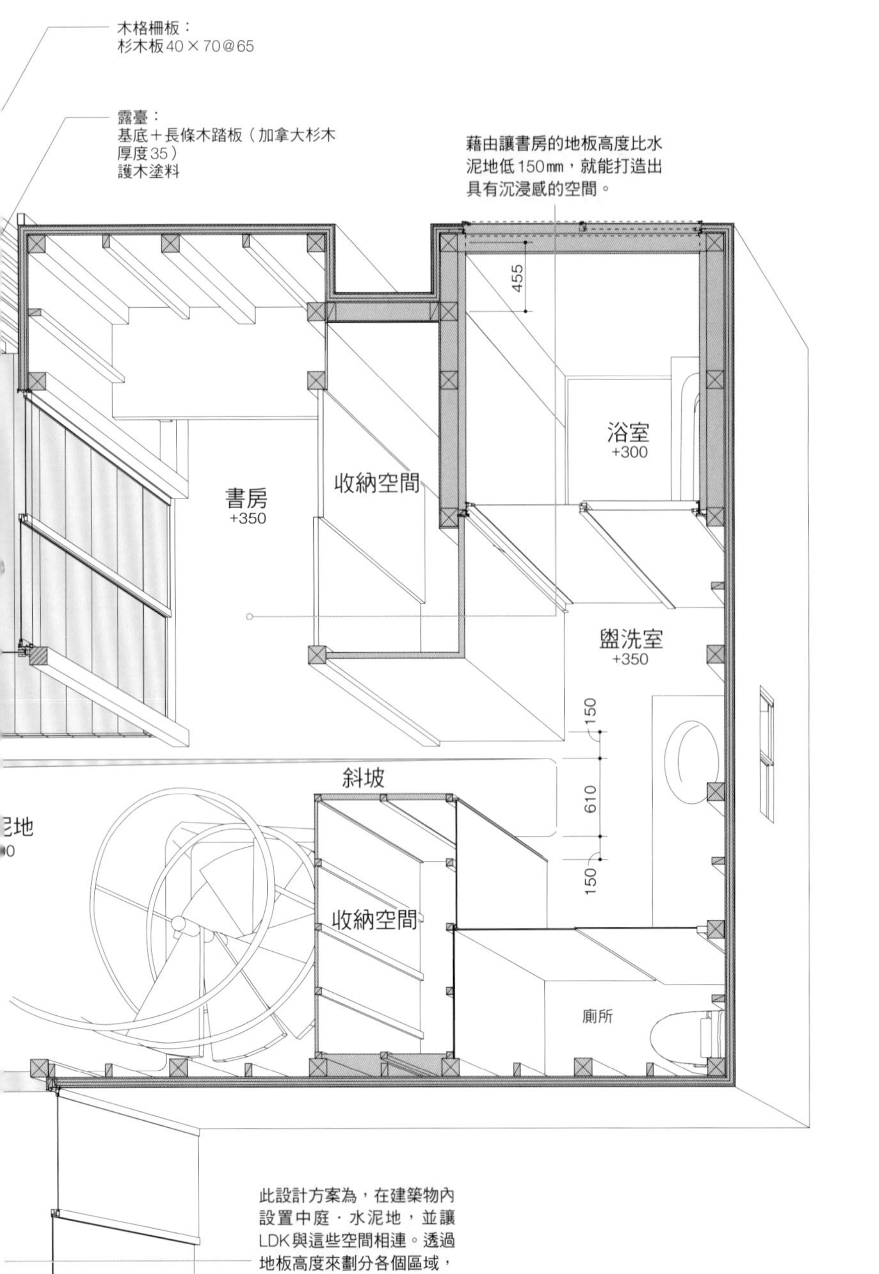

木格柵板：
杉木板40×70@65
露臺：
基底＋長條木踏板（加拿大杉木厚度35）
護木塗料
藉由讓書房的地板高度比水泥地低150㎜，就能打造出具有沉浸感的空間。
455
浴室
+300
書房
+350
收納空間
盥洗室
+350
150
610
150
斜坡
收納空間
廁所
此設計方案為，在建築物內設置中庭．水泥地，並讓LDK與這些空間相連。透過地板高度來劃分各個區域，以水泥地為基準，廚房低了150㎜，客廳高出350㎜。
N

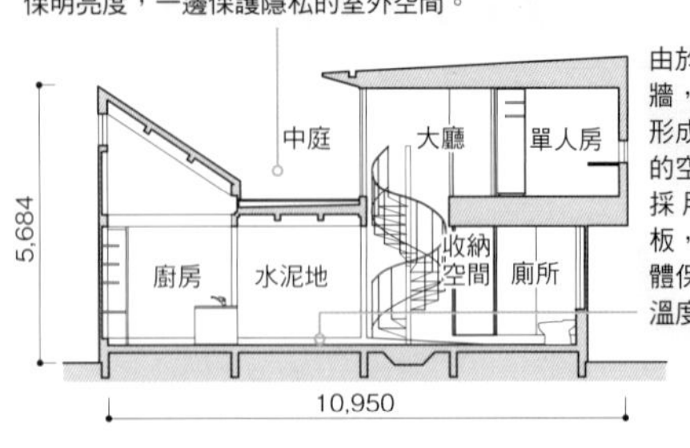

在2樓中庭設置露臺，透過南側的陡屋頂（約33度）來遮住鄰居的視線。打造出能夠一邊確保明亮度，一邊保護隱私的室外空間。
中庭
大廳
單人房
5,684
廚房
水泥地
收納空間
廁所
10,950
由於沒有隔間牆，整個家會形成一室格局的空間，所以採用供暖地板，讓室內整體保持相同的溫度。

剖面圖［S＝1：250］

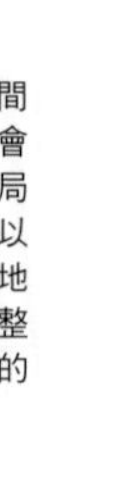

單人房
大廳
單人房
單人房
陽台
5,460
2,730
2,730
2,730
5,490

2樓平面圖［S＝1：250］

中庭與陽台雖然具備「採光、打造開放視野」的作用，但如果配置在錯誤的位置，也可能會侵害室內空間的寬敞度。因此，藉由將其設置在建築物中央或動線的盡頭，就能打造出使室內產生寬敞感的空間。再加上，如果能夠巧妙地利用屋頂的坡度與木格柵板，就能更進一步地有效利用室外空間，並確保室外空間的隱私。在室內部分，也可以不設置隔間牆，而是透過變更地板高度與裝潢材質來劃分區域。由於空間沒有被隔開，所以即使是沒有直接朝向室外的最深處空間，也能夠感受到室外的氣息。

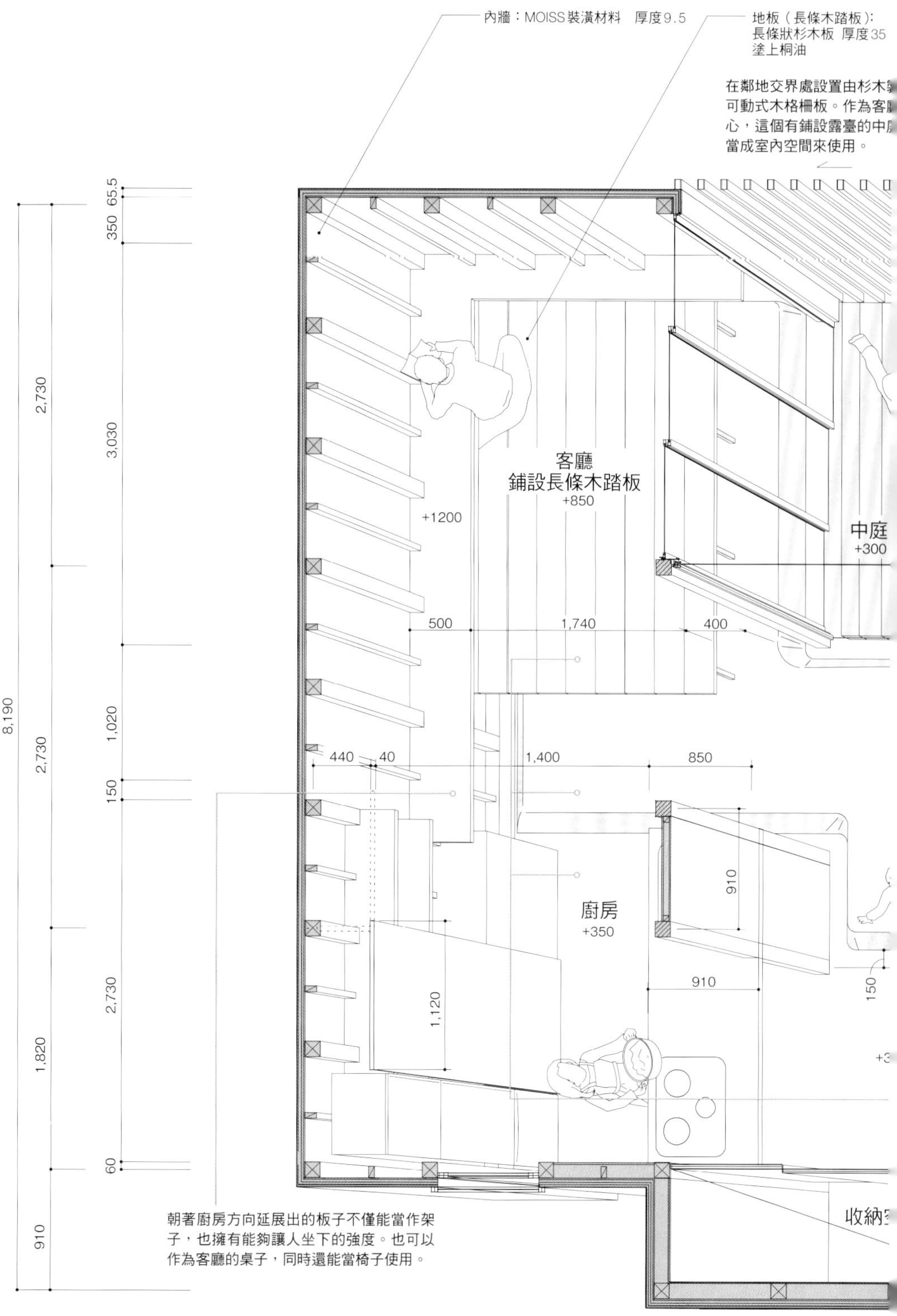

內牆：MOISS裝潢材料　厚度9.5

地板（長條木踏板）：
長條狀杉木板 厚度35
塗上桐油

在鄰地交界處設置由杉木
可動式木格柵板。作為客
心，這個有鋪設露臺的中
當成室內空間來使用。

客廳
鋪設長條木踏板
+850

+1200

中庭
+300

廚房
+350

收納

65.5
350
3,030
1,020
150
2,730
60
2,730
2,730
1,820
910
8,190
500
1,740
400
440
40
1,400
850
910
1,120
910
150

朝著廚房方向延展出的板子不僅能當作架子，也擁有能夠讓人坐下的強度。也可以作為客廳的桌子，同時還能當椅子使用。

1樓平面圖［S＝1：50］

（左）1樓的水泥地連接了中庭、用水處、玄關，中間沒有設置隔間牆。
（中央）日式客廳所在的南側平房部分。透過高側窗來採光。
（右）住宅外觀。將「透過中庭來讓南側的光線照進1樓深處」這個設計直接呈現在外觀上。

CH13｜設計：荒木毅　攝影：篠澤裕

中間區域
METHOD
8

在室內設置簷廊空間

簷廊是介於室內與室外之間的中間地帶。雖然簷廊能為生活帶來樂趣，但也經常因為地點選擇或建地的限制而無法設置。在這種情況下，只要打造出「讓房間的一部分發揮簷廊作用」的空間即可。在與室外相連的開口部位附近，設置一個「高度300〜400㎜、寬度約1700㎜的台階」。光是這樣，就能與室外空間產生連貫性。

由於此台階也能代替沙發或椅子，所以變得不需要設置大型的可移動家具。再者，在室內空間內，台階能夠營造出空間上的變化。如果將台階部分當成挑高空間的話，就能更加提昇開放感。

將開口部位的高度控制在1250㎜，水平地擷取細長狀的戶外景色。

牆壁的上下部分都擁有細縫狀的開口。牆壁會以懸空狀的方式朝室外突出，發揮出「將室外空間帶進室內」的作用。

屋頂：
彩色鍍鋁鋅鋼板 厚度0.35 扣合式直式屋頂板（有裝設擋雪板）
瀝青紙940
包覆透濕防水膜
（包覆到通風橫條板層）
結構用膠合板 厚度24

胸牆（女兒牆）：
彩色鍍鋁鋅鋼板加工
厚度0.35
瀝青紙940
包覆透濕防水膜
（包覆到通風橫條板層）
結構用膠合板 厚度12

天花板：
石膏板 厚度12.5 乳膠漆（EP）

防震金屬零件
鋼管 直徑9
熔融鍍鋅加工

內牆：石膏板 厚度12.5 外露

寢室

天花板：
石膏板 厚度9.5
由於讓天花板．橫樑外露，所以沒有裝飾材

式衣櫥

內牆：
結構用膠合板 厚度12
歐洲落葉松膠合板 厚度9
聚氨酯樹脂亮光漆

LDK

內牆：
石膏板 厚度12.5 乳膠漆（EP）

瀝水槽：
彩色鍍鋁鋅鋼板加工
厚度0.35

327
177
2,458
1,620
1,982
125
344
100
104
380
1,820
1,250
9,440

地板：用灰匙把砂漿抹平

高度650㎜的地窗。可以一邊遮蔽來自室外的視線，一邊間接地與室外空間相連。

設置一個高出地板340㎜的台階，並使其寬度達到一般走廊的兩倍左右（1820㎜），打造出宛如簷廊般的空間。既是椅子，也是簷廊。

（左上）從北側觀看LDK。可以看到高度高出一截的簷廊空間。
（右上）從南側觀看LDK。木製箱型構造飄浮在空中。
（下）東南側外觀。白色帶狀的牆壁飄浮在空中。

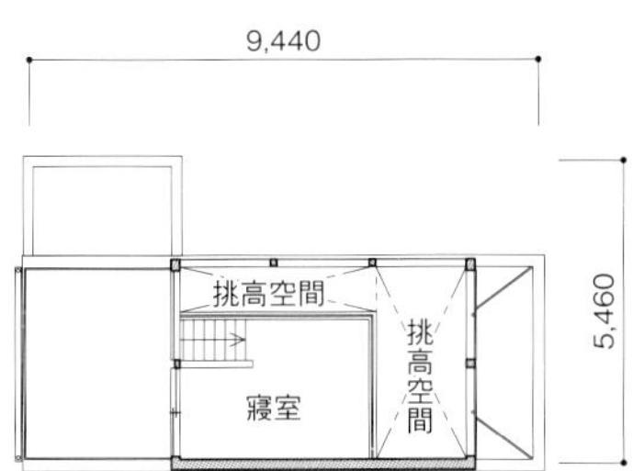
9,440
5,460
挑高空間
挑高空間
寢室

閣樓層

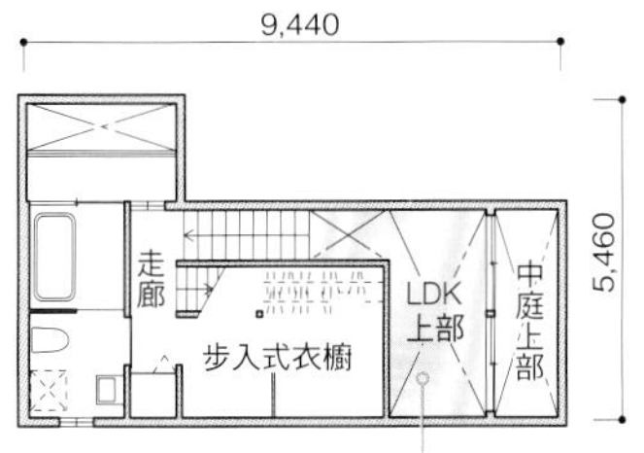
9,440
5,460
走廊
LDK上部
中庭上部
步入式衣櫥

透過L字形的挑高空間來打造出複雜的空間。來自上部橫向長窗的光線會照射到1樓的LDK。

2階

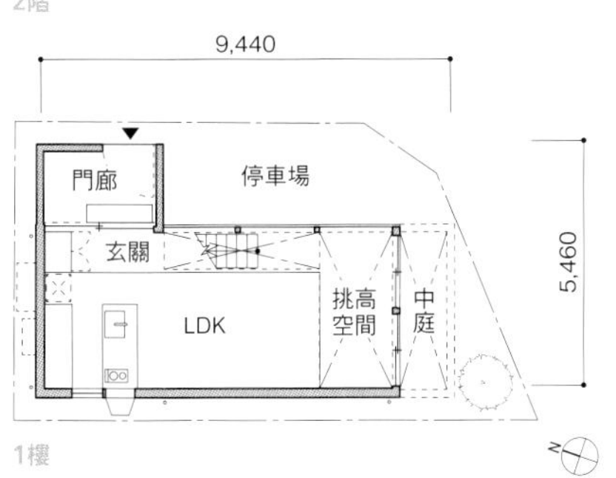
9,440
5,460
門廊
停車場
玄關
LDK
挑高空間
中庭

1樓

平面圖［S＝1：250］

屋頂：
露臺建材 紅側柏 40×141×102
護木塗料（塗2次）
彩色鍍鋁鋅鋼板 厚度0.35
扣合式直式屋頂板
瀝青紙940
結構用膠合板 厚度24
收納空間
盥洗室
6,370
地板：
木質地板 厚度15
供暖地板 厚度12
襯墊膠合板 厚度12
隔熱性地板基底材 厚度65

剖面圖［S＝1：50］

SU-HOUSE42｜設計：岡村泰之　攝影：田伏博

間

METHOD 9

透過木格柵板來遮住陽台，使其成為室內空間

在都市的住宅密集地區，會很在意來自鄰居與道路的視線，很難設置開放式的陽台或簷廊。因此，為了遮蔽來自道路等處的視線，所以要在陽台外側設置木格柵板。如此一來，就能確保隱私，也能調節光線與風，陽台會成為一個間接地將住家和街道連接起來的緩衝地帶。此時，只要讓陽台與室內地板高度變得一致，陽台就會成為室內的延伸空間，使生活空間變得寬敞。

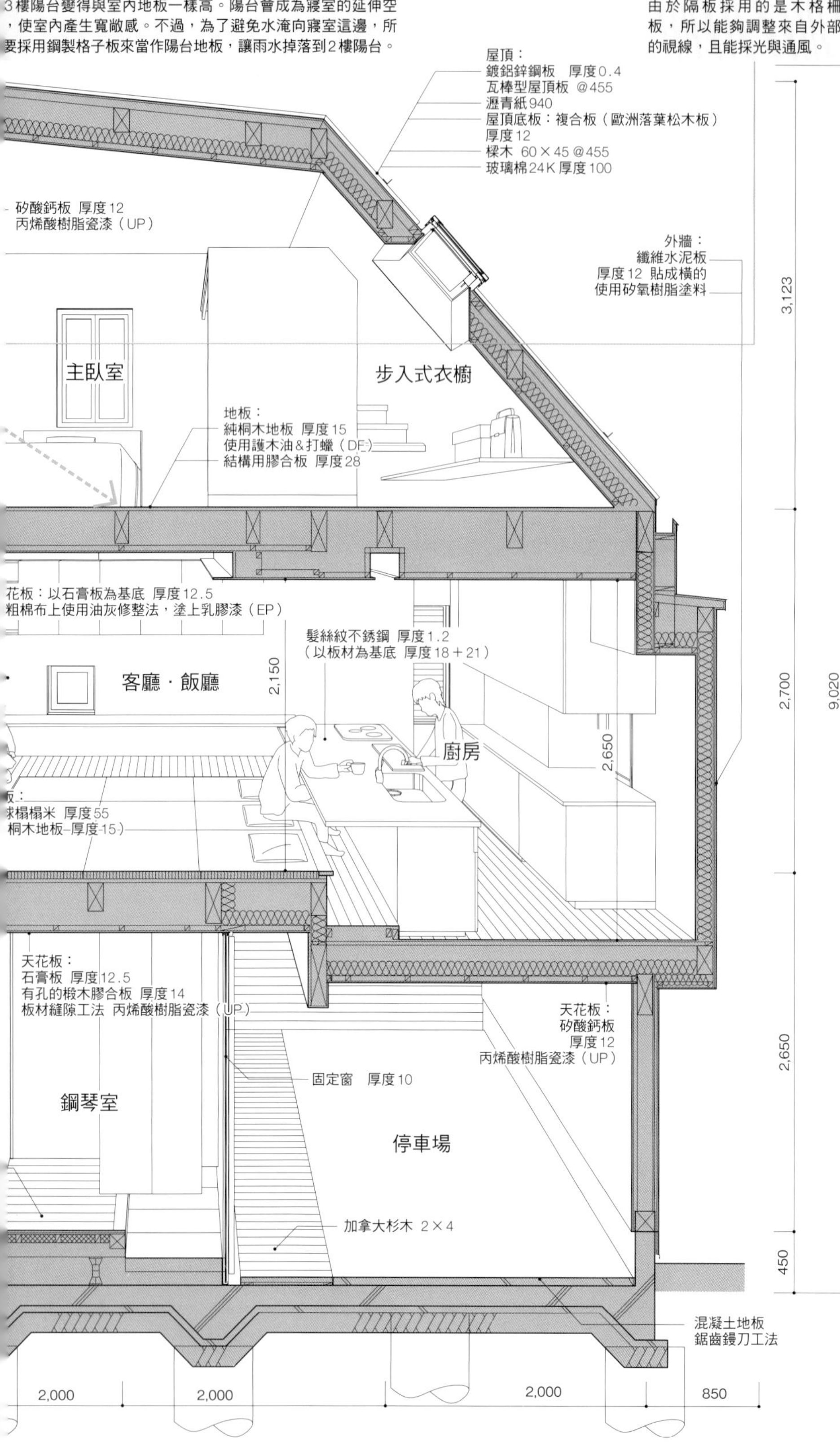

3樓陽台變得與室內地板一樣高。陽台會成為寢室的延伸空
，使室內產生寬敞感。不過，為了避免水淹向寢室這邊，所
要採用鋼製格子板來當作陽台地板，讓雨水掉落到2樓陽台。
由於隔板採用的是木格柵板，所以能夠調整來自外部的視線，且能採光與通風。
屋頂：
鍍鋁鋅鋼板　厚度0.4
瓦棒型屋頂板 @455
瀝青紙940
屋頂底板：複合板（歐洲落葉松木板）
厚度12
椽木 60×45 @455
玻璃棉24K 厚度100
矽酸鈣板 厚度12
丙烯酸樹脂瓷漆（UP）
外牆：
纖維水泥板
厚度12 貼成橫的
使用矽氧樹脂塗料
主臥室
步入式衣櫥
地板：
純桐木地板 厚度15
使用護木油&打蠟（DF）
結構用膠合板 厚度28
花板：以石膏板為基底 厚度12.5
粗棉布上使用油灰修整法，塗上乳膠漆（EP）
髮絲紋不銹鋼 厚度1.2
（以板材為基底 厚度18＋21）
客廳・飯廳
廚房
2,150
2,650
求榻榻米 厚度55
桐木地板 厚度15
天花板：
石膏板 厚度12.5
有孔的椴木膠合板 厚度14
板材縫隙工法 丙烯酸樹脂瓷漆（UP）
天花板：
矽酸鈣板
厚度12
丙烯酸樹脂瓷漆（UP）
固定窗　厚度10
鋼琴室
停車場
加拿大杉木 2×4
混凝土地板
鋸齒鏝刀工法
3,123
2,700
2,650
450
9,020
2,000
2,000
2,000
850

(左) 南側外觀。既能夠保護隱私，又能在晚上讓光線隔著木格柵板照射到街上。
(右) 觀看客廳．飯廳。在設置面向道路的大型開口部位時，只要使用木格柵板，就不用擔心被別人看見。

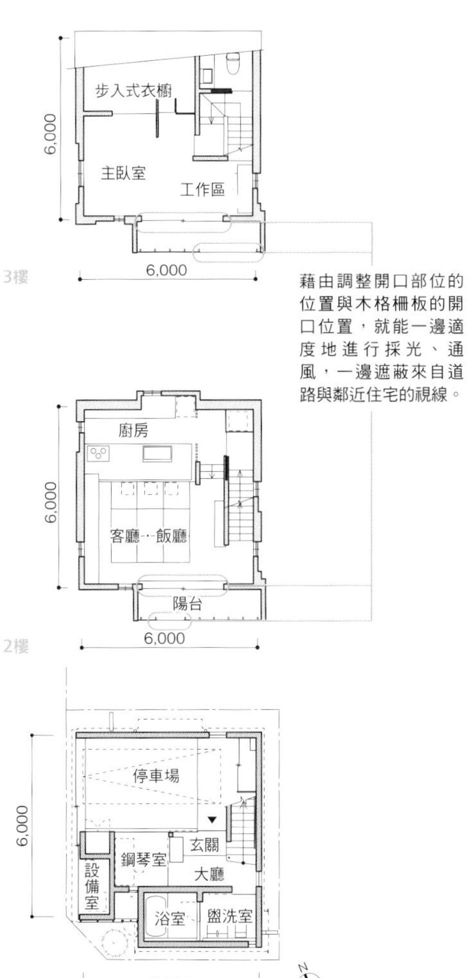

步入式衣櫥
主臥室
工作區
6,000
6,000
3樓
廚房
客廳．飯廳
陽台
6,000
6,000
2樓
停車場
鋼琴室
玄關
大廳
設備室
浴室
盥洗室
6,000
6,000
1樓
N

藉由調整開口部位的位置與木格柵板的開口位置，就能一邊適度地進行採光、通風，一邊遮蔽來自道路與鄰近住宅的視線。

平面圖［S＝1：250］

透過木格柵板來圍住陽台，藉此就能使室內與室外的界線變得模糊。陽台會成為與室內空間融為一體的半室外空間，並發揮作用。

陽台屋簷：
鍍鋁鋅鋼板 厚度0.4 平鋪式
瀝青紙940
防水膠合板 厚度12
斜面椽木 134～240 @455
結構用膠合板 厚度12

陽台

百葉窗（加拿大杉木）
2×4　三分之一型斜支柱（空隙30）
縱向橫條板（加拿大杉木）2×4 @500
油性護木塗料

露臺地板：
鋼製格子板　厚度25（鍍鋅）
承材：用L50角鋼來固定

牆壁：以石膏板為基底 厚度12.5
在粗棉布上使用油灰修整法，塗上乳膠漆（EP）
（防濕膜 厚度0.1）

陽台

露臺地板：
加拿大杉木 2×4
鋪設長條木踏板 XD塗料（FRP防水基底）

2樓為防水陽台。為了確保防水層的直立部分在120㎜以上，所以設置了門檻。利用門檻的高度，讓陽台地板表面比客廳地板表面高出200㎜，就能打造出宛如簷廊般的舒適空間。

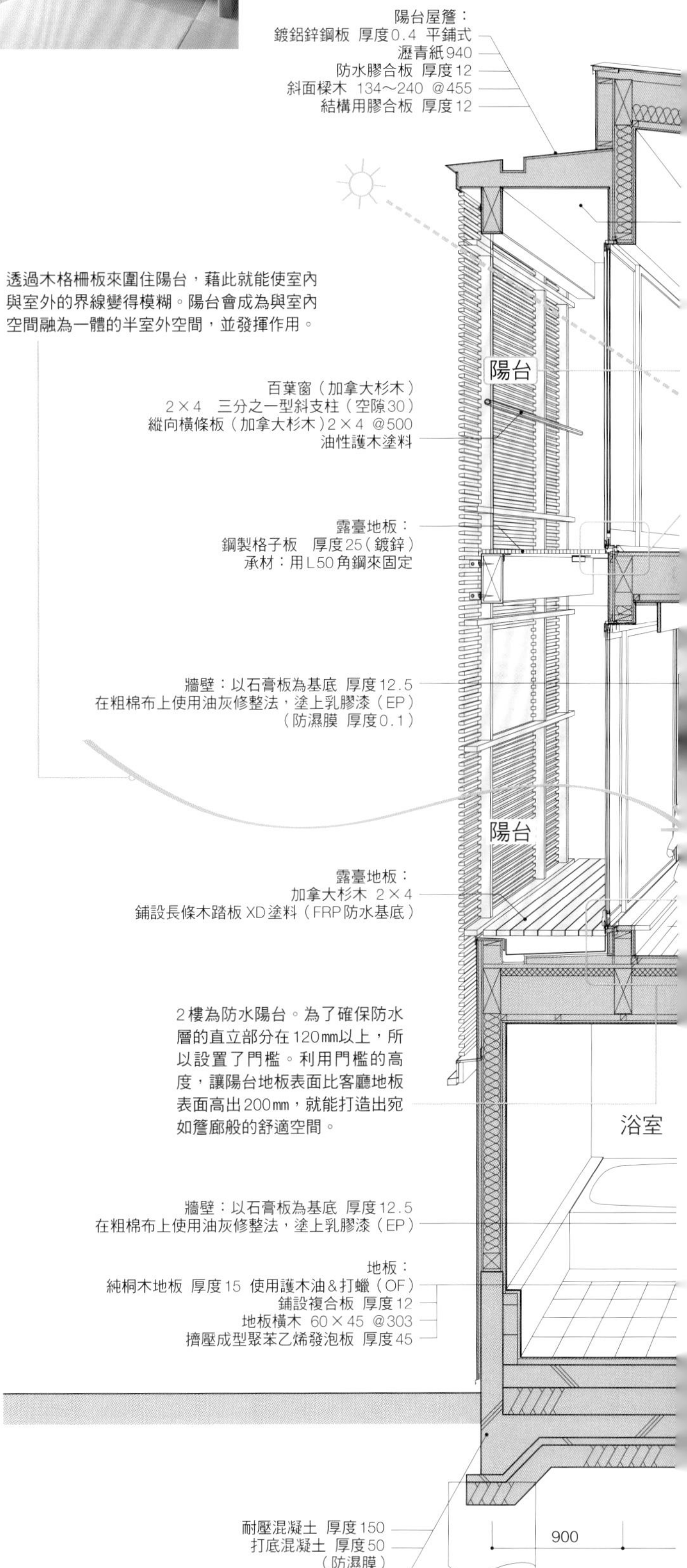

浴室

牆壁：以石膏板為基底 厚度12.5
在粗棉布上使用油灰修整法，塗上乳膠漆（EP）

地板：
純桐木地板 厚度15 使用護木油&打蠟（OF）
鋪設複合板 厚度12
地板橫木 60×45 @303
擠壓成型聚苯乙烯發泡板 厚度45

耐壓混凝土 厚度150
打底混凝土 厚度50
（防濕膜）
碎石 厚度150

900

剖面圖［S＝1：40］

熊貓老爺｜設計：瀨野和廣　攝影：石井雅義

第2章

依照行動來設計格局

在舒適的住宅內，會具備「能讓人毫無壓力地到處走動的舒適感」以及「能讓人喘口氣的安心感」。想要順暢地移動，就必須擁有精心設計的動線規劃。想要喘口氣的話，就需要能讓人聚集的場所。

即使是走廊與樓梯這類移動空間，只要多下一點工夫，就能變成讓人聚集的場所。如同這樣，居住空間內的所有場所都隱藏著這種可能性。

在本章中，來看看如何藉由「著眼於人們的行動」，來打造出舒適愜意的居住空間吧。

拍攝：大槻茂（刊登於《住宅的設計（住まいの設計》2009年5月號[扶桑社]）

「動線規劃能使人們的行動變得有效率，打造出舒適的居住空間」

「行動」的基本常識

如果沒有確實地規劃動線，移動空間就會受到壓迫，導致各房間變得狹小，而且還會增加無謂的動線，降低做家事等工作效率。

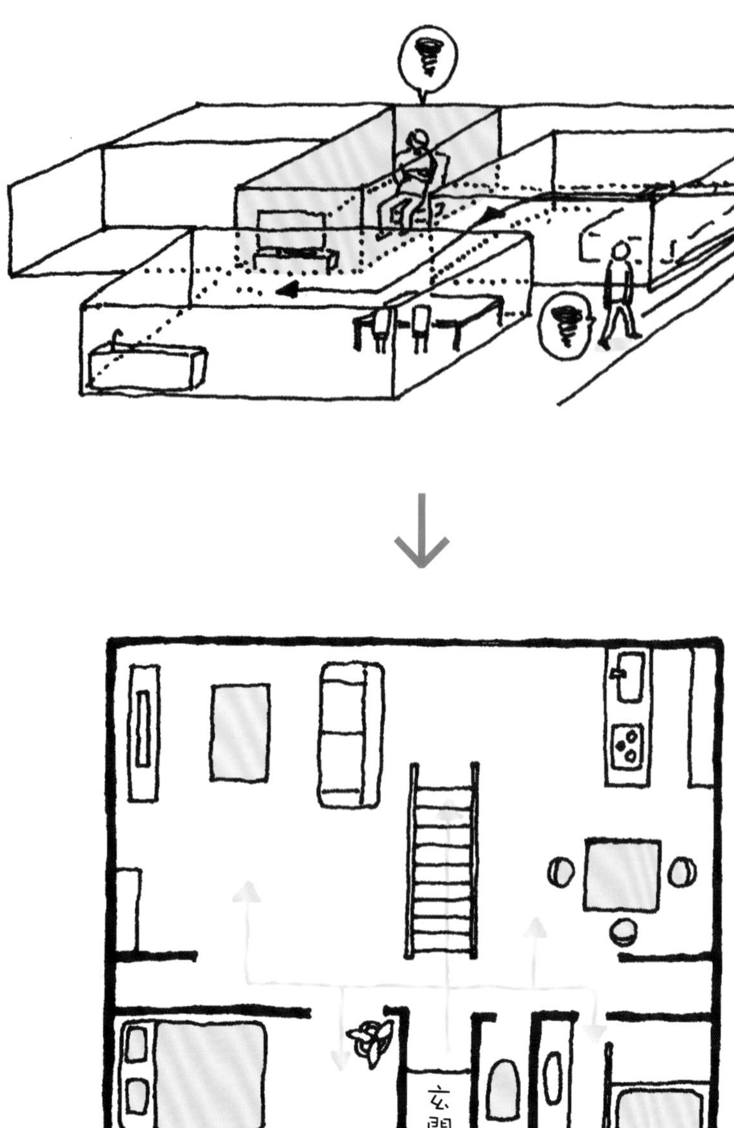
玄關

如果能夠好好地規劃動線，就能打造出很舒適的格局，即使是小住宅，也能感受到超出實際面積的寬敞感。

在住宅設計中所考慮到的「行動」，大致上可以分成2種。一種是身體的動作，另一種則是家中的移動，也就是動線。在本章中，我們會著重於「與整個家的格局、平面・剖面設計有密切關聯的動線」，解說要如何才能打造出有效率的居住空間。

洄游動線是為人所知的方法之一。在這種動線中，沒有盡頭，可以一直繞個不停。藉由設置洄游動線，可以縮短路徑，減輕移動時的壓力。簡潔的動線不僅能夠提昇家事等工作效率，也能提昇生活舒適度。另外，透過「沒有盡頭的設計」，也能夠產生「讓人覺得空間很寬敞」這種次要效果。雖然洄游動線能夠像這樣地確保工作效率與舒適性，但並非只要隨意地繞來繞去即可。重點在於，必要與足夠的捷徑。

各房間的排列順序也是與動線效率有密切關聯的要素之一。在連接各房間時，一般會需要通道（走廊），不過，一旦有很多通道的話，房間所分配到的面積就會減少。如果能好好地規劃各房間的配置與連接方式，就能

「行動」的重點

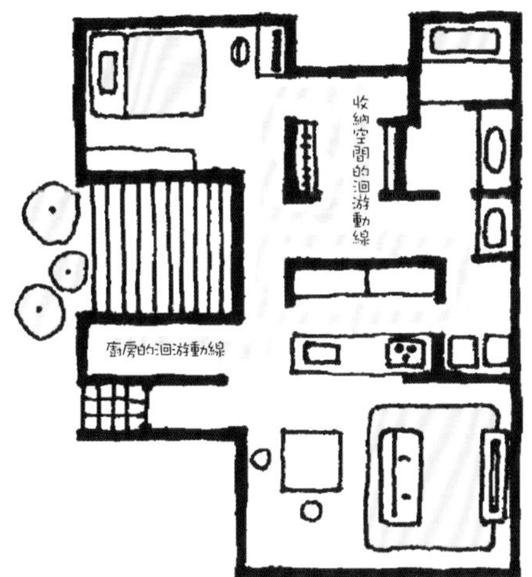
收納空間的迴游動線
廚房的迴游動線

Point 1

透過能夠抄捷徑的動線來確保工作效率與舒適度。

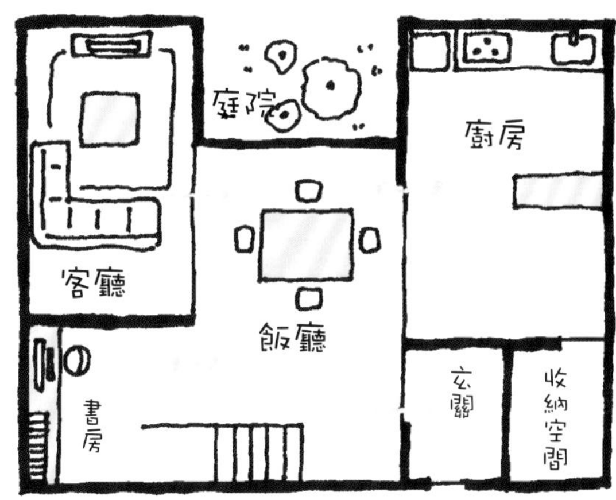
庭院
廚房
客廳
飯廳
書房
玄關
收納空間

Point 2

希望能夠好好地規劃各房間的配置與連接方式，將通道面積降到最少。

GOAL!
START

Point 3

要謹慎地決定縱向動線（樓梯）的位置。

打造出「幾乎不用設置通道，而且動線良好」的居住空間。另外，藉由減少通道面積，也能夠擴大起居室的面積。

在2層樓以上的動線規劃中，重點在於，要同時討論平面．剖面這兩者的動線。依照樓梯的位置，也能夠減少通道面積，所以縱向動線（樓梯）的位置是個非常關鍵的重點。一般來說，縱向動線愈靠近建築物中央，通道面積就會變得愈小。當通道無論如何都會產生時，不要將通道視為單純的移動空間，而是要有效地運用空間，使該處兼具其他用途，像是共用的書房或遊玩場所等。

另外，除了確保有效率的動線，如果還能考慮到動線部分的採光、通風、開放視野，對動線的品質有所講究的話，「移動」這個行為本身就會讓人感到開心。

尤其是樓梯，除了水平的移動以外，視線高度也會產生變化，所以我們可以說，樓梯是個適合用來呈現各種設計效果的場所。由於此處也是貫穿上下樓層的部分，所以也可以考慮採用「讓2樓天窗的光線照射到1樓」之類的設計。

就像這樣，只要巧妙地規劃「行動」的路線，就不會造成移動空間的浪費，無論實際的住宅規模如何，都能在空間內呈現出充實感。

[彥根明]

行動

METHOD 1

以中庭為中心的迴游動線

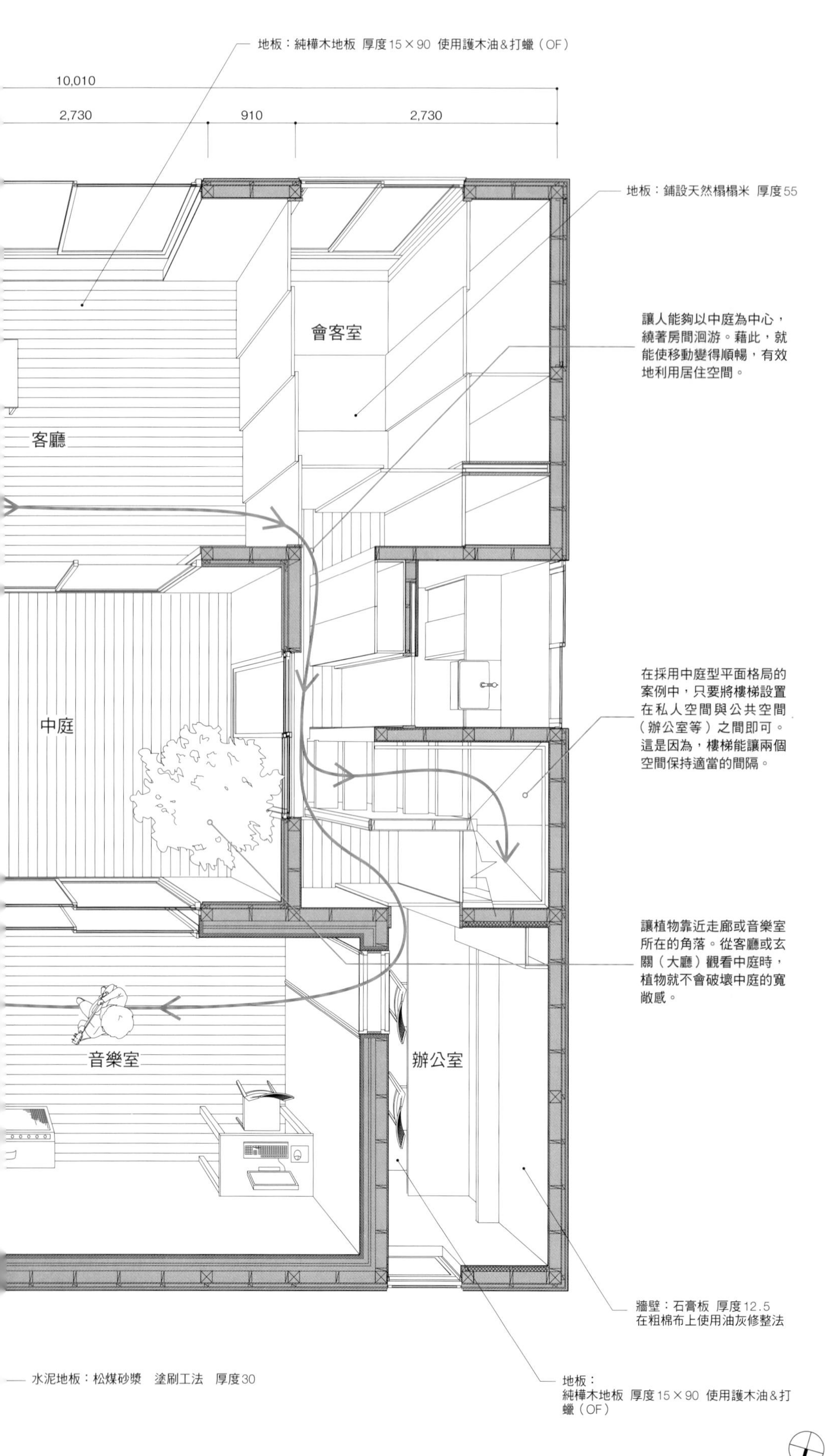

地板：純樺木地板 厚度15×90 使用護木油&打蠟（OF）
10,010
2,730
910
2,730
地板：鋪設天然榻榻米 厚度55
會客室
讓人能夠以中庭為中心，繞著房間迴游。藉此，就能使移動變得順暢，有效地利用居住空間。
客廳
中庭
在採用中庭型平面格局的案例中，只要將樓梯設置在私人空間與公共空間（辦公室等）之間即可。這是因為，樓梯能讓兩個空間保持適當的間隔。
讓植物靠近走廊或音樂室所在的角落。從客廳或玄關（大廳）觀看中庭時，植物就不會破壞中庭的寬敞感。
音樂室
辦公室
牆壁：石膏板 厚度12.5
在粗棉布上使用油灰修整法
水泥地板：松煤砂漿 塗刷工法 厚度30
地板：
純樺木地板 厚度15×90 使用護木油&打蠟（OF）
N

當家中有設置樂器練習室或音樂室時，會擔心聲音吵到附近鄰居。在這種案例中，最好採取中庭型的格局。這是因為，沒有必要在周圍設置開口，聲音也不易傳出去。

在這種情況下，最好將動線的中心設置在中庭。中庭能夠發揮「整理包含1、2樓在內的迴游動線」的作用，讓人容易活用多條動線。

也有人覺得，中庭型的格局容易使住宅變得較為封閉。如果能夠將街道拉進家中，並設置門廊或門廳，讓通道連接到中庭的話，中庭也會形成一個半公共的空間，不用擔心住宅變得封閉。

（上）觀看中庭。雖然中庭是室外空間，但使用便利性跟室內空間一樣，而且具備連接各個房間的作用。
（中央）觀看大廳。透過門廊般的大廳，就能從入口遠望玄關、廚房。
（下）北側外觀。在面向道路的北側，盡量地減少開口部位，並活用長條木踏板製成的百葉窗。

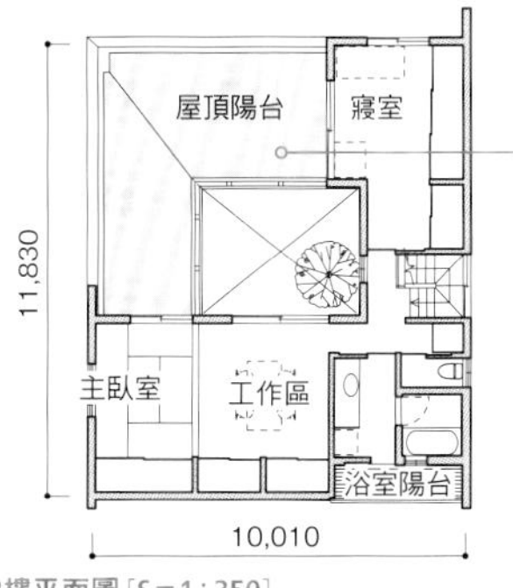
屋頂陽台
寢室
11,830
主臥室
工作區
浴室陽台
10,010

將2樓的一部分打造成屋頂陽台，就能藉此來抑制南側的建築物高度，確保1樓與中庭能擁有充分的採光。

2樓平面圖［S＝1：350］

面向中庭的部分幾乎全都設置了雙軌橫拉式的落地窗。不過，由於連接大廳的開口部位不需要那麼高的開放感，所以只有此處採用單扇式橫拉地窗。

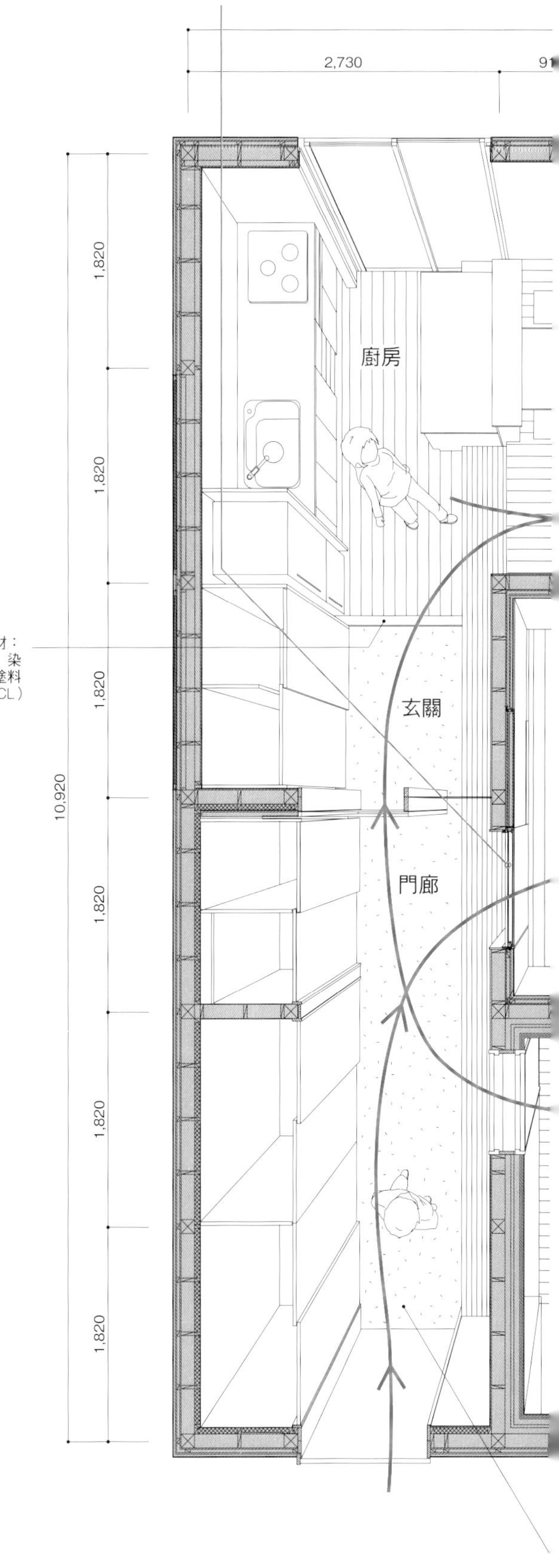
2,730
1,820
1,820
1,820
1,820
1,820
1,820
10,920
廚房
玄關
門廊

玄關台階裝飾材：櫸木板50×100 染色聚氨酯透明塗料（UCL）

1樓平面圖［S＝1：60］

breezy-N｜設計：瀬野和廣　攝影：瀬野和廣

行動 METHOD 2

能讓起居室變得寬敞的玄關與階梯的配置方式

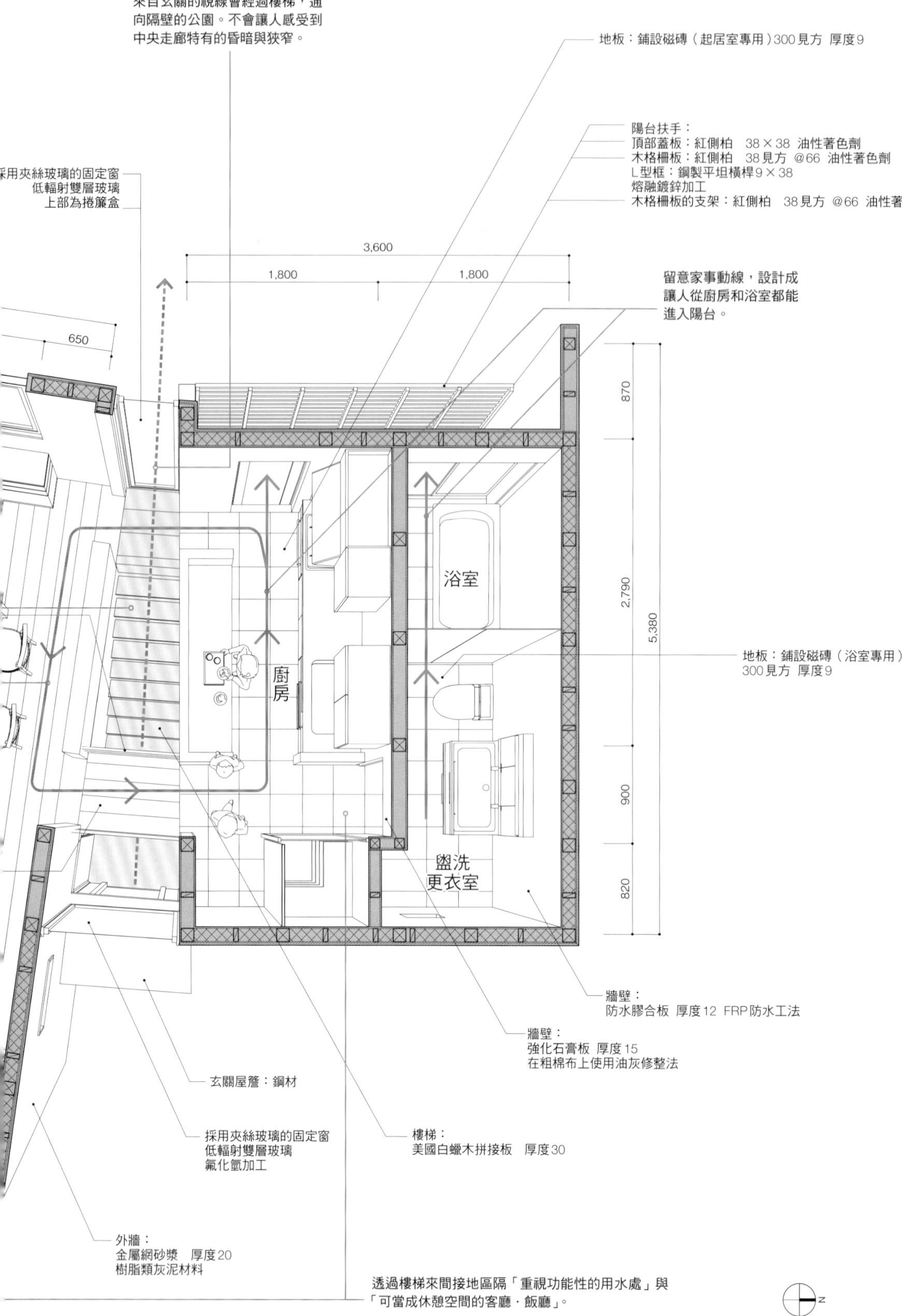
來自玄關的視線會經過樓梯，通向隔壁的公園。不會讓人感受到中央走廊特有的昏暗與狹窄。
地板：鋪設磁磚（起居室專用）300見方 厚度9
陽台扶手：
頂部蓋板：紅側柏 38×38 油性著色劑
木格柵板：紅側柏 38見方 @66 油性著色劑
L型框：鋼製平坦橫桿9×38
熔融鍍鋅加工
木格柵板的支架：紅側柏 38見方 @66 油性著色劑
採用夾絲玻璃的固定窗
低輻射雙層玻璃
上部為捲簾盒
3,600
1,800
1,800
650
留意家事動線，設計成讓人從廚房和浴室都能進入陽台。
870
2,790
5,380
900
820
浴室
廚房
盥洗
更衣室
地板：鋪設磁磚（浴室專用）
300見方 厚度9
牆壁：
防水膠合板 厚度12 FRP防水工法
牆壁：
強化石膏板 厚度15
在粗棉布上使用油灰修整法
玄關屋簷：鋼材
採用夾絲玻璃的固定窗
低輻射雙層玻璃
氟化氫加工
樓梯：
美國白蠟木拼接板 厚度30
外牆：
金屬網砂漿 厚度20
樹脂類灰泥材料
N

透過樓梯來間接地區隔「重視功能性的用水處」與「可當成休憩空間的客廳・飯廳」。

在小型住宅中，透過合理地整理動線來減少移動空間是很重要的。只要採用「將玄關與樓梯設置在住家中央」的中央走廊型格局，就能很方便地通往各空間，而且分配給通道的面積減少後，起居室的面積就會相對地增加，即使是狹小住宅，也能在空間內感受到寬敞感。不過，中央走廊容易形成昏暗狹窄的空間。為了避免這一點發生，我們只要設置高側窗或天窗等開口部位、挑高空間，並在動線上打造出通往室外的視野即可。

（左上）從玄關抬頭觀看樓梯正面的窗戶。
（右上）客廳‧飯廳內有用來擷取公園綠意的窗戶。
（下）公園側外觀。以中央樓梯為交界，將2棟建築分開。

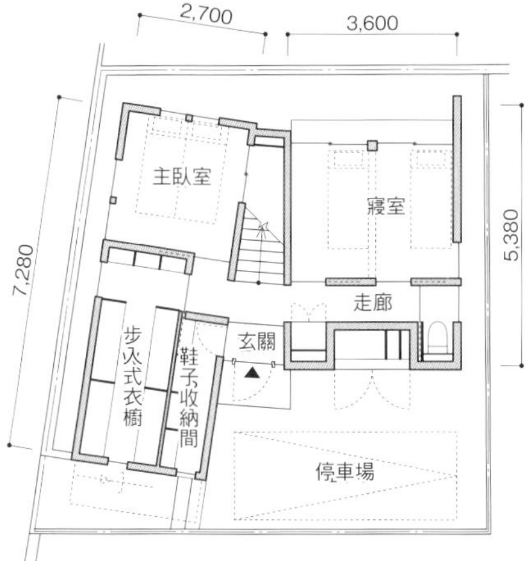
2,700
3,600
7,280
5,380
主臥室
寢室
走廊
玄關
步入式衣櫥
鞋子收納間
停車場

1樓平面圖［S＝1：200］

從高側窗照射進來的光線會使客廳‧飯廳成為明亮的空間。

即使退縮線限制很嚴格，只要多下一點工夫，像是將不需要挑高天花板的用水處設置在較低處，就能凸顯天花板較高的空間，營造出視覺效果［※］。

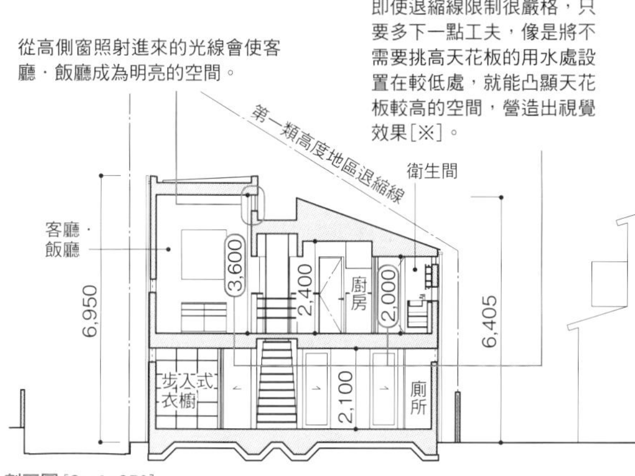
第一類高度地區退縮線
衛生間
客廳‧飯廳
6,950
3,600
2,400
廚房
2,000
6,405
步入式衣櫥
2,100
廁所

剖面圖［S＝1：250］

愈往上爬，樓梯的寬度就愈狹窄。藉此來凸顯從玄關觀看時的縱深感。

圓鋼管扶手：直徑27.2 5層

在中央走廊型的格局中，藉由將樓梯設置在建築中央，打造出洄游動線，人們就變得不會去在意廚房與飯廳之間的樓梯。除了能夠順暢地移動到其他空間，藉由「沒有盡頭的設計」，也能呈現出超出實際面積以上的寬敞感。

地板：柚木地板

地板：胡桃木地板

牆壁：
強化石膏板 厚度15
在粗棉布上使用油灰修整法

650
2,830
7,280
1,215
3,235
客廳
飯

2樓平面圖［S＝1：50］

TKY｜設計：彥根明　攝影：彥根明

※ 本案例的建築物是「第一類高度地區退縮線（東京都）」5m＋0.6L的適用對象。

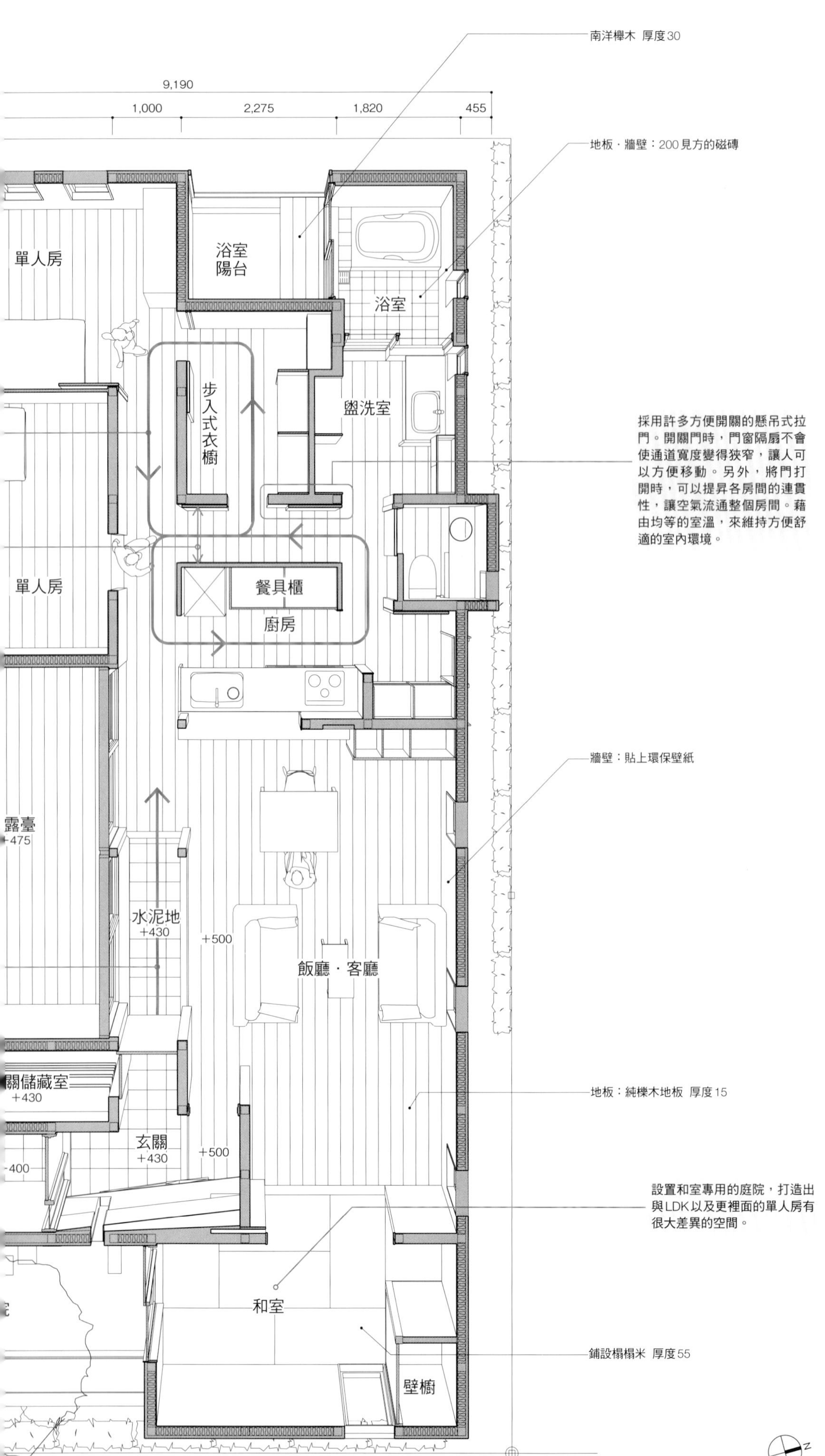

南洋櫸木 厚度30
9,190
1,000
2,275
1,820
455
地板・牆壁：200見方的磁磚
單人房
浴室
陽台
浴室
步入式衣櫥
盥洗室
採用許多方便開關的懸吊式拉門。開關門時，門窗隔扇不會使通道寬度變得狹窄，讓人可以方便移動。另外，將門打開時，可以提昇各房間的連貫性，讓空氣流通整個房間。藉由均等的室溫，來維持方便舒適的室內環境。
單人房
餐具櫃
廚房
牆壁：貼上環保壁紙
露臺
+475
水泥地
+430
+500
飯廳・客廳
儲藏室
+430
地板：純櫟木地板 厚度15
玄關
+430
+500
-400
設置和室專用的庭院，打造出與LDK以及更裡面的單人房有很大差異的空間。
和室
鋪設榻榻米 厚度55
壁櫥
N

行動 METHOD 3
讓空間兼具生活便利性與收納能力

在功能上非常方便的居住空間，肯定也是個非常舒適的空間。若想要實現這一點的話，只要透過洄游動線來整合收納功能即可。具體來說，就是將浴室、廁所、衣櫥集中配置在單人房附近。只要透過拉門來區隔空間，就能用很短的動線來整合這些區域，然後住宅內自然就會產生洄游性。另外，藉由省略走廊，就能提昇空間的整體性，並減輕「伴隨著移動而產生的溫度變化」。也能避免「因為會使室內產生溫差就懶得在起居室之間移動」這種情況發生。

（上）約10坪大的客廳・飯廳。悠然自得地連接室外空間。光線會從客廳上部的高側窗照射進來，風也會吹進來。
（下）露臺朝著庭院敞開著，也能發揮簷廊的作用。

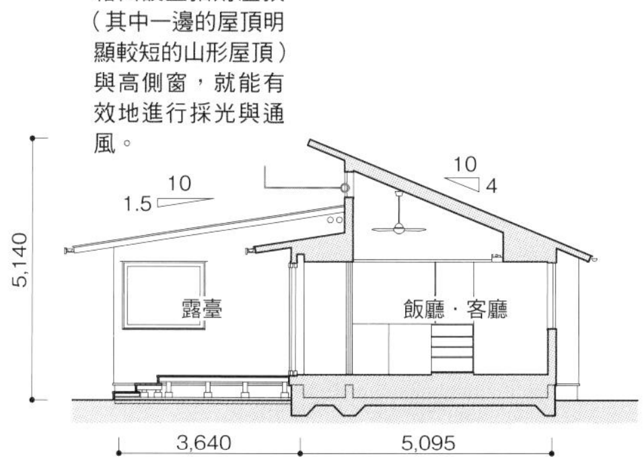
藉由設置招財屋頂（其中一邊的屋頂明顯較短的山形屋頂）與高側窗，就能有效地進行採光與通風。
10
1.5
10
4
5,140
露臺
飯廳・客廳
3,640
5,095

剖面圖［S=1：200］

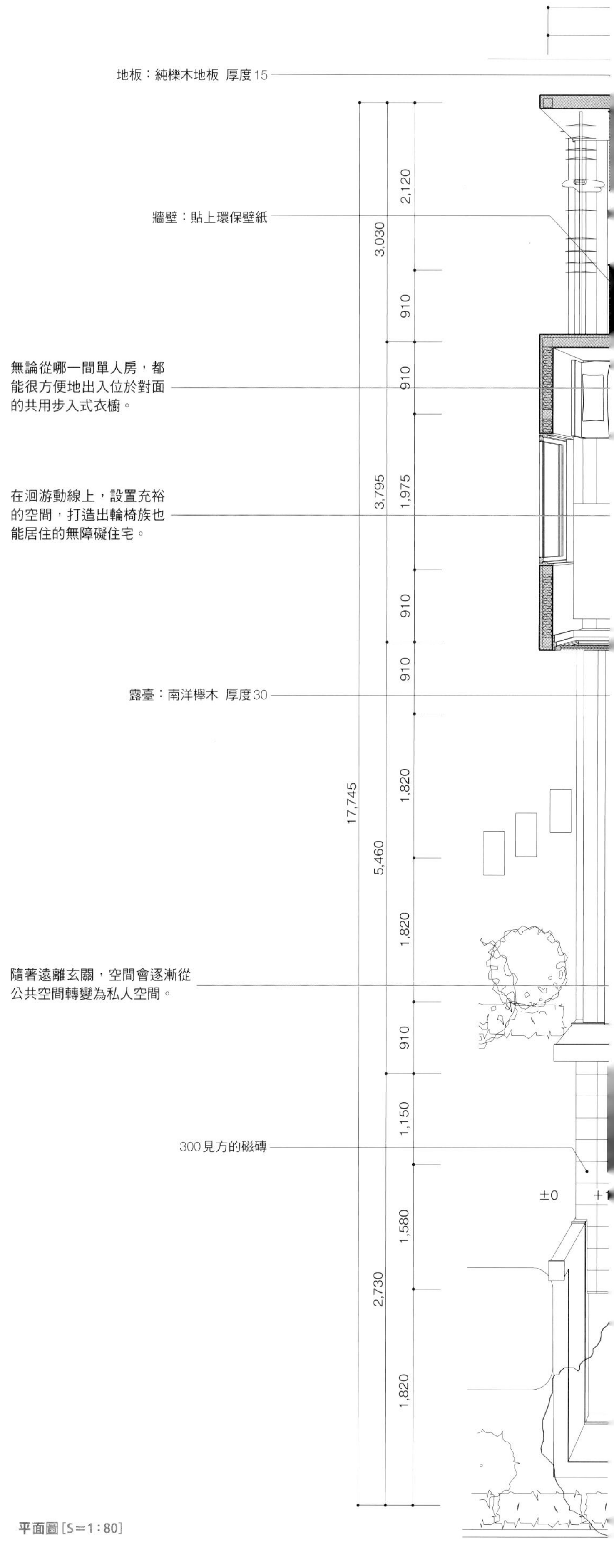

地板：純櫟木地板 厚度15

牆壁：貼上環保壁紙

無論從哪一間單人房，都能很方便地出入位於對面的共用步入式衣櫥。

在洄游動線上，設置充裕的空間，打造出輪椅族也能居住的無障礙住宅。

露臺：南洋櫸木 厚度30

隨著遠離玄關，空間會逐漸從公共空間轉變為私人空間。

300見方的磁磚

±0

17,745
3,030
2,120
910
3,795
910
1,975
910
910
5,460
1,820
1,820
910
2,730
1,150
1,580
1,820

平面圖［S=1：80］

內田邸｜設計：黑木實　攝影：黑木實建築研究室

行動

METHOD 4

讓人能夠輕鬆移動的樓梯配置方式

若想要將家人的單人房設置在南側的話，樓梯・走廊等移動空間就容易被趕到北側。不過，如果能朝著南側的開口部位來設置挑高空間的話，就能在1、2樓都打造出通往多個方向的開放視野。在樓層間移動時，心情也會較為愉快、開朗吧。我們似乎能期待，在移動目的地所要進行的家事或工作，會帶來樂趣。

從旗竿地的南側竿子部分所看到的外觀。2樓陽台是朝著街道敞開的。

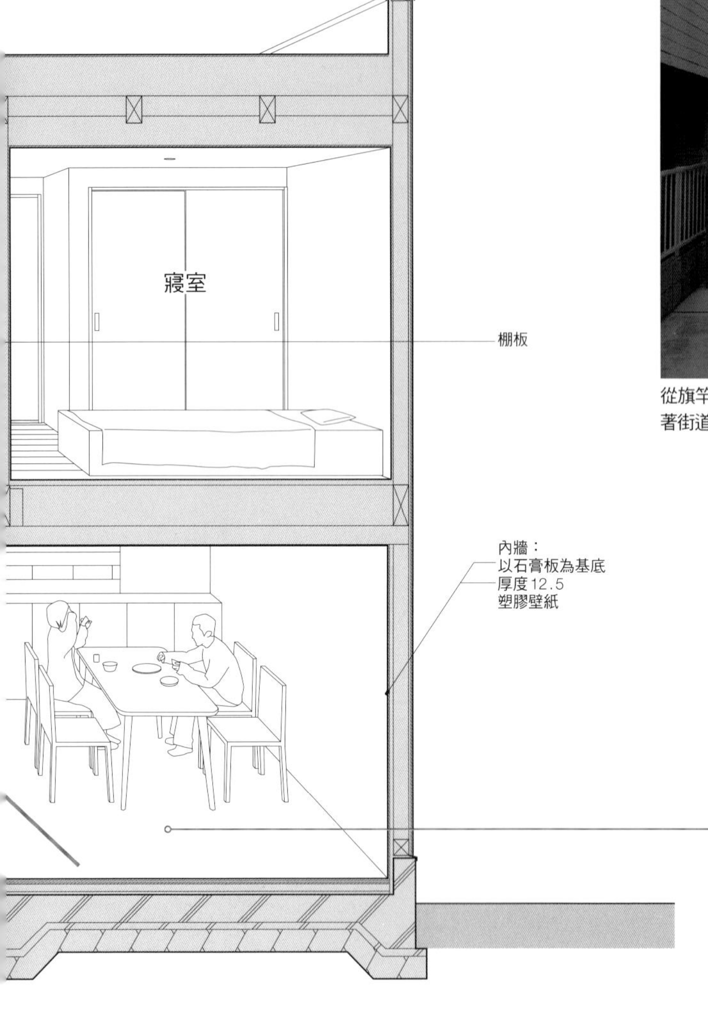

扶手：鋼管 直徑27.2 合成樹脂塗料（SOP）
高度1,100、150
寢室
棚板
內牆：
以石膏板為基底
厚度12.5
塑膠壁紙

將設置在樓梯上的空間當成挑高空間。如此一來，即使1樓LDK被周圍房間包圍住，還是能夠透過來自上方的光線來使LDK變得明亮。

2,730

浴室
中庭
LDK
玄關
中庭
和室
收納空間
8,190
8,190

1樓

收納空間 兒童房 收納空間 工作區 廁所 收納空間 寢室 陽台 收納空間 8,190 8,190

將通往曬衣陽台的動線照亮，提昇做家事的幹勁。

在進入2樓各房間時必定會通過的地方設置棚板，打造出大家都能使用的工作區。

2樓

平面圖［S＝1：250］

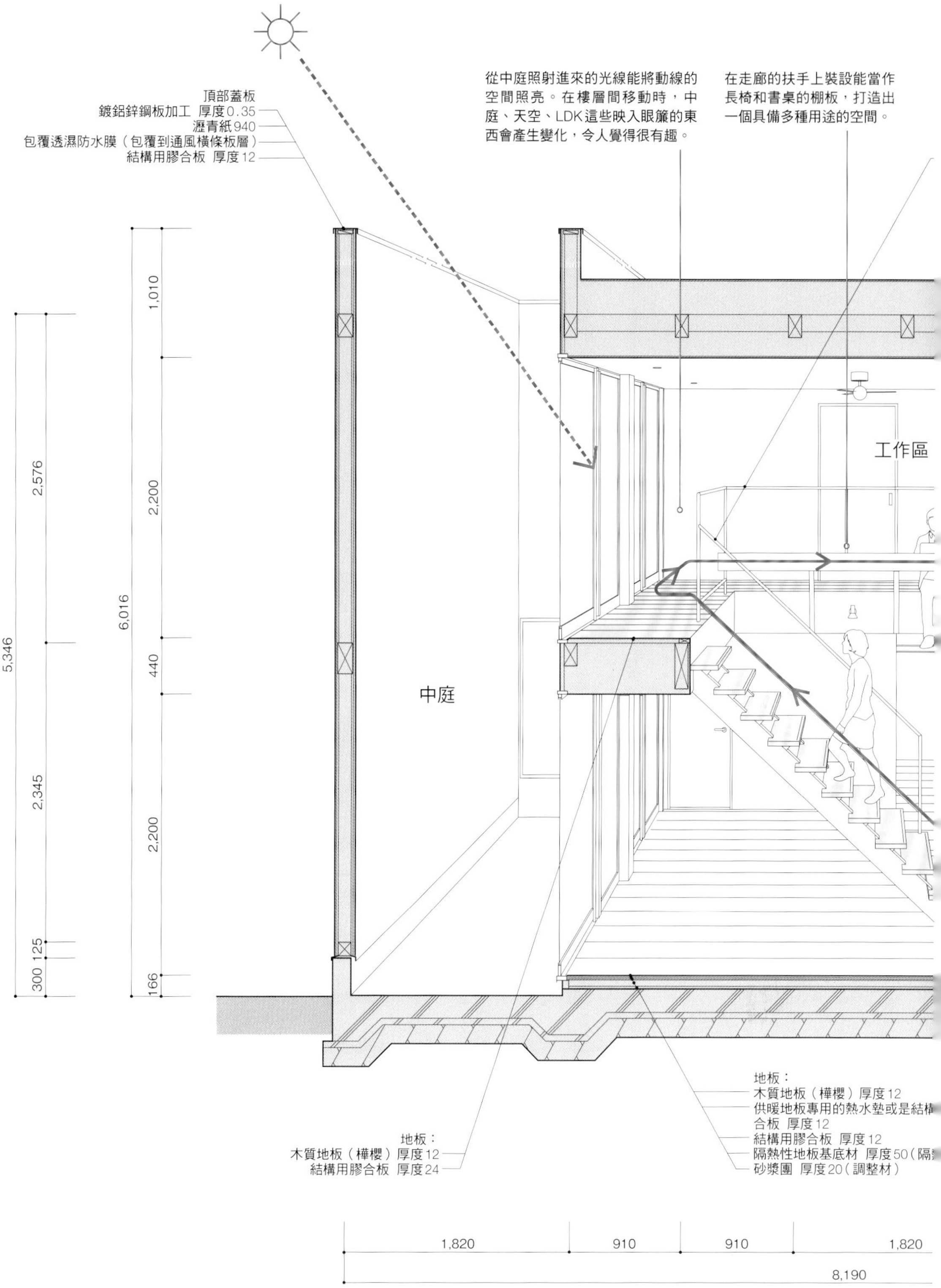

頂部蓋板
鍍鋁鋅鋼板加工 厚度0.35
瀝青紙940
包覆透濕防水膜（包覆到通風橫條板層）
結構用膠合板 厚度12

從中庭照射進來的光線能將動線的空間照亮。在樓層間移動時，中庭、天空、LDK這些映入眼簾的東西會產生變化，令人覺得很有趣。

在走廊的扶手上裝設能當作長椅和書桌的棚板，打造出一個具備多種用途的空間。

工作區

中庭

5,346
2,576
2,345
300 125
6,016
1,010
2,200
440
2,200
166

地板：
木質地板（樺櫻）厚度12
結構用膠合板 厚度24

地板：
木質地板（樺櫻）厚度12
供暖地板專用的熱水墊或是結構
合板 厚度12
結構用膠合板 厚度12
隔熱性地板基底材 厚度50（隔
砂漿層 厚度20（調整材）

1,820　910　910　1,820
8,190

剖面圖［S＝1：40］

（左）從東側觀看LDK。來自2個中庭的光線會經由挑高空間照射下來。
（右）從2樓工作區觀看南側。可以看到2個中庭的上部牆壁。

SU-HOUSE40｜設計：岡村泰之　攝影：田伏博

行動

METHOD 5

基於動線的考量，透過台階來區隔空間

如果在連接各個房間時，不設置牆壁的話，就能打造出能感受到彼此視線與氣息的空間。不過，若只是單純拿掉牆壁的話，就會讓人覺得雖然空間非常寬敞，但卻靜不下心來。

因此，我們試著不透過牆壁，而是透過台階來劃分空間。同時，只要著重於人們的行動，並一邊依照各個空間的位置與用途，透過空間的容積與天花板高度等來調整開放性與封閉性，一邊設計整體的格局即可。這樣就能打造出，可以同時感受到安穩感與寬敞感，而且又適用於各種生活情境的空間。

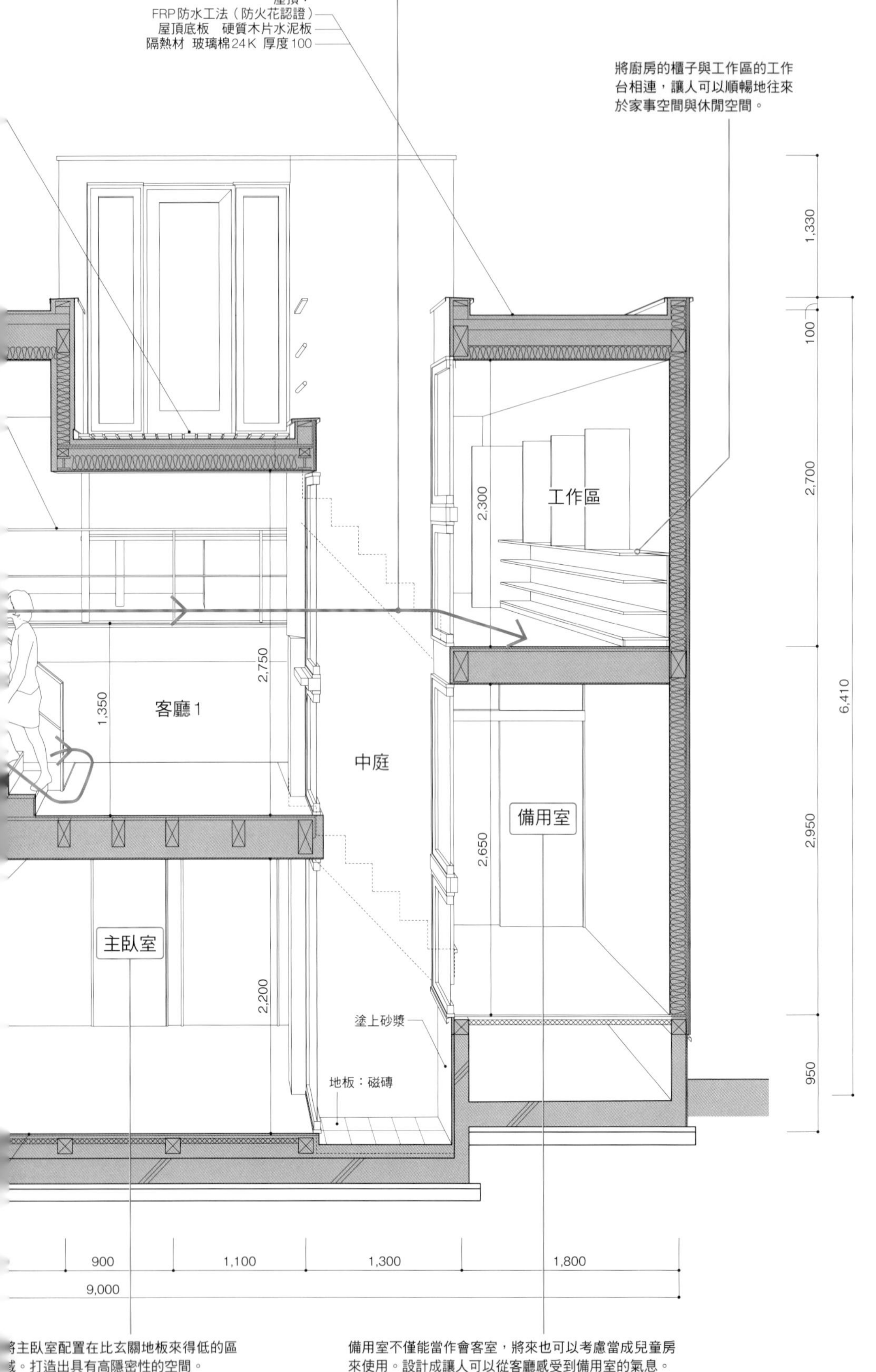

在格局上，會以位於中央的樓梯為中心來配置各個房間。可以實際感受到整個空間的互相連接，以及洄游性和開放感。
屋頂：
FRP防水工法（防火花認證）
屋頂底板　硬質木片水泥板
隔熱材　玻璃棉24K 厚度100
將廚房的櫃子與工作區的工作台相連，讓人可以順暢地往來於家事空間與休閒空間。
工作區
客廳1
中庭
備用室
主臥室
塗上砂漿
地板：磁磚
1,330
100
2,700
6,410
2,950
950
2,300
2,750
1,350
2,650
2,200
900
1,100
1,300
1,800
9,000
將主臥室配置在比玄關地板來得低的區域。打造出具有高隱密性的空間。
備用室不僅能當作會客室，將來也可以考慮當成兒童房來使用。設計成讓人可以從客廳感受到備用室的氣息。

（上）從客廳1抬頭觀看客廳2，以及廚房·飯廳。
（中）從客廳2朝著廚房·飯廳，以及客廳1的方向看過去。
（下）外觀是一個極為簡約的箱型構造，沒有呈現出內部的立體構造。

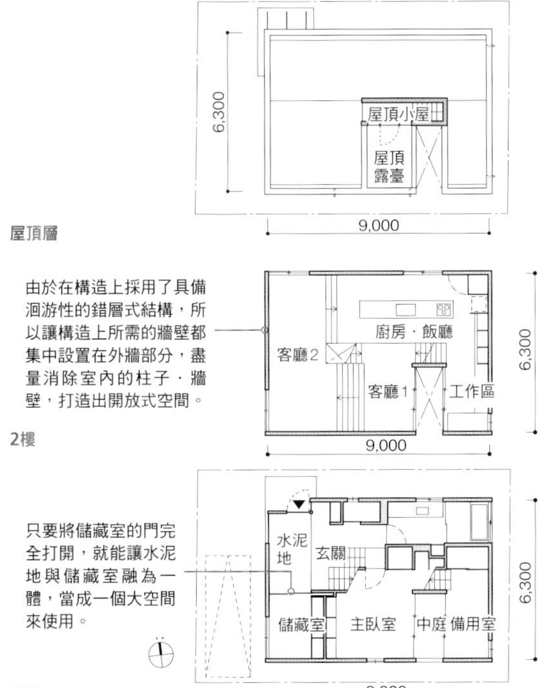

6,300
屋頂小屋
屋頂
露臺
9,000
廚房·飯廳
客廳2
客廳1
工作區
6,300
9,000
水泥地
玄關
儲藏室
主臥室
中庭
備用室
6,300
9,000

屋頂層

由於在構造上採用了具備洄游性的錯層式結構，所以讓構造上所需的牆壁都集中設置在外牆部分，盡量消除室內的柱子·牆壁，打造出開放式空間。

2樓

只要將儲藏室的門完全打開，就能讓水泥地與儲藏室融為一體，當成一個大空間來使用。

1樓

平面圖［S＝1：300］

地板：
鋪設紅側柏製成的長條木踏板
防水：FRP防水工法（防火花認證

外牆：
壁板　厚度14　聚氨酯樹脂亮光漆（UC）
通風橫條板　厚度15
透濕防水膜
結構用膠合板

牆壁：
石膏板　厚度12.5　貼上
玻璃棉24K　厚度150

天花板：
石膏板　厚度9.5　貼上壁紙

扶手：方形鋼管40×20＋合成樹脂塗料（SOP）（N40）

客廳2

地板：
木質地板　厚度15
膠合板（無地板橫木工法）
厚度24

儲藏室

100　2,380　3,200　3,100　2,650　2,550　460　2,800　2,300　156.7　1,800　900

地板：
木質地板　厚度15
膠合板（無地板橫木工法）厚度24
擠壓成型聚苯乙烯發泡板　厚度40

剖面圖［S＝1：40］

Raum House｜設計：田島則行＋tele-design　攝影：野秋達也

行動
METHOD
6
在空間內，透過螺旋梯來將視線轉移到多個方向

將「被屋簷與有開孔的翼牆圍住的天窗」設置在比建築物高的南側。天窗的作用為，能將風包起來，帶進室內，並調整會持續變化的日照，讓光線照進室內。

屋簷內側：
銀色鍍鋁鋅鋼板 厚度0.35
平鋪式

地板：
磁磚600×1200 厚度10

天花板：
石膏板 厚度9.5
丙烯酸乳膠漆（AEP）

用餐室

玄關

樓梯：水曲柳拼接板
護木油加工法

1,820
1,910
6,200

想要以重疊的方式來連接不同樓層的功能時，螺旋梯會是一項有效的建築要素。由於能夠將動線集中在一個場所，並進行整理，所以不易造成空間的浪費，而且能夠將縱向動線整合在小巧的空間內。

只要將螺旋梯設置在開放式的一體化空間中央，並結合各種功能，每當我們在樓層間移動時，視線就會被轉移到各個方向，「從開口部位照射進來的光線」與「持續變化的生活情境」也能使生活變得愉快。只要依照挑高空間與房間的形狀，將螺旋梯打造成矩形，就能很有效率地發揮其作用。

（右）在書房內，透過用餐室，就能隔著木造螺旋梯看到天窗。
（左）隔著挑高空間觀看木造螺旋梯與用餐室。

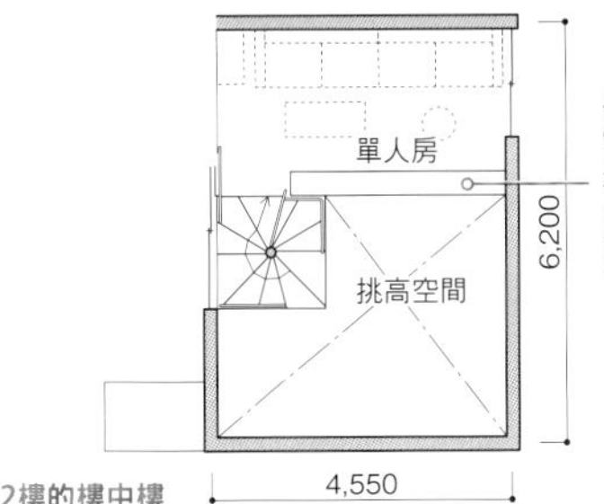

單人房
挑高空間
6,200
4,550

具備適當高度的嵌入式電視櫃。背面採用有孔板，可讓光線通過，感受到人的氣息，藉此來減輕壓迫感。

2樓的樓中樓

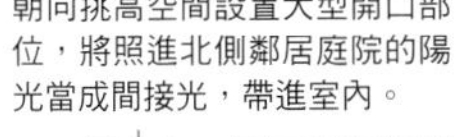

朝向挑高空間設置大型開口部位，將照進北側鄰居庭院的陽光當成間接光，帶進室內。

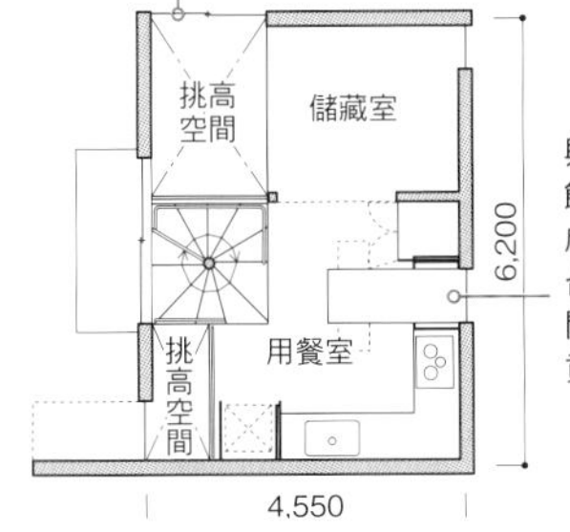

挑高空間
儲藏室
挑高空間
用餐室
6,200
4,550

與窗台融為一體的飯廳餐桌。可以當成廚房的料理工作台來使用，對於空間的有效利用很有貢獻。

2樓

由於能夠透過可動式收納櫃來變更房間設計，所以可以配合生活型態來使用。

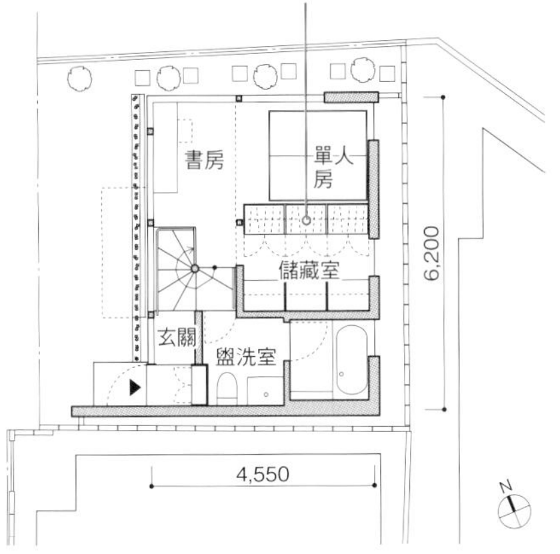

書房
單人房
儲藏室
玄關
盥洗室
6,200
4,550

1樓

平面圖　S＝1：200

在格局設計方面，會透過木造螺旋梯，以重疊的方式來連接生活空間。透過會隨著上下樓梯而改變的視線，來感受各種生活情境，打造出具有「變化」的生活。

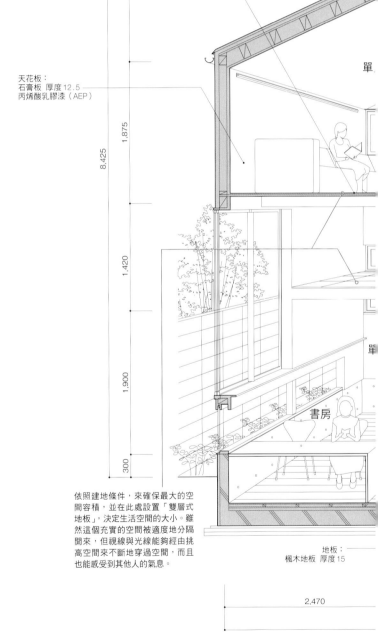

地板：
黑胡桃木地板
厚度15

天花板：
石膏板 厚度12.5
丙烯酸乳膠漆（AEP）

2,930
1,875
8,425
1,420
1,900
300

單
單
書房

依照建地條件，來確保最大的空間容積，並在此處設置「雙層式地板」，決定生活空間的大小。雖然這個充實的空間被適度地分隔開來，但視線與光線能夠經由挑高空間來不斷地穿過空間，而且也能感受到其他人的氣息。

地板：
楓木地板 厚度15

2,470

剖面圖　S＝1：50

小池邸｜設計：藤田大海　攝影：山田新治郎

休息處

「設置令人想要久待的休息處，打造舒適的居住空間」

「休息處」的基本知識

家中存在著「會讓人自然地聚在一起」的場所。飯廳的餐桌與沙發也是其中之一。

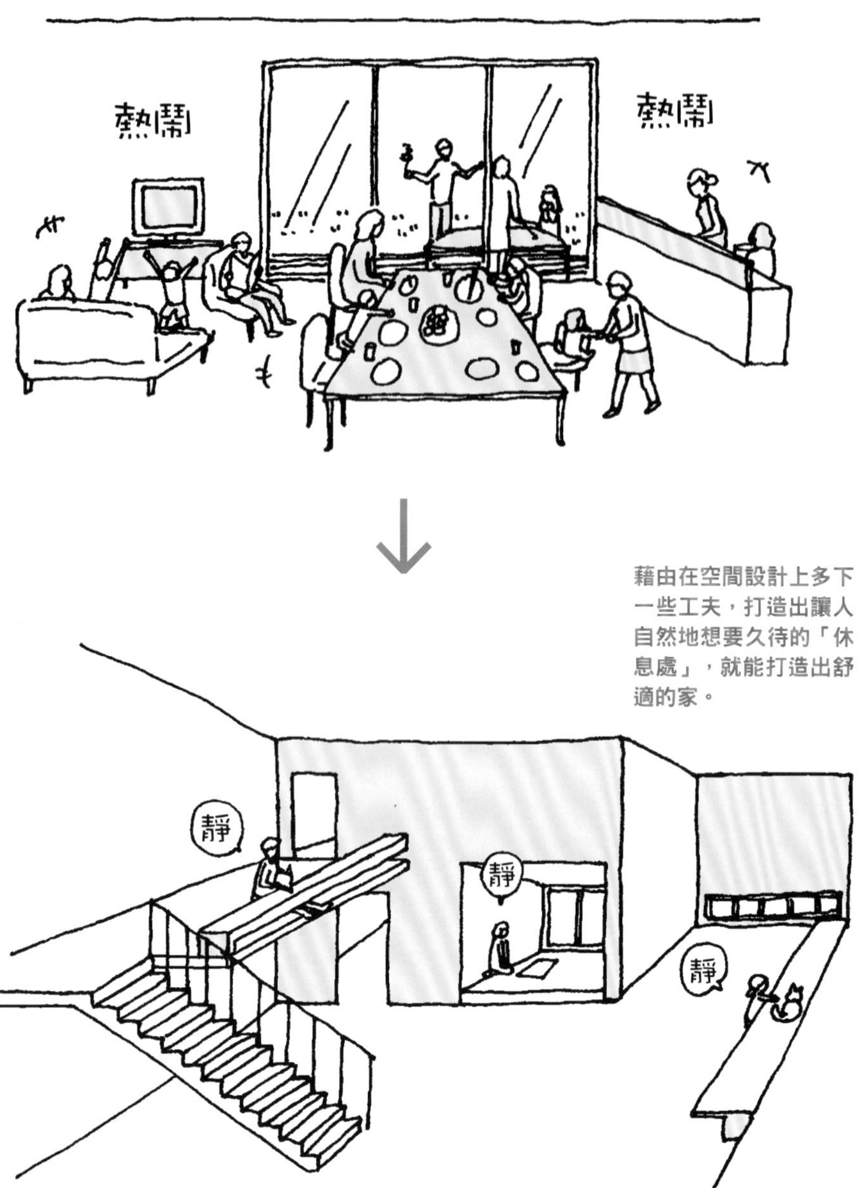

熱鬧
熱鬧
靜
靜
靜

藉由在空間設計上多下一些工夫，打造出讓人自然地想要久待的「休息處」，就能打造出舒適的家。

家中肯定會有「讓人聚集的場所」、「令人想要久待的場所」。當然，有時也會透過飯廳的餐桌或沙發等擺放式家具來定義這類場所。不過，藉由空間的設計規劃，也能夠打造出這些場所。舉例來說，只要在景觀很棒的開口部位前方設置一個可以坐著的空間，人們自然地就會將該處當成座位來使用。在本章中，我們將這種能夠「放鬆身心」的場所稱作「休息處」。

想要設置「休息處」的話，有很多種方法。將房間地板的一部分往下挖，或是反過來打造成日式客廳，抑或是設置一個無法完全關上的隔間，打造出稍微帶有沉浸感的空間，該處就會自然地形成「休息處」。像這樣在設計上多下一點工夫，就能輕易地打造出「休息處」。只要多留意「如何才能打造出令人不禁想要坐下來休息的空間」即可。

另外，在並非像是LDK與單人房那樣的空間，而是這些區域之間的空間或移動空間當中，也能打造出「休息處」。就算不擺放家具，只要設置一

「休息處」的重點

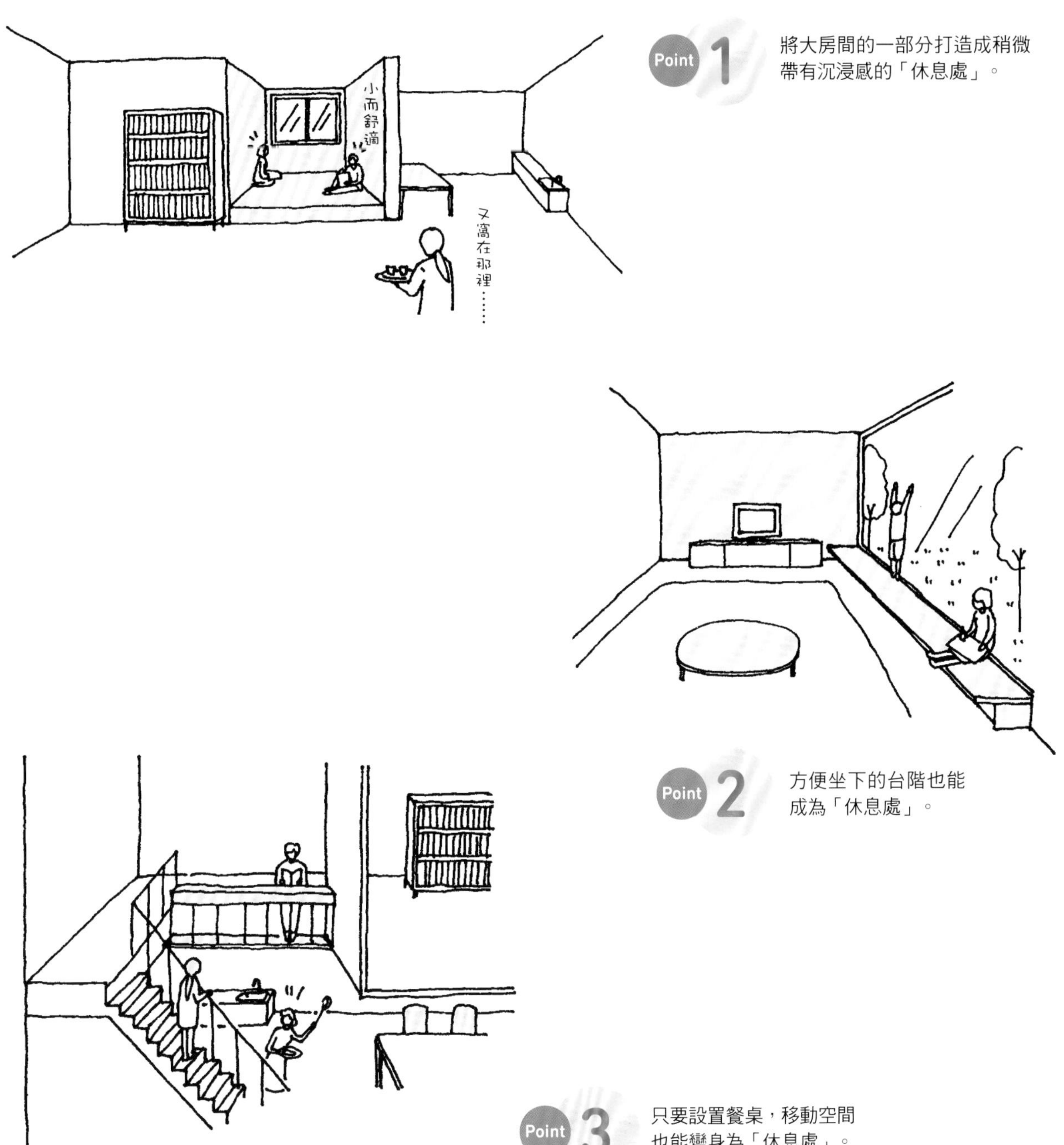
小而舒適
又窩在那裡……
Point 1
將大房間的一部分打造成稍微帶有沉浸感的「休息處」。
Point 2
方便坐下的台階也能成為「休息處」。
Point 3
只要設置餐桌，移動空間也能變身為「休息處」。

個寬度（樓梯踏板尺寸）剛好能夠讓人輕易坐下的台階，該台階就會發揮椅子或桌子的功能。只要擴大通道寬度，並設置櫃台桌的話，就能用來當成書房或讀書空間等。同樣的空間也能夠設置在較為寬敞的樓梯平台、樓梯下方的剩餘空間。

由此我們可以得知，與之前提到的迴游動線相反，「休息處」是藉由將動線前方當成盡頭，或是使其停滯而產生的。乍看之下，會覺得「休息處」與有效率的動線是相反的東西。不過，如果能在不阻礙主要動線的情況下，將「休息處」設置在距離動線有點遠的位置，就能讓有效率的動線和舒適的「休息處」共存。

另外，雖然人們會覺得「能夠爽快地通過的平面」與「簡約的田字型格局」也是相反的設計，但是正因為位在合理的空間中，「休息處」才會成為「能夠使空間變得充實」的存在。重點在於，要取得「迴游動線」與「休息處」之間的平衡點。

就像這樣，雖說都叫做「休息處」，但種類有很多種，有的是在大空間內打造出來的休息處，有的則是藉由將移動空間的一部分稍微擴大而形成的休息處。透過巧妙地規劃能夠讓人放鬆身心的「休息處」，就能打造出舒適的居住空間。

[彥根明]

休息處

METHOD 1

為樓梯增添新的功能

樓梯是用來連接各樓層的移動空間。

不過，如果不把樓梯視為單純的移動空間，而是當成「高度會逐漸錯開的相連地板」的話，就能在樓梯中找出新的可能性與存在價值。

舉例來說，將樓梯的寬度（2855㎜）與深度（約379㎜）擴大，使台階變得較平緩，藉此就能讓人坐在上面，或是當成桌子來使用，孩子們也可在此玩耍。樓梯不單只是移動空間，同時也是家中的休息處。

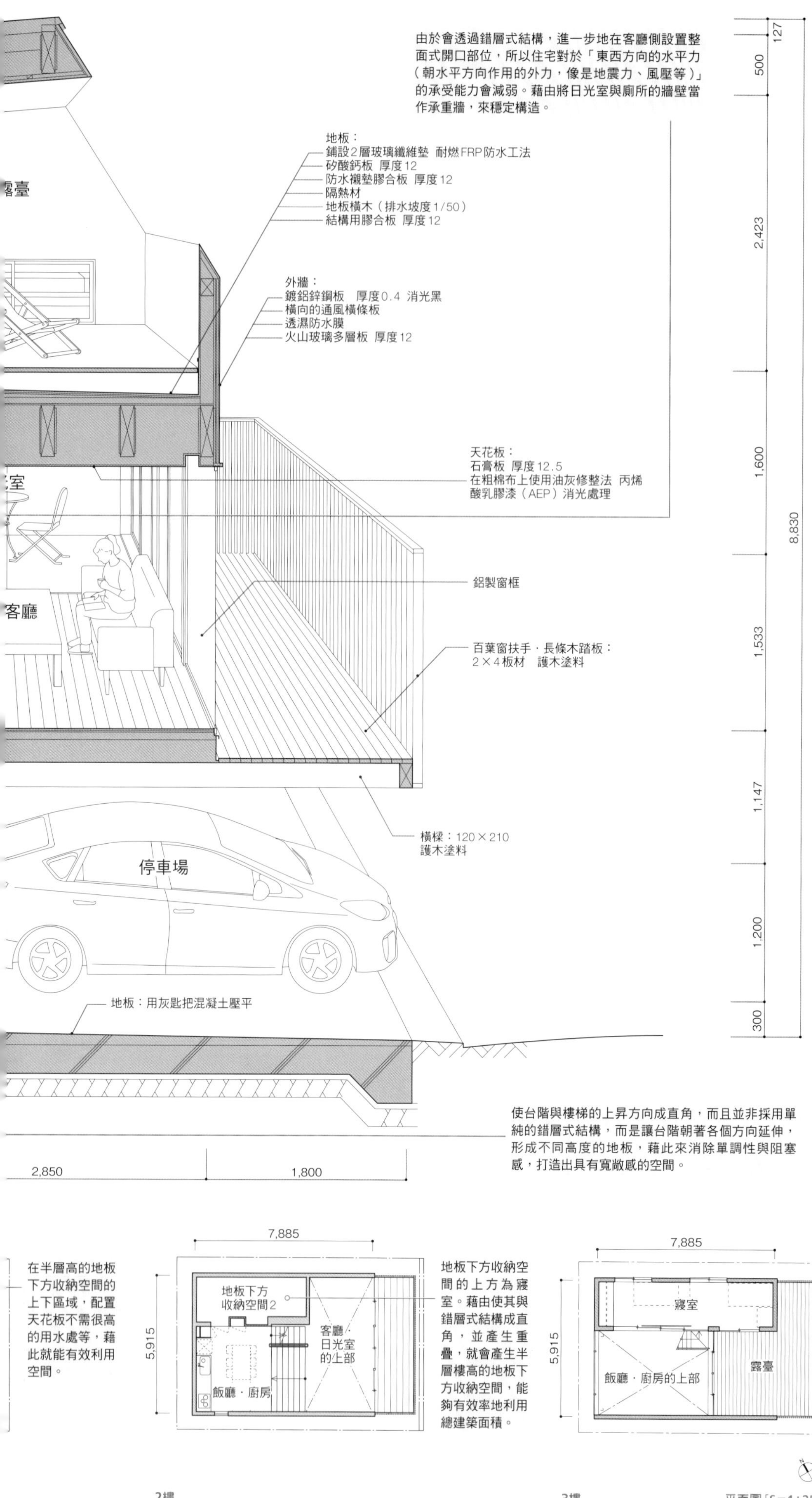

由於會透過錯層式結構，進一步地在客廳側設置整面式開口部位，所以住宅對於「東西方向的水平力（朝水平方向作用的外力，像是地震力、風壓等）」的承受能力會減弱。藉由將日光室與廁所的牆壁當作承重牆，來穩定構造。
地板：
鋪設2層玻璃纖維墊 耐燃FRP防水工法
矽酸鈣板 厚度12
防水襯墊膠合板 厚度12
隔熱材
地板橫木（排水坡度1/50）
結構用膠合板 厚度12
外牆：
鍍鋁鋅鋼板 厚度0.4 消光黑
橫向的通風橫條板
透濕防水膜
火山玻璃多層板 厚度12
天花板：
石膏板 厚度12.5
在粗棉布上使用油灰修整法 丙烯酸乳膠漆（AEP）消光處理
鋁製窗框
百葉窗扶手．長條木踏板：
2×4板材 護木塗料
橫樑：120×210
護木塗料
露臺
客廳
停車場
地板：用灰匙把混凝土壓平
127
500
2,423
1,600
1,533
1,147
1,200
300
8,830
2,850
1,800
使台階與樓梯的上昇方向成直角，而且並非採用單純的錯層式結構，而是讓台階朝著各個方向延伸，形成不同高度的地板，藉此來消除單調性與阻塞感，打造出具有寬敞感的空間。
在半層高的地板下方收納空間的上下區域，配置天花板不需很高的用水處等，藉此就能有效利用空間。
7,885
5,915
地板下方收納空間2
客廳．日光室的上部
飯廳．廚房
地板下方收納空間的上方為寢室。藉由使其與錯層式結構成直角，並產生重疊，就會產生半層樓高的地板下方收納空間，能夠有效率地利用總建築面積。
寢室
飯廳．廚房的上部
露臺
2樓
3樓
平面圖［S＝1：250］

屋頂：
鍍鋁鋅鋼板 厚度0.4
扣合式直式屋頂板
瀝青紙
防水膠合板 厚度12
椽木 厚度100

寢室

扶手：
圓鋼管　直徑34 裝在套筒中
丙烯酸乳膠漆（AEP）（白色）

飯廳．廚房

外牆：
石膏板 厚度12.5
在粗棉布上使用油灰修整法
丙烯酸乳膠漆（AEP）消光處理

用來連接飯廳．廚房與客廳的樓梯，比一般來得寬敞，寬度為2855㎜，樓梯踏板深度為379.33㎜。藉此就能打造出高度逐漸上升的相連地板，並間接地連接被區隔開來的上下樓層。樓梯並非只是移動途中所經過的場所，同時也具備休息處的功能。

鋸齒狀斜樑側板（支撐樓梯踏板的橫木）
扁鋼條（FB） 厚度6 白色塗裝

樓梯踏板：
紅側柏拼接板　厚度30
使用原色木材專用的蠟

379.33

儲藏室

地板下方收納空間1

玄關

地板：矽藻土 厚度30

地板：黑色砂漿　厚度30

1,755　640　930　1,710

剖面圖［S＝1：50］

（左）寬敞平緩的鋼骨樓梯會成為日常的休息處。
（右）透過地盤高度與錯層式結構來打造出「地下1層、地上2層樓」的構造。

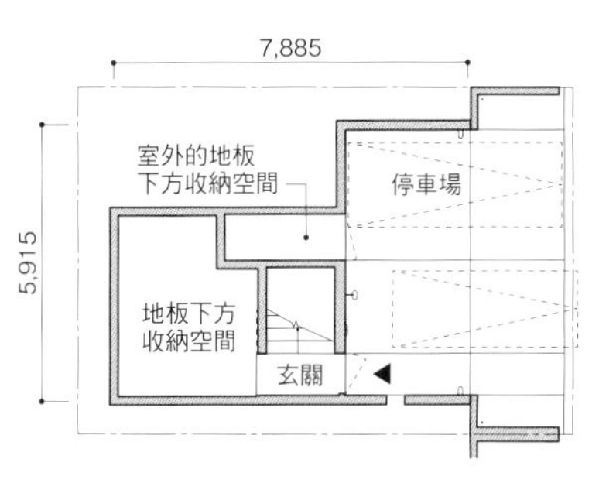
7,885
5,915
室外的地板
下方收納空間
停車場
地板下方
收納空間
玄關

地下一樓

7,885
5,915
浴室
儲藏室
1F
玄關

1樓

由比濱的家｜設計：石井秀樹　攝影：鳥村鋼一

休息處

METHOD 2

在室外空間打造舒適的休息處

想要在室外打造舒適的生活空間時，只要採用「中庭型住宅」的格局即可。既然是中庭的話，就能確保隱私，而且空間會受到周圍建築物的保護，令人很放心。另外，只要將動線設計成可以直接從中庭通往2樓露臺的話，在包含室外空間在內的整個家中，就會產生洄游動線。我們可以依照季節與天候的變化，將室外空間當成一個生活空間來有效地運用。

柵欄：使用板材縫隙工法貼上杉木板＋護木塗料
基底：方形鋼管　60見方　熔融鍍鋅＋合成樹脂塗料（SOP）

在設置於2樓的露臺上，裝設藤架。此處會成為兒童房的延伸空間。

木製露臺：
南洋櫸木　厚度20＋護木塗料
地板橫木
FRP防水工法
矽酸鈣板　厚度12
膠合板　厚度12
有斜度的地板橫木
結構用膠合板　厚度28

外牆：鍍鋁鋅鋼板　大波浪板

扶手：
鋼製平坦橫桿
熔融鍍鋅＋
合成樹脂塗料（SOP）

露臺2

鄰地界線

RFL
2FL
1FL
GL
550
2,800
6,605
3,000
255

天花板：
石膏板　厚度9.5
貼上塑膠壁紙

盥洗・洗衣室

2,700
800

水槽：鍍鋁鋅鋼板　彎曲加工

地板：
木質地板　厚度15
結構用膠合板　厚度28
格柵墊木　90見方

3,300　4,000　2,700
10,100
客廳・飯廳
廚房
家事室
露臺1
玄關
門廊
中庭
浴室
盥洗・洗衣室
倉庫

由於屋主想要席地而坐，所以利用台階來打造出類似嵌入式暖桌的構造。

倉庫會成為住宅與道路之間的緩衝地帶，也能在浴室設置大型開口部位，不用在意來自外部的視線。

2,400　4,900　2,700
挑高空間
兒童房1
兒童房2
主臥室
露臺2
陽台
N

從室外樓梯也能通往2樓露臺。依照季節與天候，讓上下樓層的室外空間變得方便使用。

1樓　2樓　平面圖［S=1：300］

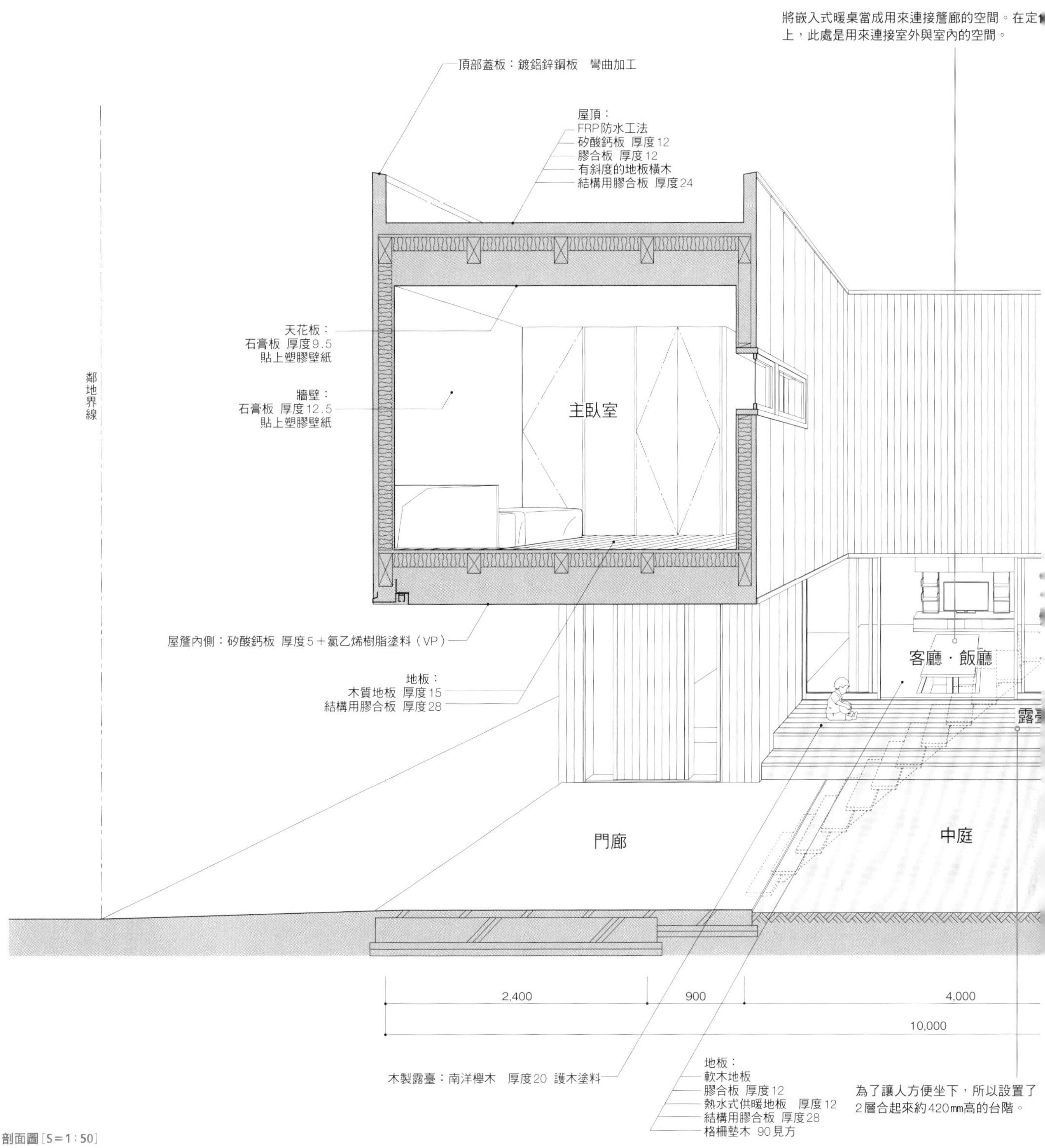

將嵌入式暖桌當成用來連接簷廊的空間。在定義上，此處是用來連接室外與室內的空間。

頂部蓋板：鍍鋁鋅鋼板　彎曲加工

屋頂：
FRP防水工法
矽酸鈣板 厚度12
膠合板 厚度12
有斜度的地板橫木
結構用膠合板 厚度24

天花板：
石膏板 厚度9.5
貼上塑膠壁紙

牆壁：
石膏板 厚度12.5
貼上塑膠壁紙

鄰地界線

主臥室

屋簷內側：矽酸鈣板 厚度5＋氯乙烯樹脂塗料（VP）

地板：
木質地板 厚度15
結構用膠合板 厚度28

客廳・飯廳

露臺

門廊

中庭

2,400　900　4,000
10,000

木製露臺：南洋櫸木　厚度20　護木塗料

地板：
軟木地板
膠合板 厚度12
熱水式供暖地板　厚度12
結構用膠合板 厚度28
格柵墊木 90見方

為了讓人方便坐下，所以設置了2層合起來約420㎜高的台階。

剖面圖［S＝1：50］

（左）嵌入式暖桌可兼作客廳・飯廳。從此處朝向中庭延伸的場所，會成為連接室內與室外的休息處。
（右）由於是擁有中庭的格局，所以對於外部來說，在結構上較為封閉。不過，透過大門，可以打開與關上通往玄關的門廊。藉由這類設計，也能讓人注意到住宅與建築物外部之間的聯繫。

L-Court House｜設計：田島則行＋tele-design　攝影：野秋達也

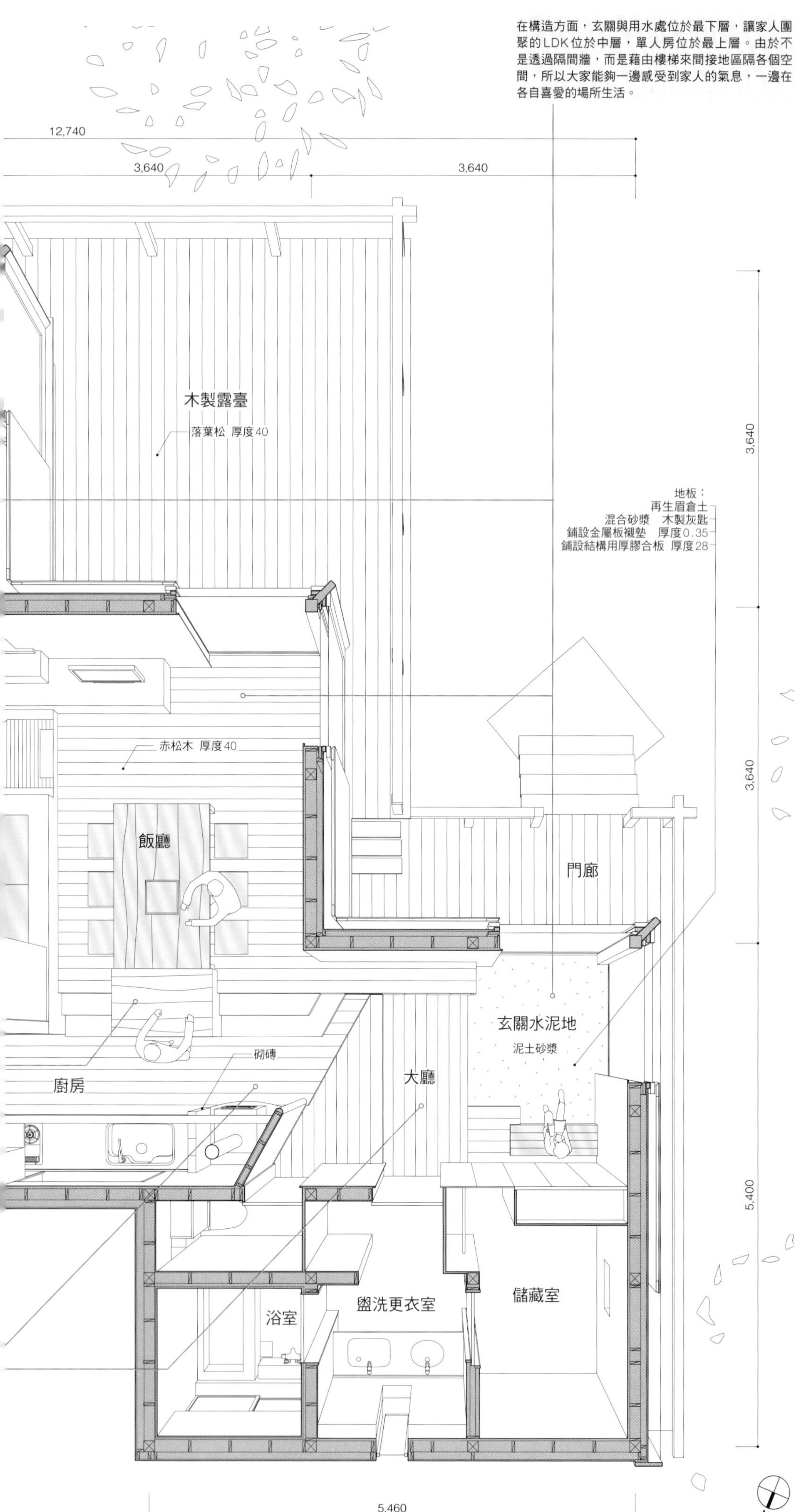
在構造方面，玄關與用水處位於最下層，讓家人團聚的LDK位於中層，單人房位於最上層。由於不是透過隔間牆，而是藉由樓梯來間接地區隔各個空間，所以大家能夠一邊感受到家人的氣息，一邊在各自喜愛的場所生活。
12,740
3,640
3,640
木製露臺
落葉松 厚度40
3,640
地板：
再生眉倉土
混合砂漿 木製灰匙
鋪設金屬板襯墊 厚度0.35
鋪設結構用厚膠合板 厚度28
赤松木 厚度40
3,640
飯廳
門廊
玄關水泥地
泥土砂漿
砌磚
廚房
大廳
5,400
浴室
盥洗更衣室
儲藏室
5,460
N

休息處

METHOD 3

順著建地的高低落差，讓休息處散布在各處

當建地內有高低落差時，即使不設置隔間牆或門窗隔扇等物，也能如同梯田那樣，順著建地的傾斜度來設定地板高度。藉此，就能充分地確保各空間的獨立性，並在居住空間中打造出休息處。此時，需要深思熟慮的是「依照用途來分配空間」這一點。

在本案例中，我們將玄關與儲藏室配置在最下層，LDK等家人團聚空間則集中在中層，單人房被配置在最上層。在結構上，愈往上移動，就是愈注重隱私的空間。

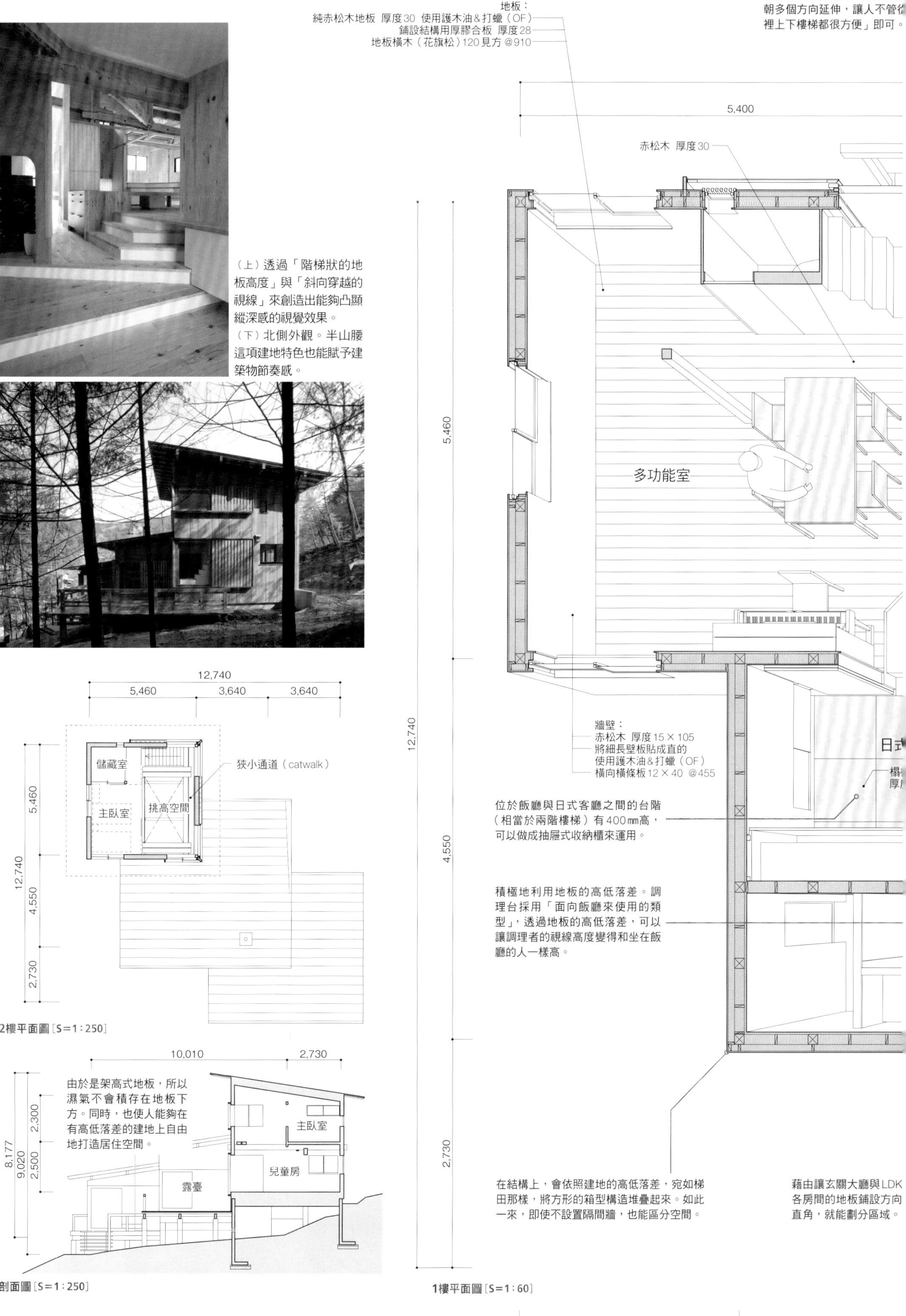

地板：
純赤松木地板 厚度30 使用護木油＆打蠟（OF）
鋪設結構用厚膠合板 厚度28
地板橫木（花旗松）120見方 @910
在樓梯的形狀方面，只要「
朝多個方向延伸，讓人不管
裡上下樓梯都很方便」即可。
5,400
赤松木 厚度30
5,460
多功能室
12,740
4,550
2,730
牆壁：
赤松木 厚度15×105
將細長壁板貼成直的
使用護木油＆打蠟（OF）
橫向橫條板12×40 @455
位於飯廳與日式客廳之間的台階（相當於兩階樓梯）有400㎜高，可以做成抽屜式收納櫃來運用。
積極地利用地板的高低落差。調理台採用「面向飯廳來使用的類型」，透過地板的高低落差，可以讓調理者的視線高度變得和坐在飯廳的人一樣高。
在結構上，會依照建地的高低落差，宛如梯田那樣，將方形的箱型構造堆疊起來。如此一來，即使不設置隔間牆，也能區分空間。
藉由讓玄關大廳與LDK
各房間的地板鋪設方向
直角，就能劃分區域。
1樓平面圖［S＝1：60］
2,730
12,740
5,460
3,640
3,640
儲藏室
主臥室
挑高空間
狹小通道（catwalk）
5,460
12,740
4,550
2,730
2樓平面圖［S＝1：250］
10,010
2,730
由於是架高式地板，所以濕氣不會積存在地板下方。同時，也使人能夠在有高低落差的建地上自由地打造居住空間。
2,300
2,500
8,177
9,020
主臥室
兒童房
露臺
剖面圖［S＝1：250］

（上）透過「階梯狀的地板高度」與「斜向穿越的視線」來創造出能夠凸顯縱深感的視覺效果。
（下）北側外觀。半山腰這項建地特色也能賦予建築物節奏感。

山談悟｜設計：瀨野和廣　攝影：上田宏

休息處

METHOD 4

讓視線變得一致，打造出迷人的用餐空間

如果飯廳只用於用餐的話，就太可惜了。若想要將飯廳當成家人的交流場所來運用的話，只要將「既舒適又令人想要久待的設計」融入LDK的格局中即可。

舉例來說，在廚房、飯廳、榻榻米區分別設置不同的地板高度，採用能讓「站在廚房的人、坐在飯廳椅子上的人、坐在榻榻米上的人」這三者的視線高度變得一致的設計。藉由調整視線高度與距離感，讓人們能夠自然地產生對話。無論在用餐前還是用餐後，飯廳都是一個能讓人好好放鬆一下的休息空間。

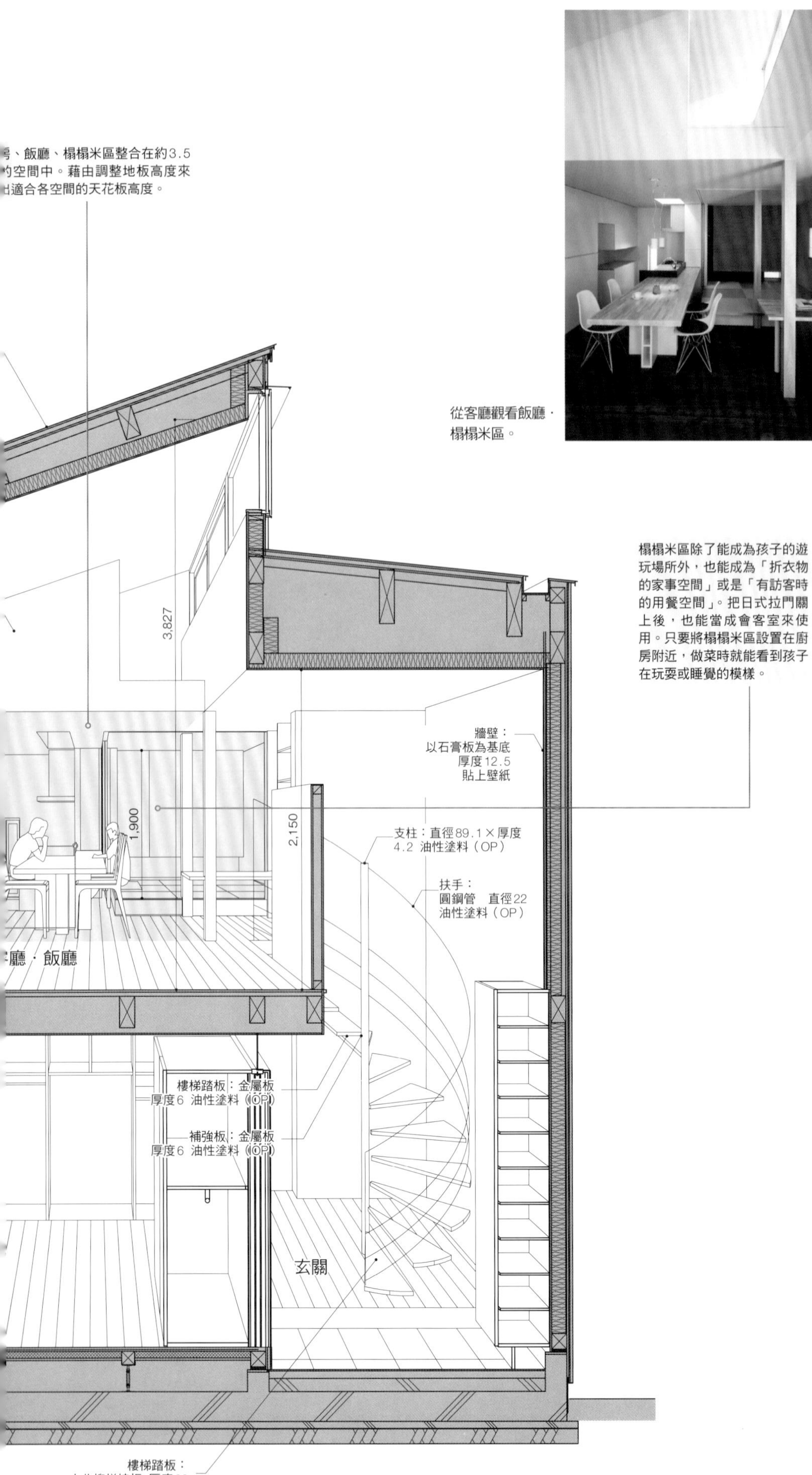

房、飯廳、榻榻米區整合在約3.5
的空間中。藉由調整地板高度來
出適合各空間的天花板高度。
3,827
1,900
2,150
廳・飯廳
榻榻米區除了能成為孩子的遊玩場所外，也能成為「折衣物的家事空間」或是「有訪客時的用餐空間」。把日式拉門關上後，也能當成會客室來使用。只要將榻榻米區設置在廚房附近，做菜時就能看到孩子在玩耍或睡覺的模樣。
牆壁：
以石膏板為基底
厚度12.5
貼上壁紙
支柱：直徑89.1×厚度4.2 油性塗料（OP）
扶手：
圓鋼管　直徑22
油性塗料（OP）
樓梯踏板：金屬板
厚度6 油性塗料（OP）
補強板：金屬板
厚度6 油性塗料（OP）
玄關
樓梯踏板：
水曲柳拼接板 厚度30
護木塗料
單槽式止滑槽

從客廳觀看飯廳・榻榻米區。

東南側外觀。中庭·玄關位於中央格子拉門裡面。

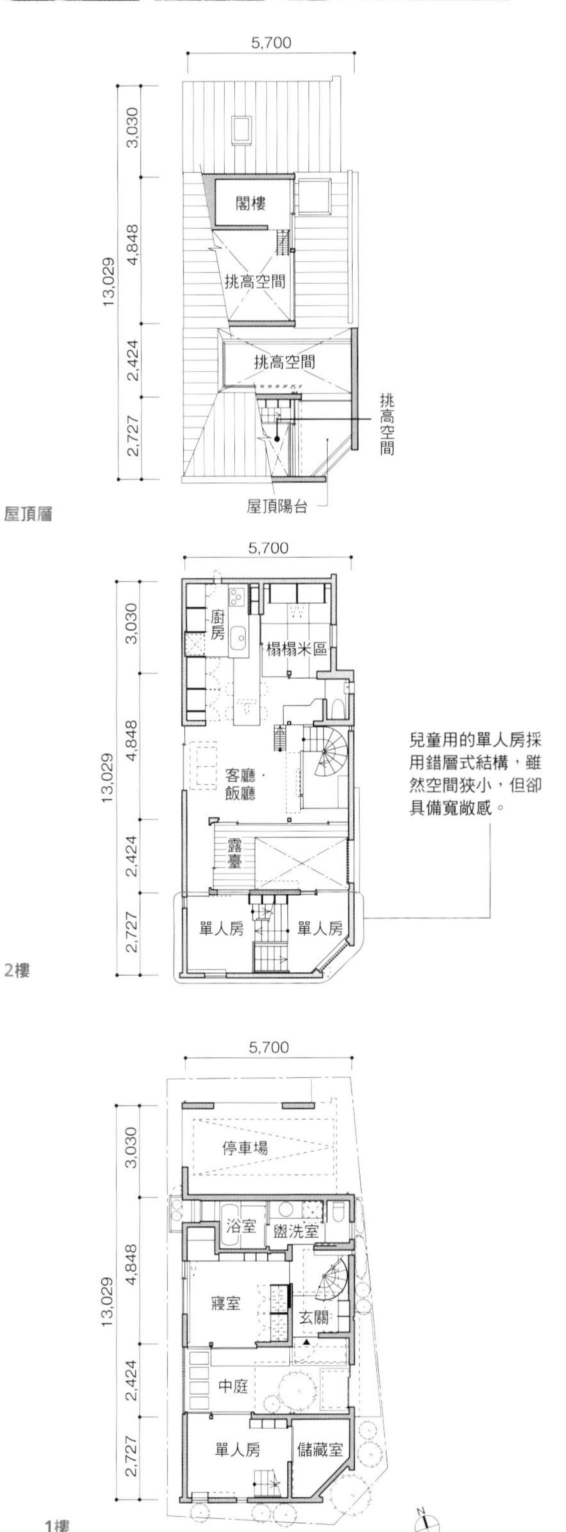
5,700
3,030
4,848
2,424
2,727
13,029
閣樓
挑高空間
挑高空間
挑高空間
屋頂陽台
屋頂層
廚房
榻榻米區
客廳·飯廳
露臺
單人房
單人房
2樓
停車場
浴室
盥洗室
寢室
玄關
中庭
單人房
儲藏室
1樓

兒童用的單人房採用錯層式結構，雖然空間狹小，但卻具備寬敞感。

平面圖[S=1:250]

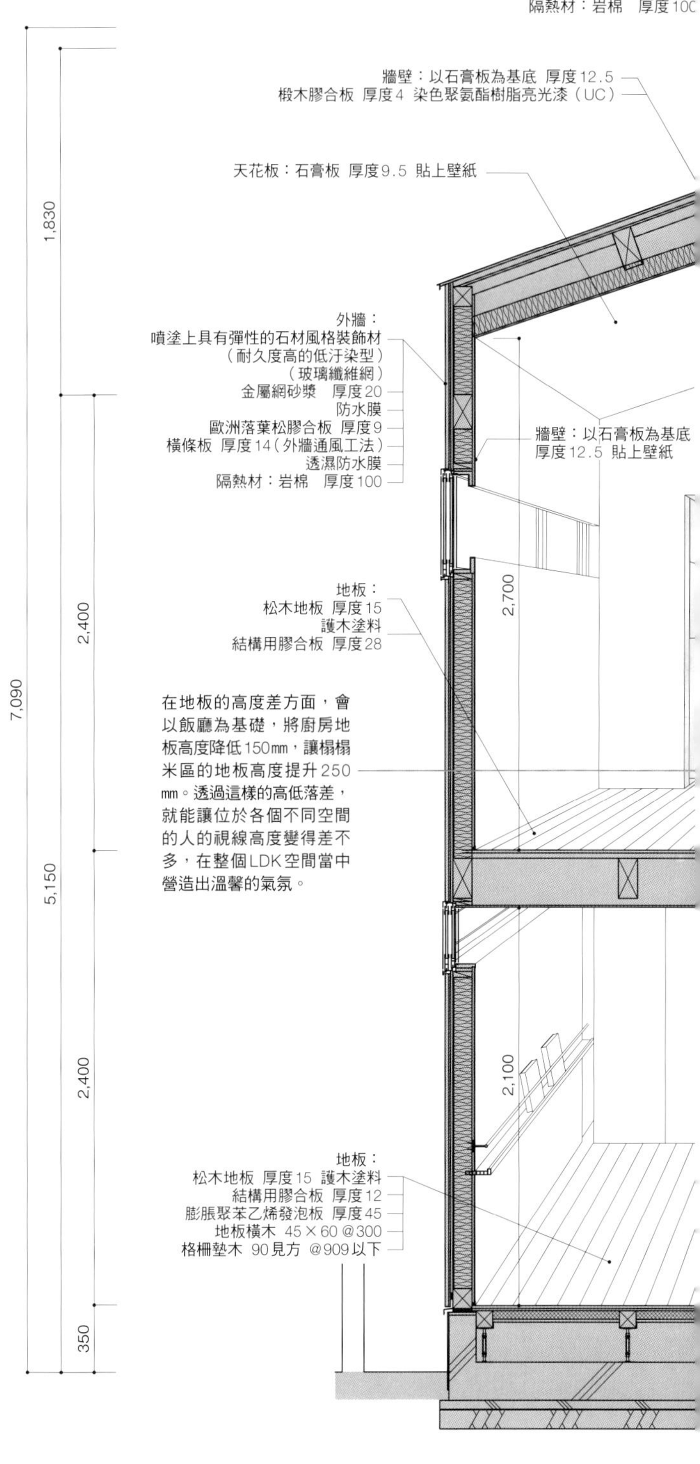
屋頂：
鍍鋁鋅鋼板　扣合式直式屋頂板　厚度0.35
瀝青紙040
屋頂底板：防水膠合板 厚度12
通風桷木（通風層）30見方 @303
透濕防水膜
結構用膠合板 厚度12
桷木45×60 @303
隔熱材：岩棉　厚度100
牆壁：以石膏板為基底 厚度12.5
椴木膠合板 厚度4 染色聚氨酯樹脂亮光漆（UC）
天花板：石膏板 厚度9.5 貼上壁紙
外牆：
噴塗上具有彈性的石材風格裝飾材
（耐久度高的低汙染型）
（玻璃纖維網）
金屬網砂漿　厚度20
防水膜
歐洲落葉松膠合板 厚度9
橫條板 厚度14（外牆通風工法）
透濕防水膜
隔熱材：岩棉　厚度100
牆壁：以石膏板為基底
厚度12.5 貼上壁紙
地板：
松木地板 厚度15
護木塗料
結構用膠合板 厚度28
地板：
松木地板 厚度15 護木塗料
結構用膠合板 厚度12
膨脹聚苯乙烯發泡板 厚度45
地板橫木 45×60 @300
格柵墊木 90見方 @909以下
7,090
1,830
2,400
5,150
2,400
350
2,700
2,100

在地板的高度差方面，會以飯廳為基礎，將廚房地板高度降低150㎜，讓榻榻米區的地板高度提升250㎜。透過這樣的高低落差，就能讓位於各個不同空間的人的視線高度變得差不多，在整個LDK空間當中營造出溫馨的氣氛。

剖面圖[S=1:40]

千歲船橋的家｜設計：高野保光　攝影：富田治

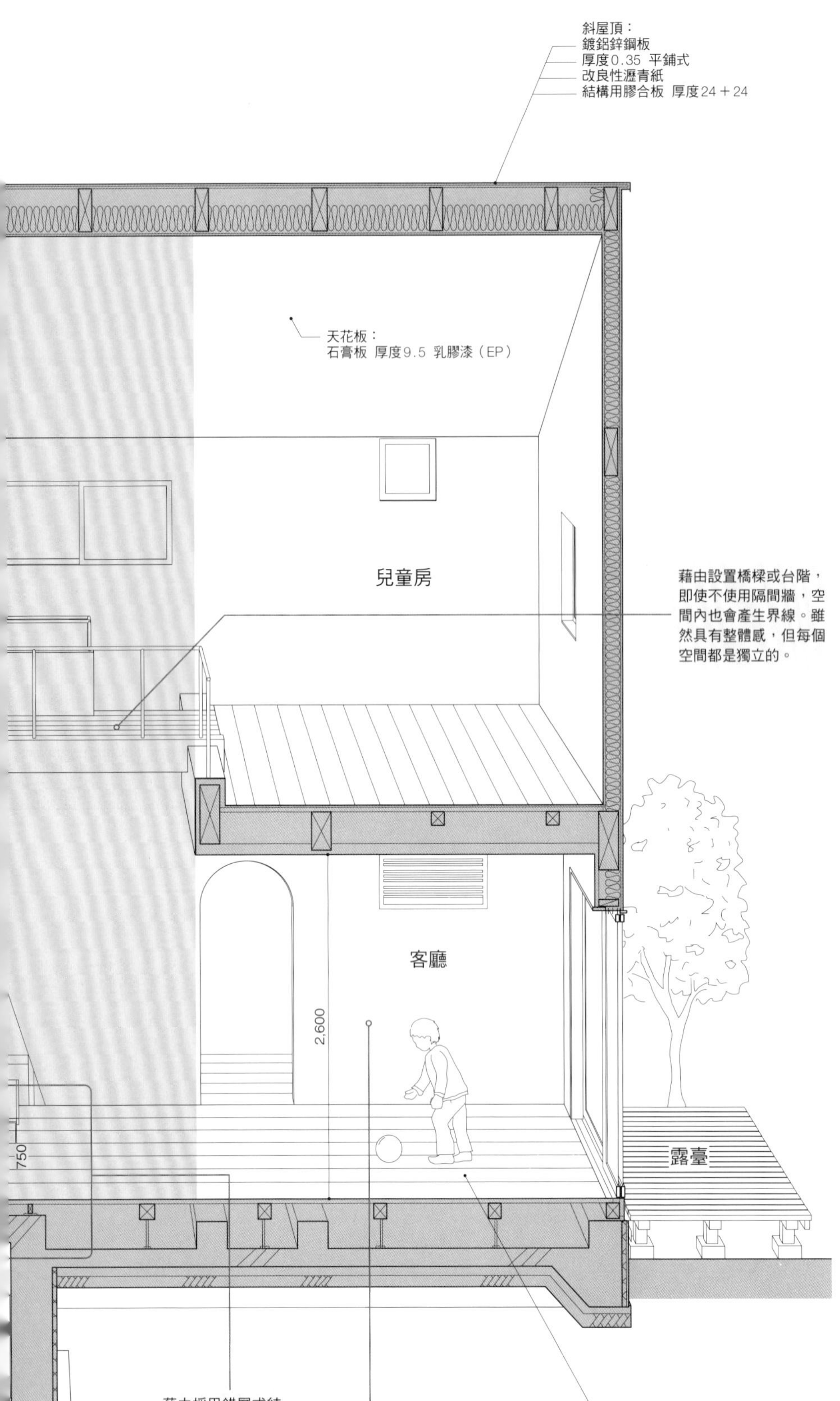

斜屋頂：
鍍鋁鋅鋼板
厚度0.35 平鋪式
改良性瀝青紙
結構用膠合板 厚度24＋24
天花板：
石膏板 厚度9.5 乳膠漆（EP）
兒童房
藉由設置橋樑或台階，即使不使用隔間牆，空間內也會產生界線。雖然具有整體感，但每個空間都是獨立的。
客廳
2,600
750
露臺
藉由採用錯層式結構來讓空間之間保持適度的距離。
地板：
純木地板 厚度20 打蠟
結構用膠合板 厚度15
這面牆的裡面有一座用來連接地下工作區的樓梯。不僅能區隔空間，還能發揮承重牆的功能。
4,550
9,100
木地板 厚度15 打蠟
構用膠合板 厚度15
鋪式地板橫木

休息處

METHOD 5

以挑高空間為中心，連接上下樓層的休息處

藉由採用不使用隔間牆來連接空間的一室格局，並將上下樓層的休息處重疊起來，就能消除狹小住宅的阻塞感。在此案例中，我們以設置在建築物中央的挑高空間為中心，設置錯層式結構來連接各個房間，打造出開放式的居住空間。

另外，在建地界線與建築物之間的狹小空隙，設置與1樓各個房間相連的室外空間（露臺或庭院），讓外部擁有舒適的休息處，藉此就能確保寬敞感。即使是一室格局的狹小住宅，藉由使居住空間與外部產生聯繫，就能讓空間彼此之間產生適度的距離感，家人能夠在各自的生活空間內，依照自己的喜好來生活。

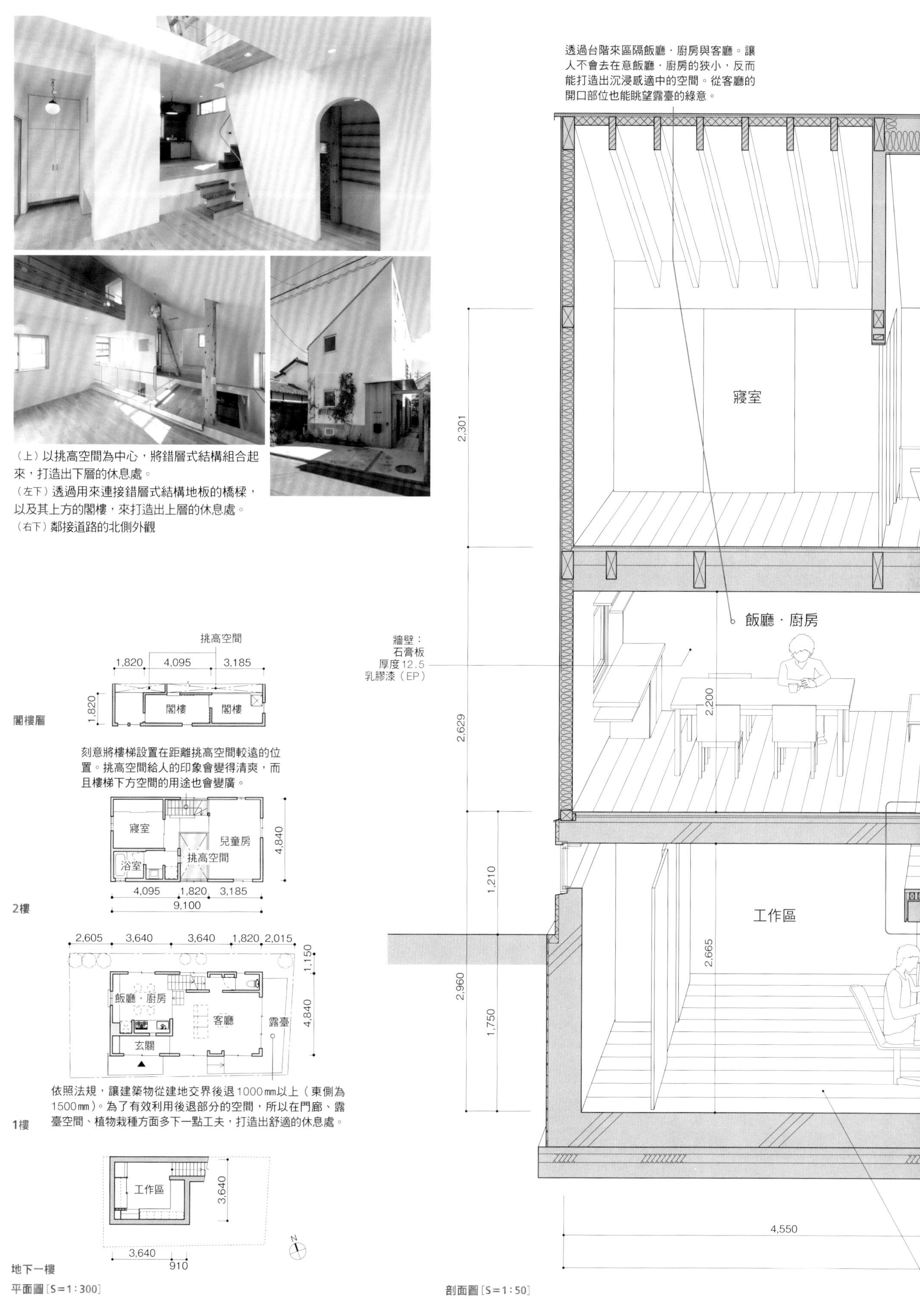

挑高空間
1,820
4,095
3,185
閣樓
閣樓
閣樓層
刻意將樓梯設置在距離挑高空間較遠的位置。挑高空間給人的印象會變得清爽，而且樓梯下方空間的用途也會變廣。
寢室
兒童房
挑高空間
浴室
4,840
9,100
2樓
2,605
3,640
3,640
1,820
2,015
1,150
飯廳・廚房
客廳
露臺
玄關
依照法規，讓建築物從建地交界後退1000㎜以上（東側為1500㎜）。為了有效利用後退部分的空間，所以在門廊、露臺空間、植物栽種方面多下一點工夫，打造出舒適的休息處。
1樓
工作區
3,640
910
地下一樓
平面圖［S＝1：300］
透過台階來區隔飯廳・廚房與客廳。讓人不會去在意飯廳・廚房的狹小，反而能打造出沉浸感適中的空間。從客廳的開口部位也能眺望露臺的綠意。
寢室
2,301
飯廳・廚房
牆壁：
石膏板
厚度12.5
乳膠漆（EP）
2,200
2,629
1,210
工作區
2,665
2,960
1,750
4,550
剖面圖［S＝1：50］

（上）以挑高空間為中心，將錯層式結構組合起來，打造出下層的休息處。
（左下）透過用來連接錯層式結構地板的橋樑，以及其上方的閣樓，來打造出上層的休息處。
（右下）鄰接道路的北側外觀

綠之家｜設計：FEDL（Far East Design Lab）伊原孝則　攝影：大倉英揮

休息處

METHOD 6

透過共用空間來將寢室圍起來

當建地與主要道路或工廠等相連，不易設置開放式的庭院時，只要設置介於室內與室外的空間即可。在此案例中，我們在箱型空間中設置了另一個包含寢室在內的箱型構造，使住宅形成套疊結構。如此一來，在格局上，住家的中央區域就會是私人區，外側則是客廳・飯廳等比較偏向公共區域的空間。

另外，在配置包含多間寢室的箱型構造時，使其稍微偏離中心，就能讓周圍空間的寬度變得不一樣。依照寬度的差異來打造出客廳、工作區等具備不同功能的休息處。

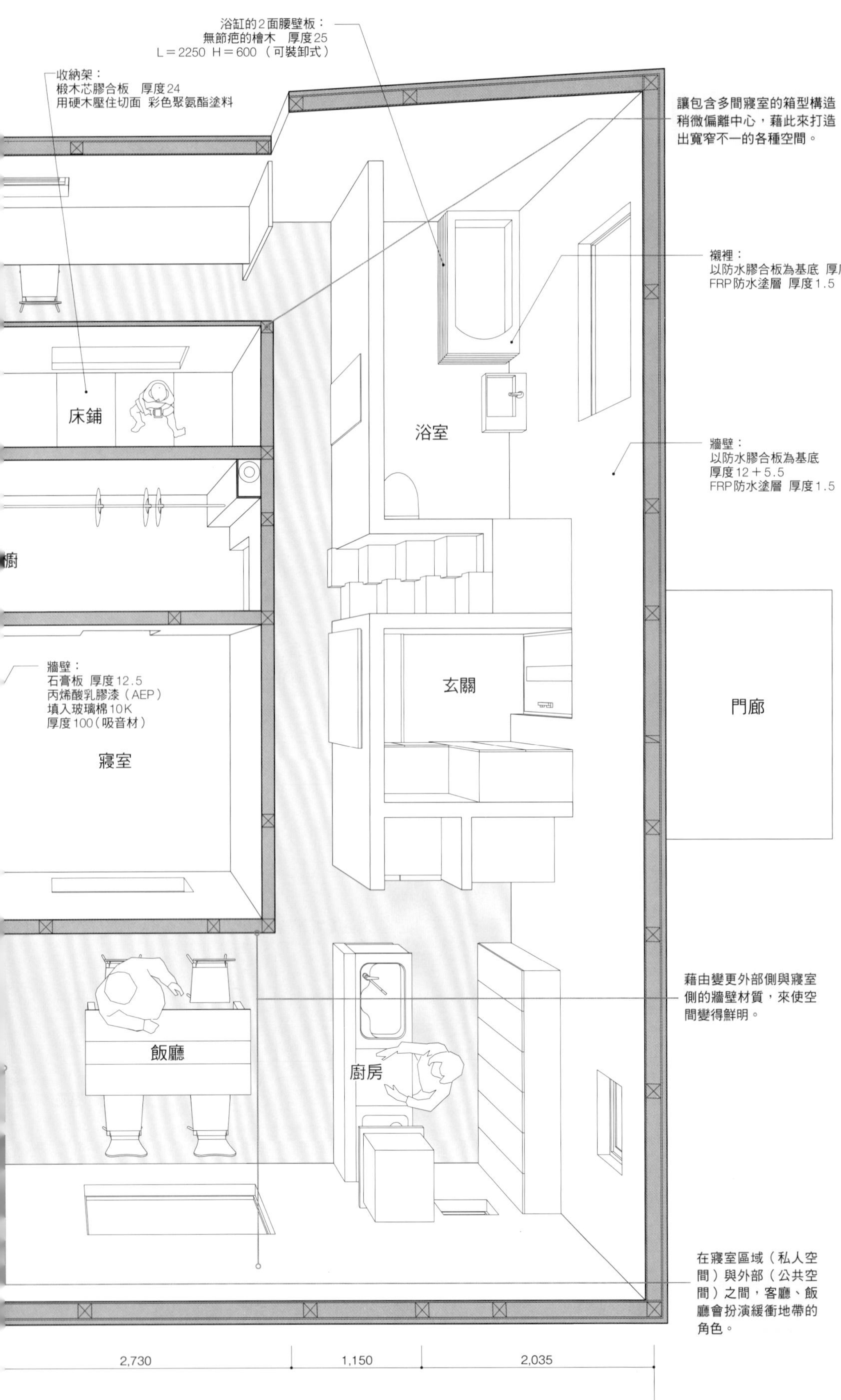

浴缸的2面腰壁板：
無節疤的檜木　厚度25
L＝2250　H＝600（可裝卸式）
收納架：
椴木芯膠合板　厚度24
用硬木壓住切面　彩色聚氨酯塗料
讓包含多間寢室的箱型構造稍微偏離中心，藉此來打造出寬窄不一的各種空間。
襯裡：
以防水膠合板為基底　厚度12
FRP防水塗層　厚度1.5
牆壁：
以防水膠合板為基底
厚度12＋5.5
FRP防水塗層　厚度1.5
床鋪
浴室
廚
玄關
門廊
牆壁：
石膏板　厚度12.5
丙烯酸乳膠漆（AEP）
填入玻璃棉10K
厚度100（吸音材）
寢室
藉由變更外部側與寢室側的牆壁材質，來使空間變得鮮明。
飯廳
廚房
在寢室區域（私人空間）與外部（公共空間）之間，客廳、飯廳會扮演緩衝地帶的角色。
2,730
1,150
2,035
N

（上）以套疊狀的方式，將正方形寢室區配置在客廳中央。
（下）兒童區是由，與客廳相連的工作區，以及床鋪隔間所構成。

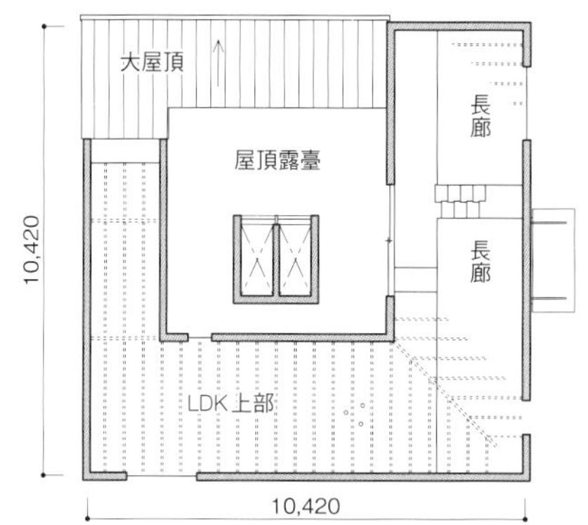
大屋頂
屋頂露臺
長廊
長廊
LDK上部
10,420
10,420

2樓平面圖［S＝1：250］

藉由以螺旋狀的方式將屋頂蓋上，即使平面結構很簡單，比起「與各個空間一致的天花板高度」，這樣的設計比較容易呈現出安穩感與開放感。

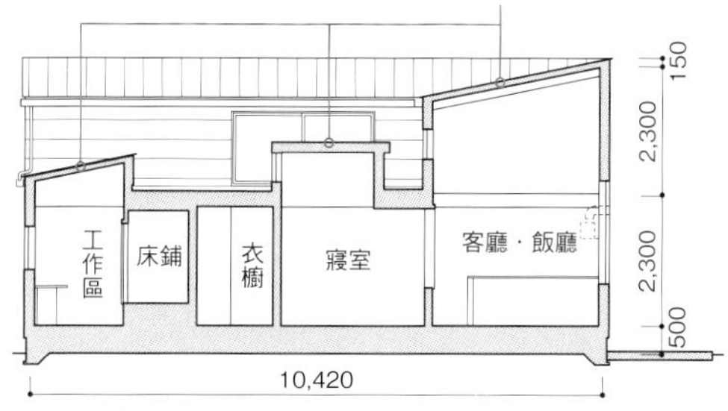
工作區
床鋪
衣櫥
寢室
客廳・飯廳
150
2,300
2,300
500
10,420

剖面圖［S＝1：200］

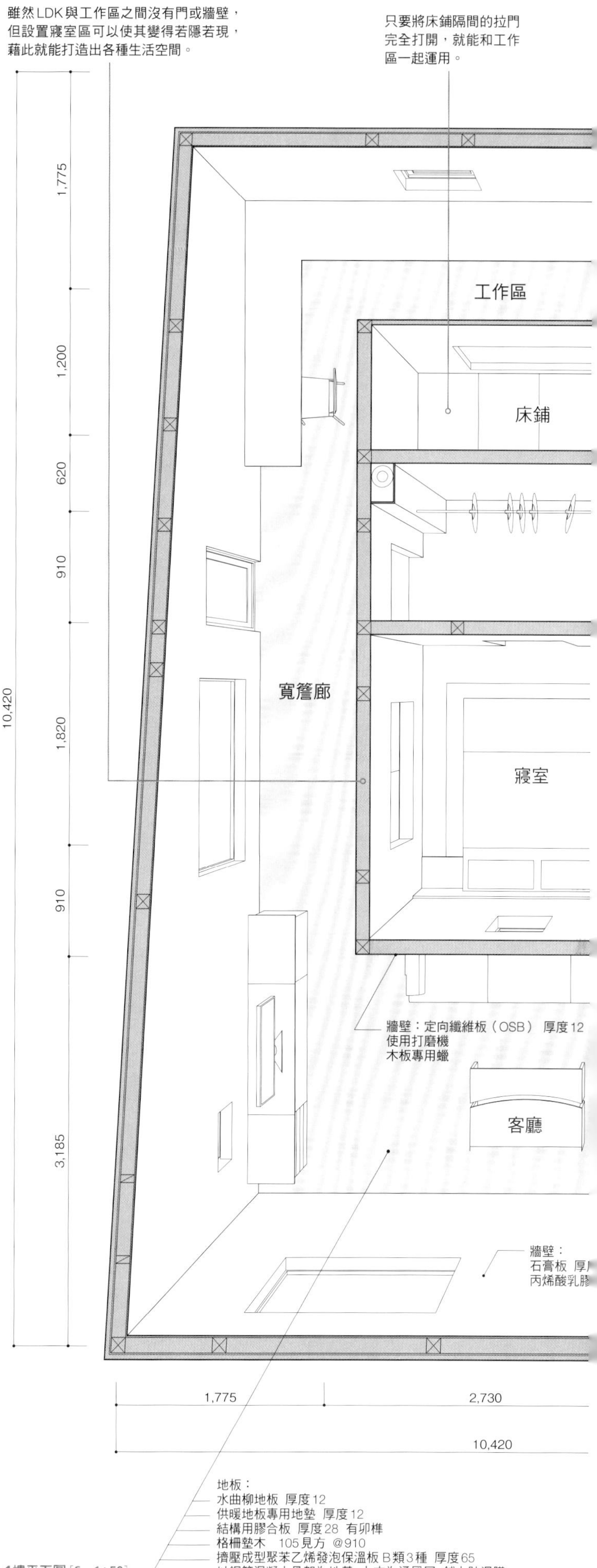

雖然LDK與工作區之間沒有門或牆壁，但設置寢室區可以使其變得若隱若現，藉此就能打造出各種生活空間。

只要將床鋪隔間的拉門完全打開，就能和工作區一起運用。

工作區

床鋪

寬簷廊

寢室

客廳

1,775
1,200
620
910
1,820
910
3,185
10,420

牆壁：定向纖維板（OSB） 厚度12
使用打磨機
木板專用蠟

牆壁：
石膏板

1,775
2,730
10,420

地板：
水曲柳地板 厚度12
供暖地板專用地墊 厚度12
結構用膠合板 厚度28 有卯榫
格柵墊木 105見方 @910
擠壓成型聚苯乙烯發泡保溫板 B類3種 厚度65
以鋼筋混凝土骨架為地基 上方為通風層 鋪上防濕膜

1樓平面圖［S＝1：50］

BENTO｜設計：二宮博 攝影：守屋欣史／Nacasa & Partners

休息處

METHOD 7

藉由若隱若現的設計來產生安穩感

在寬敞的一室格局空間中配置LDK與寢室時，如果空間過大的話，就會缺乏安穩感。只要在平面構造上多下一點工夫，打造出若隱若現的感覺，就能產生安穩感。在此案例中，我們依照不平整的建地來打造建築物的形狀，並且透過2面弧形牆來組成居住空間，藉此打造出若隱若現的一室格局空間。雖然是沒有隔間牆的一室格局空間，但無法從其中一端眺望另一端。如此一來，就能避免讓人產生「只有空間非常寬敞」的印象。

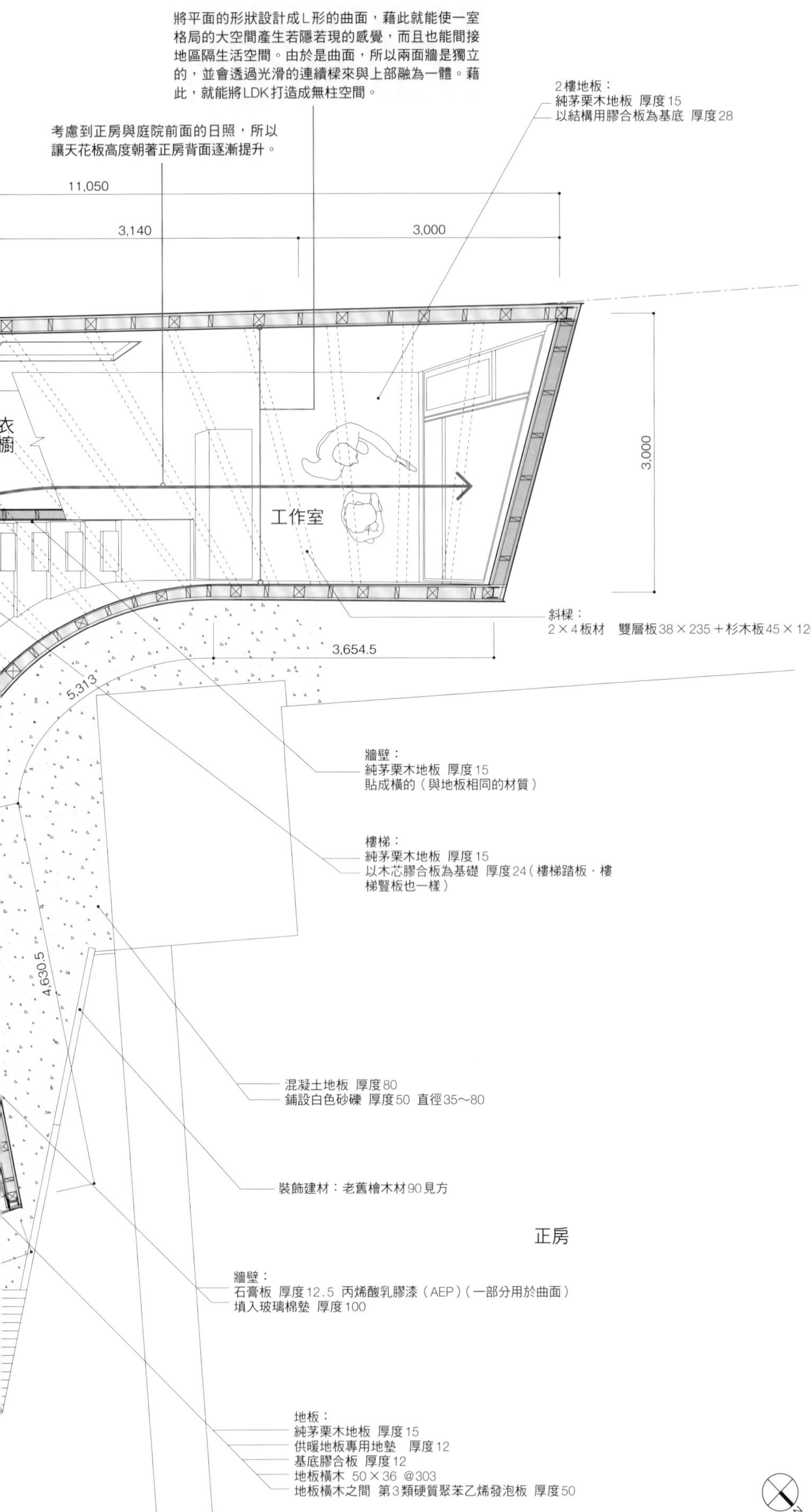

將平面的形狀設計成L形的曲面，藉此就能使一室格局的大空間產生若隱若現的感覺，而且也能間接地區隔生活空間。由於是曲面，所以兩面牆是獨立的，並會透過光滑的連續樑來與上部融為一體。藉此，就能將LDK打造成無柱空間。
考慮到正房與庭院前面的日照，所以讓天花板高度朝著正房背面逐漸提升。
2樓地板：
純茅栗木地板 厚度15
以結構用膠合板為基底 厚度28
11,050
3,140
3,000
3,000
衣櫥
工作室
斜樑：
2×4板材 雙層板38×235＋杉木板45×120
3,654.5
5,313
4,630.5
牆壁：
純茅栗木地板 厚度15
貼成橫的（與地板相同的材質）
樓梯：
純茅栗木地板 厚度15
以木芯膠合板為基礎 厚度24（樓梯踏板・樓梯豎板也一樣）
混凝土地板 厚度80
鋪設白色砂礫 厚度50 直徑35～80
裝飾建材：老舊檜木材90見方
正房
牆壁：
石膏板 厚度12.5 丙烯酸乳膠漆（AEP）（一部分用於曲面）
填入玻璃棉墊 厚度100
地板：
純茅栗木地板 厚度15
供暖地板專用地墊 厚度12
基底膠合板 厚度12
地板橫木 50×36 @303
地板橫木之間 第3類硬質聚苯乙烯發泡板 厚度50
N

（上）螺旋狀的屋頂構造連接著若隱若現的2樓迴廊與1樓的起居室。
（左下）從客廳觀看飯廳、廚房與2樓迴廊。
（右下）降低東側的屋頂高度，將與客廳相連的庭院打造成明亮開放的場所。

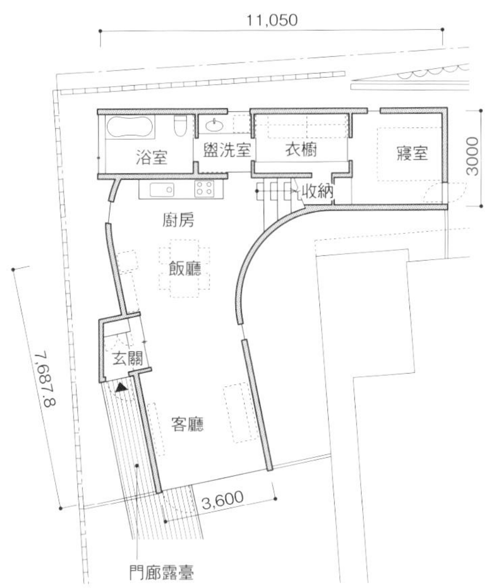
11,050
浴室
盥洗室
衣櫥
寢室
3000
收納
廚房
飯廳
玄關
7,687.8
客廳
3,600
門廊露臺

1樓平面圖［S＝1：250］

讓呈現放射狀的23根橫樑外露。愈往內，高度會變得愈高，使空間產生震撼感與節奏感。橫樑採用的是，由2×4板材組合而成的組合樑，價格較為便宜，而且兼具充足的橫樑高度與細長的外型。

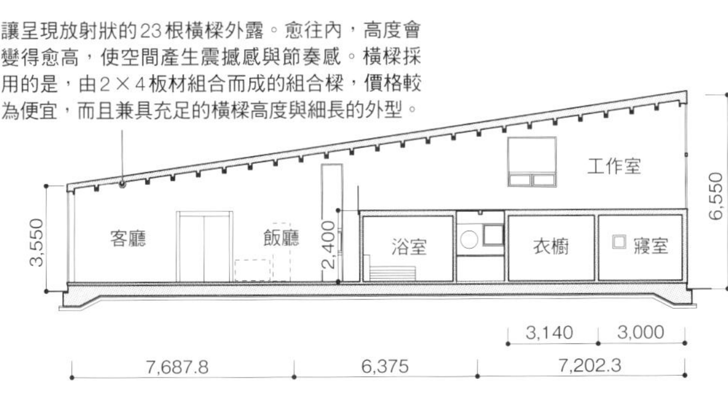
工作室
6,550
3,550
客廳
飯廳
2,400
浴室
衣櫥
寢室
3,140
3,000
7,687.8
6,375
7,202.3

剖面展開圖［S＝1：300］

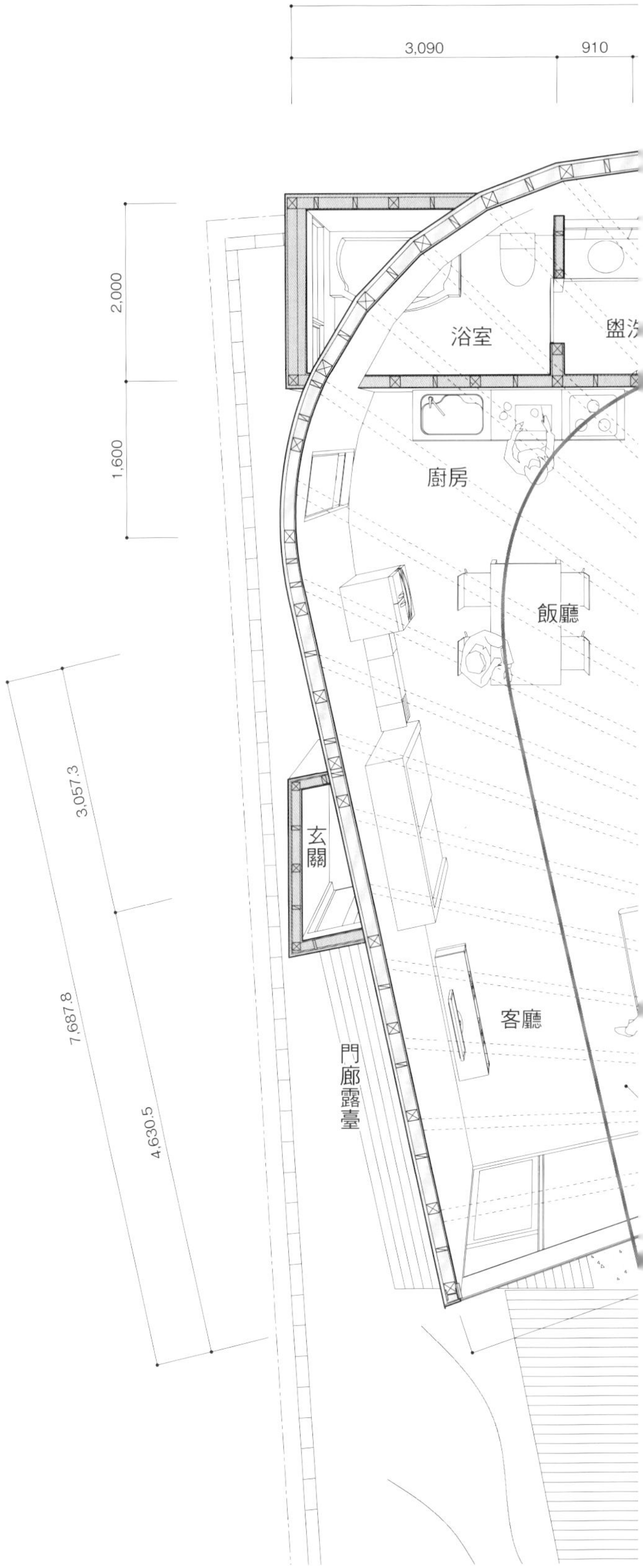

3,090
910
2,000
1,600
浴室
盥洗
廚房
飯廳
3,057.3
玄關
7,687.8
客廳
門廊露臺
4,630.5

平面圖［S＝1：80］

RIDGE｜設計：二宮博　攝影：（上、左下）中川敦玲、（右下）二宮博

第3章

依照色彩搭配來設計格局

在日常生活中，我們會一邊生活，一邊無意識地感受到陽光、聲音，甚至是風、溫度、濕度、空氣。
藉由採光而產生的陰影，能讓人感受到季節與時間的變化，賦予居住空間深度。
舒適的溫熱環境能讓人有餘力去欣賞季節的變化。
在本章中，來看看要透過什麼樣的住宅設計才能為生活增添色彩吧。

攝影：富田治

光線・陰影

舒適的亮度源自於光線與陰影的平衡

「光線・陰影」的基本知識

即使讓大量光線照射進來，也不易形成舒適的居住空間

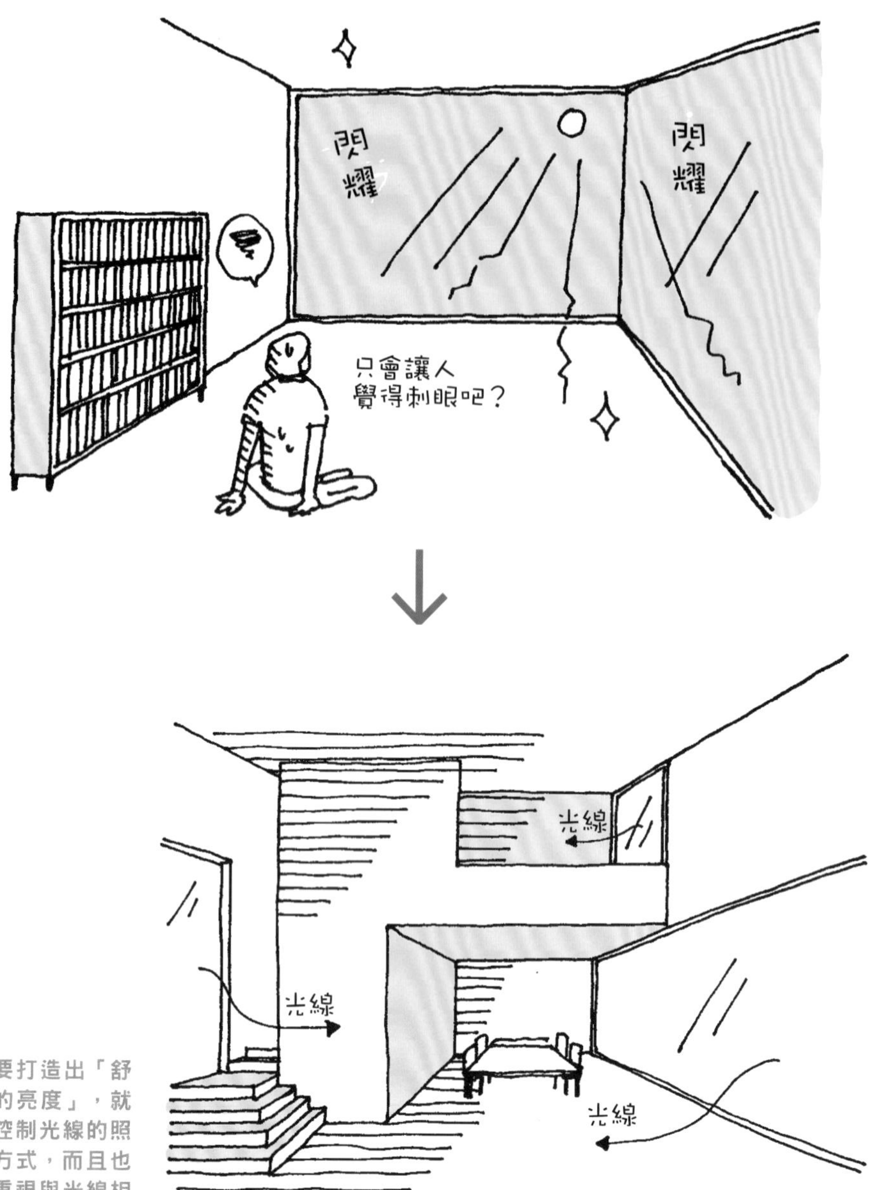

閃耀
閃耀
只會讓人
覺得刺眼吧？
光線
光線
光線

想要打造出「舒適的亮度」，就要控制光線的照射方式，而且也要重視與光線相對的陰影。

如果不想仰賴照明設備來確保居住空間的明亮度的話，人們往往會讓大量陽光照進室內，將室內照亮。不過，在居住空間內，並非只要明亮就會感到舒適。藉由一邊採光，一邊調整過強的直射陽光，並留意與光線相對的陰影，就能打造出具備豐富表情的舒適居住空間。

在本章中，我們會持續地解說，如何透過採光，以及因而產生的陰影，來打造出舒適迷人的空間。

在採光方面，人們大多會重視關於方位與其他平面圖的討論，像是「由於這裡朝南，所以設置成採光良好的開放式客廳吧」等。不過，在住宅密集地區，剖面圖方面的討論會變得特別重要，像是「隔著鄰居的屋頂進行採光時，光線是否能夠順利地照射到下方樓層與室內深處呢」。

另外，採光方式一旦改變，所獲得的光線品質也會改變，房間給人的印象也會有所不同。根據這一點來討論用來採光的開口部位的形狀、尺寸、位置，是很重要的。想要將舒適的明亮度帶進室內時，不能隨便地設置大

「光線・陰影」的重點

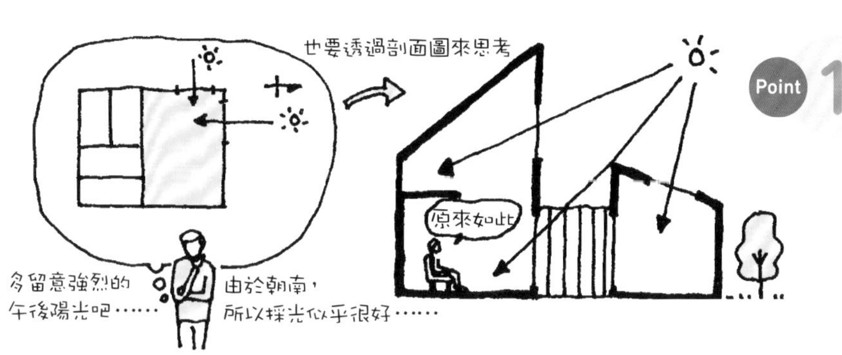
也要透過剖面圖來思考
原來如此
多留意強烈的午後陽光吧……
由於朝南，所以採光似乎很好……

Point 1 在採光時，不能只考慮到「方位與建築物的關係」這類平面圖上的要素，也要透過剖面圖來思考光線會如何落下。

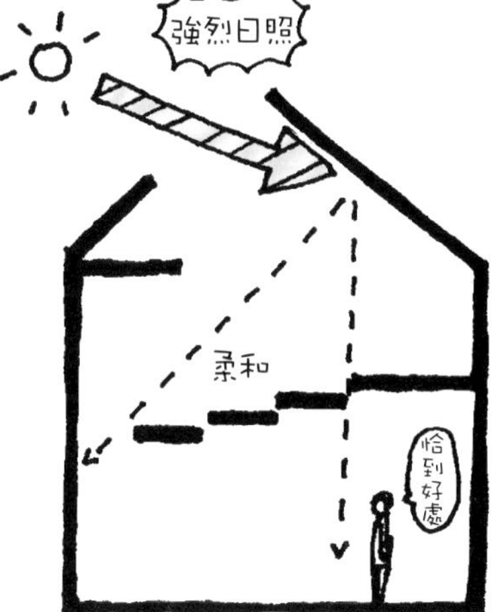
強烈日照
柔和
恰到好處

Point 2 利用牆壁等將過於強烈的日照轉變為反射光，讓適當的亮度照進室內。

溫和地…
真棒…

Point 3 調整用來承受光線表面的材質與角度，打造出舒適的陰影。

型開口部位，而是要一邊思考開口部位的位置選擇，一邊巧妙地運用高側窗或天窗。挑高空間與中庭也是能夠讓光線大範圍地照射到室內深處的重要設計。再者，在地板、牆壁、天花板的加工方式、樓梯的細節等方面多下一點工夫，促進光線的反射與穿透，也是個有效的方法。

對於光線來說，「用來採光的開口部位」與「用來承受光線的空間」的形狀，都具備凸顯材質紋理，使其顯得生動的效果，因此如果能再同時考慮到「用來承受光線的牆壁的照射角度與素材質感等」，就會更有效果。

另一方面，不能只重視光線，也要留意影子的作用。前面所提到的「光線與材質的關聯性」，也可以說是影子的效用。在營造空間的印象時，影子所描繪出的陰影能夠發揮作用。不僅能呈現素材質感的細微差異，即使是白色牆壁，也能透過陰影的效果來呈現出各種表情。另外，在設計規劃空間時，藉由充分地運用陰影的效果，像是「將明亮的空間與可控制光線的陰影空間設置在可形成對比的位置，或是重疊在一起」等，就能創造出在只是很明亮的空間中見不到的安穩感與深邃感。

藉由像這樣地同時考慮到光線與陰影，就會有助於打造出更加富有層次與深度的空間。

[長谷川順持]

光線・陰影

METHOD 1

讓建築物靠近南側，確保採光

在旗竿地這類日照條件很嚴苛的建地中，由於無法在建地南側設置夠大的庭院（空地），所以只要刻意地讓建物靠近南側的鄰居即可。因為可以避開北側的退縮線限制（北側退縮線或高度地區的退縮線等），所以比起讓建築物靠近北側，這樣做能將建築物蓋得較高。只要利用高出來的部分，在南側設置屋頂露臺，並設置面向露臺的開口部位，就能獲得充分的採光。此時，只要透過錯層式結構等來將地板高度錯開，就能讓整個家都充滿日照。

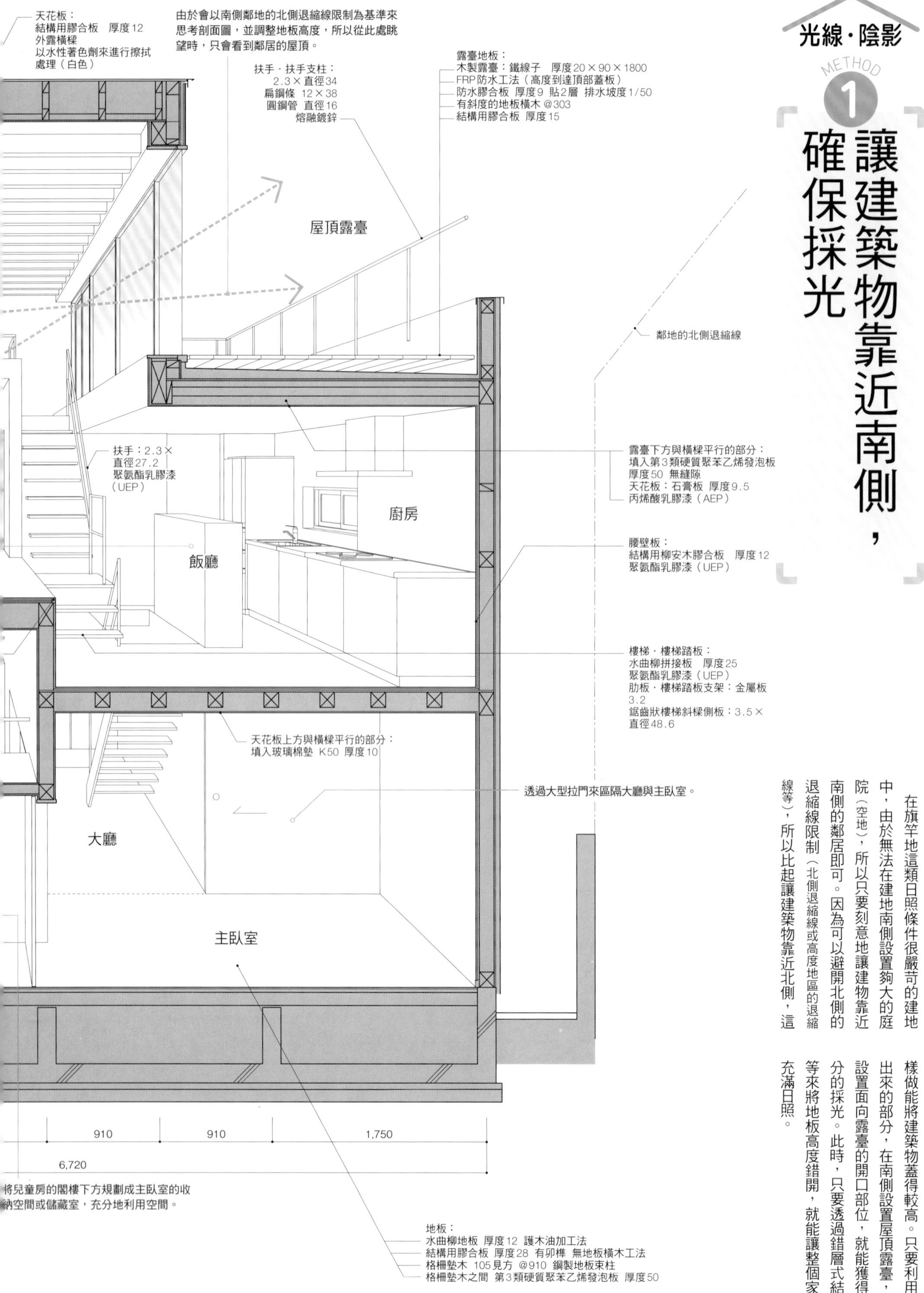

天花板：
結構用膠合板　厚度12
外露橫樑
以水性著色劑來進行擦拭處理（白色）
由於會以南側鄰地的北側退縮線限制為基準來思考剖面圖，並調整地板高度，所以從此處眺望時，只會看到鄰居的屋頂。
扶手・扶手支柱：
2.3×直徑34
扁鋼條 12×38
圓鋼管 直徑16
熔融鍍鋅
露臺地板：
木製露臺：鐵線子　厚度20×90×1800
FRP防水工法（高度到達頂部蓋板）
防水膠合板 厚度9 貼2層 排水坡度1/50
有斜度的地板橫木 @303
結構用膠合板 厚度15
屋頂露臺
鄰地的北側退縮線
扶手：2.3×
直徑27.2
聚氨酯乳膠漆
（UEP）
露臺下方與橫樑平行的部分：
填入第3類硬質聚苯乙烯發泡板
厚度50 無縫隙
天花板：石膏板 厚度9.5
丙烯酸乳膠漆（AEP）
廚房
飯廳
腰壁板：
結構用柳安木膠合板　厚度12
聚氨酯乳膠漆（UEP）
樓梯・樓梯踏板：
水曲柳拼接板　厚度25
聚氨酯乳膠漆（UEP）
肋板・樓梯踏板支架：金屬板
3.2
鋸齒狀樓梯斜樑側板：3.5×
直徑48.6
天花板上方與橫樑平行的部分：
填入玻璃棉墊 K50 厚度10
透過大型拉門來區隔大廳與主臥室。
大廳
主臥室
910
910
1,750
6,720
將兒童房的閣樓下方規劃成主臥室的收納空間或儲藏室，充分地利用空間。
地板：
水曲柳地板 厚度12 護木油加工法
結構用膠合板 厚度28 有卯榫 無地板橫木工法
格柵墊木 105見方 @910 鋼製地板束柱
格柵墊木之間 第3類硬質聚苯乙烯發泡板 厚度50

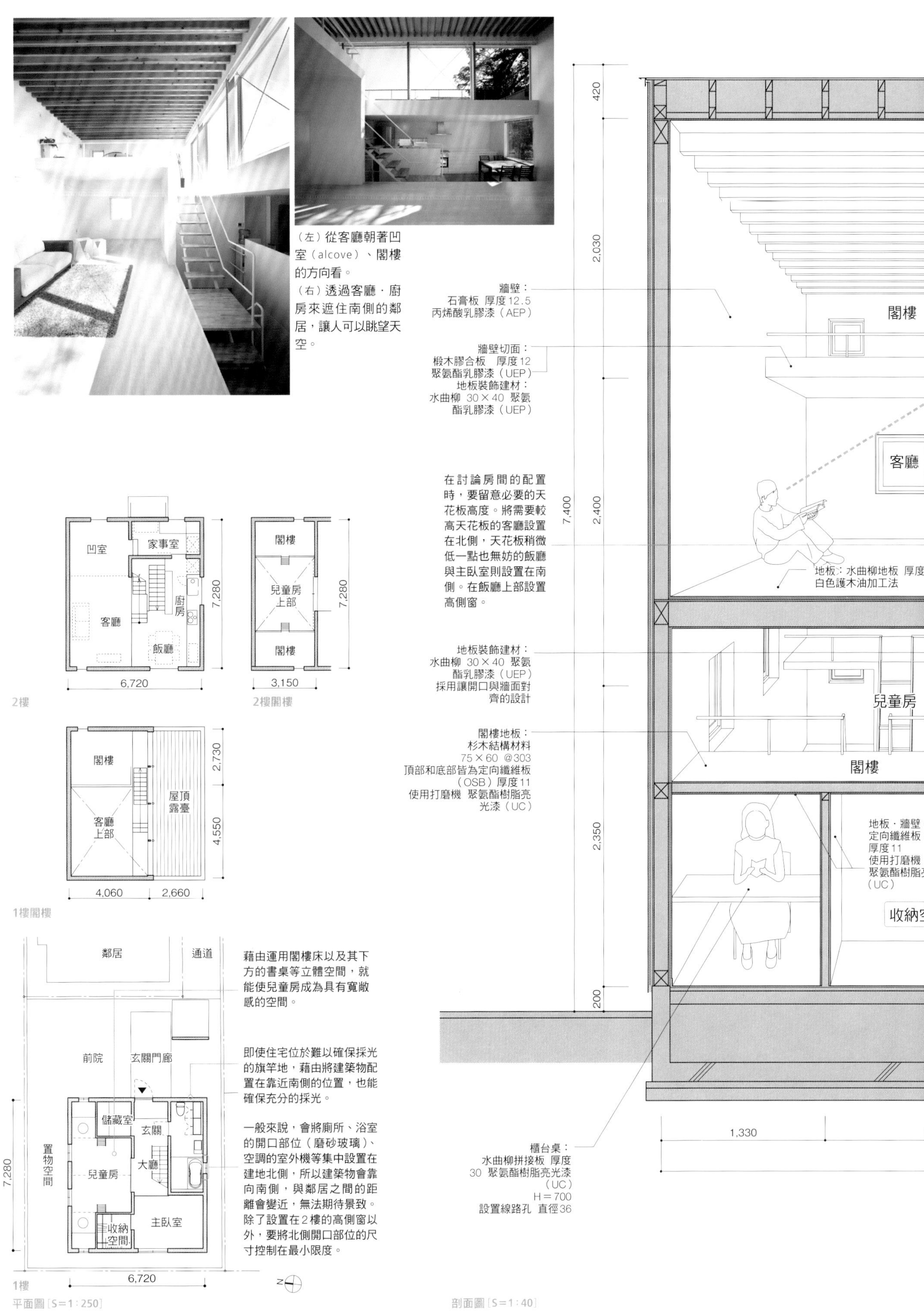
在討論房間的配置時，要留意必要的天花板高度。將需要較高天花板的客廳設置在北側，天花板稍微低一點也無妨的飯廳與主臥室則設置在南側。在飯廳上部設置高側窗。
藉由運用閣樓床以及其下方的書桌等立體空間，就能使兒童房成為具有寬敞感的空間。
即使住宅位於難以確保採光的旗竿地，藉由將建築物配置在靠近南側的位置，也能確保充分的採光。
一般來說，會將廁所、浴室的開口部位（磨砂玻璃）、空調的室外機等集中設置在建地北側，所以建築物會靠向南側，與鄰居之間的距離會變近，無法期待景致。除了設置在2樓的高側窗以外，要將北側開口部位的尺寸控制在最小限度。
凹室
家事室
廚房
客廳
飯廳
6,720
7,280
2樓
閣樓
兒童房上部
閣樓
3,150
7,280
2樓閣樓
閣樓
客廳上部
屋頂露臺
4,060
2,660
2,730
4,550
1樓閣樓
鄰居
通道
前院
玄關門廊
儲藏室
玄關
置物空間
大廳
兒童房
主臥室
收納空間
6,720
7,280
1樓
平面圖［S＝1：250］
牆壁：
石膏板 厚度12.5
丙烯酸乳膠漆（AEP）
牆壁切面：
椴木膠合板 厚度12
聚氨酯乳膠漆（UEP）
地板裝飾建材：
水曲柳 30×40 聚氨酯乳膠漆（UEP）
地板裝飾建材：
水曲柳 30×40 聚氨酯乳膠漆（UEP）
採用讓開口與牆面對齊的設計
閣樓地板：
杉木結構材料
75×60 @303
頂部和底部皆為定向纖維板（OSB）厚度11
使用打磨機 聚氨酯樹脂亮光漆（UC）
櫃台桌：
水曲柳拼接板 厚度30 聚氨酯樹脂亮光漆（UC）
H＝700
設置線路孔 直徑36
420
2,030
2,400
7,400
2,350
200
1,330
閣樓
客廳
地板：水曲柳地板 厚度
白色護木油加工法
兒童房
閣樓
地板・牆壁：
定向纖維板
厚度11
使用打磨機
聚氨酯樹脂亮
（UC）
收納空
剖面圖［S＝1：40］
（左）從客廳朝著凹室（alcove）、閣樓的方向看。
（右）透過客廳，廚房來遮住南側的鄰居，讓人可以眺望天空。

光線・陰影

METHOD 2

讓樓梯間兼具採光井的功能

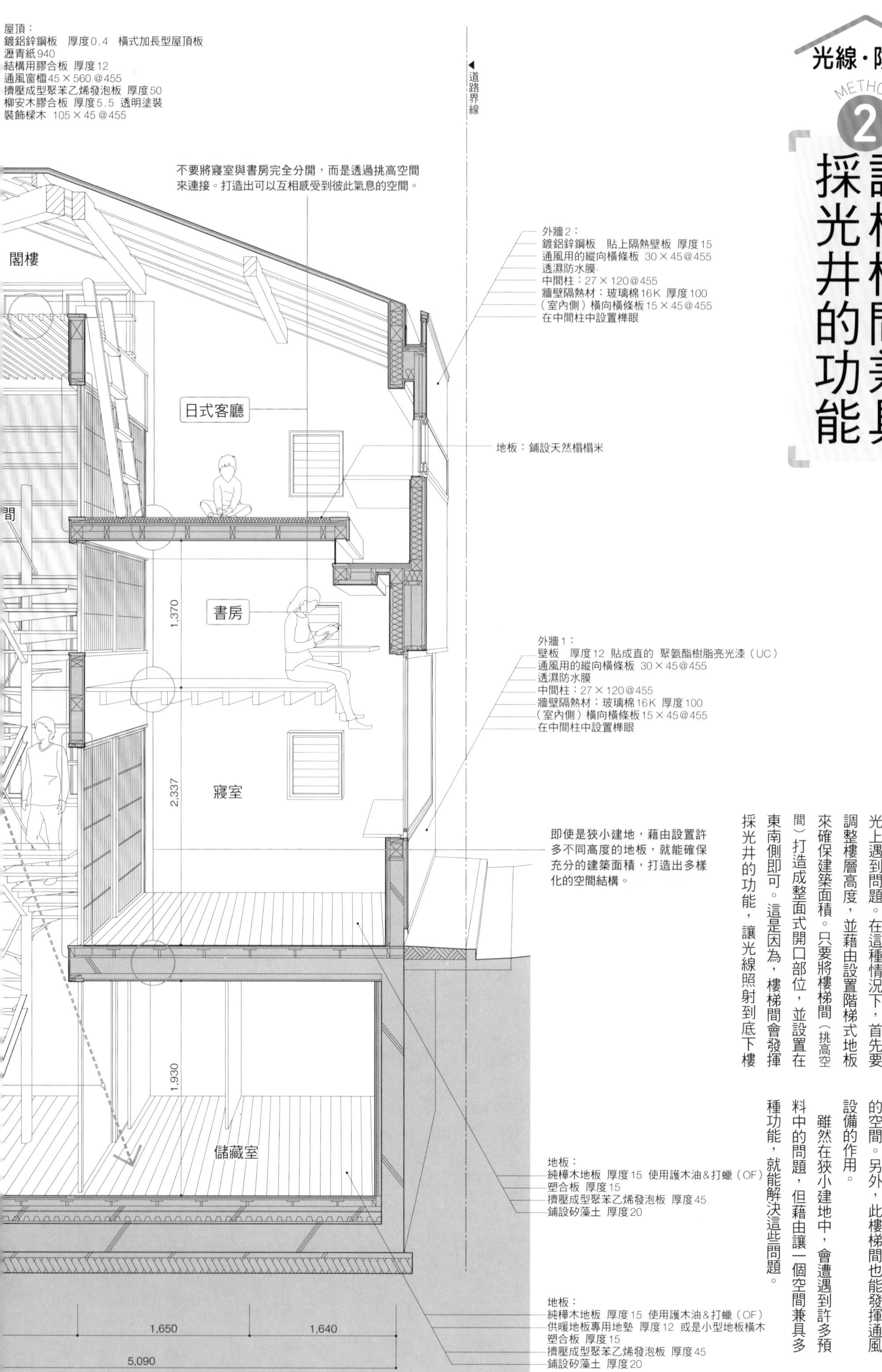
屋頂：
鍍鋁鋅鋼板　厚度0.4　橫式加長型屋頂板
瀝青紙940
結構用膠合板 厚度12
通風窗櫺45 × 560 @455
擠壓成型聚苯乙烯發泡板 厚度50
柳安木膠合板 厚度5.5 透明塗裝
裝飾椽木 105 × 45 @455
道路界線
不要將寢室與書房完全分開，而是透過挑高空間來連接。打造出可以互相感受到彼此氣息的空間。
外牆2：
鍍鋁鋅鋼板　貼上隔熱壁板 厚度15
通風用的縱向橫條板 30 × 45@455
透濕防水膜
中間柱：27 × 120@455
牆壁隔熱材：玻璃棉16K 厚度100
（室內側）橫向橫條板15 × 45@455
在中間柱中設置榫眼
閣樓
日式客廳
地板：鋪設天然榻榻米
書房
1,370
外牆1：
壁板　厚度12 貼成直的 聚氨酯樹脂亮光漆（UC）
通風用的縱向橫條板 30 × 45@455
透濕防水膜
中間柱：27 × 120@455
牆壁隔熱材：玻璃棉16K 厚度100
（室內側）橫向橫條板15 × 45@455
在中間柱中設置榫眼
寢室
2,337
即使是狹小建地，藉由設置許多不同高度的地板，就能確保充分的建築面積，打造出多樣化的空間結構。
1,930
儲藏室
地板：
純樺木地板 厚度15 使用護木油&打蠟（OF）
塑合板 厚度15
擠壓成型聚苯乙烯發泡板 厚度45
鋪設矽藻土 厚度20
1,650
1,640
5,090
地板：
純樺木地板 厚度15 使用護木油&打蠟（OF）
供暖地板專用地墊 厚度12 或是小型地板橫木
塑合板 厚度15
擠壓成型聚苯乙烯發泡板 厚度45
鋪設矽藻土 厚度20

當建地很狹小，且又距離東南側的鄰居很近時，就會在建築面積的確保與採光上遇到問題。在這種情況下，首先要調整樓層高度，並藉由設置階梯式地板來確保建築面積。只要將樓梯間（挑高空間）打造成整面式開口部位，並設置在東南側即可。這是因為，樓梯間會發揮採光井的功能，讓光線照射到底下樓層。在結構上，此採光井會與許多地板相連，能在狹小建地中打造出富有變化的空間。另外，此樓梯間也能發揮通風設備的作用。

雖然在狹小建地中，會遭遇到許多預料中的問題，但藉由讓一個空間兼具多種功能，就能解決這些問題。

（左）透過半透明的外牆建材與具備開放視野的鋼骨樓梯來讓光線照射到樓下。
（右上）從樓梯間觀看寢室。起居室與樓梯間採用具備穿透性的門窗隔扇。
（右下）東側外觀。可以看到街道上的色彩、來自起居室的借景。以作為室內與室外的緩衝區來說，綠色植物也是不可或缺的。

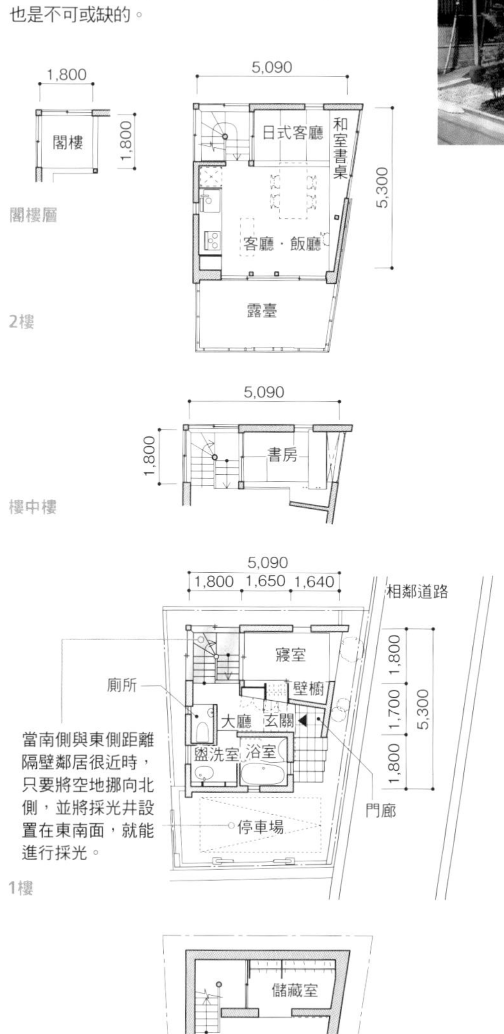

1,800
閣樓
1,800
閣樓層
5,090
日式客廳
和室書桌
5,300
客廳・飯廳
露臺
2樓
5,090
1,800
書房
樓中樓
5,090
1,800 1,650 1,640
相鄰道路
寢室
廁所
壁櫥
大廳
玄關
盥洗室
浴室
1,800
1,700
1,800
5,300
門廊
停車場
1樓
儲藏室
多功能室
地下1樓

當南側與東側距離隔壁鄰居很近時，只要將空地挪向北側，並將採光井設置在東南面，就能進行採光。

平面圖［S＝1：250］

鄰地界線
最高高度
最高屋簷高度
屋簷高度
2FL
閣樓（1）FL
1FL
設計GL
B1FL
507
1,541
2,210
7,558
7,051
1,154
1,346
800
2,000
750
160
60
220

在與採光井相連的門窗隔扇上使用聚碳酸酯中空板，讓光線穿透。同時，也能確保隔熱性能。

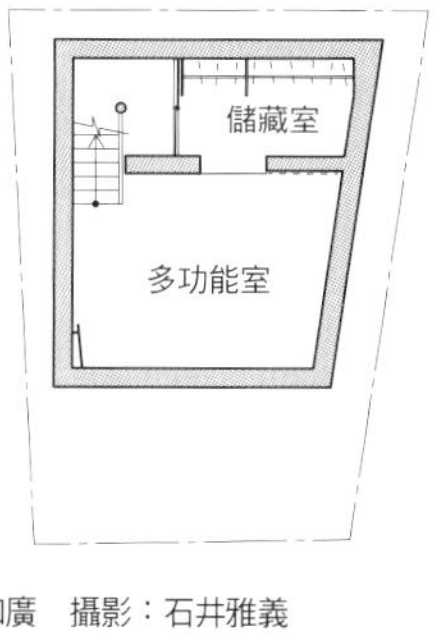

樓梯採用的是螺旋狀的鋼骨樓梯，能讓光線照射到最下層的儲藏室。宛如聚光燈般的高真直度光線會往下照射。

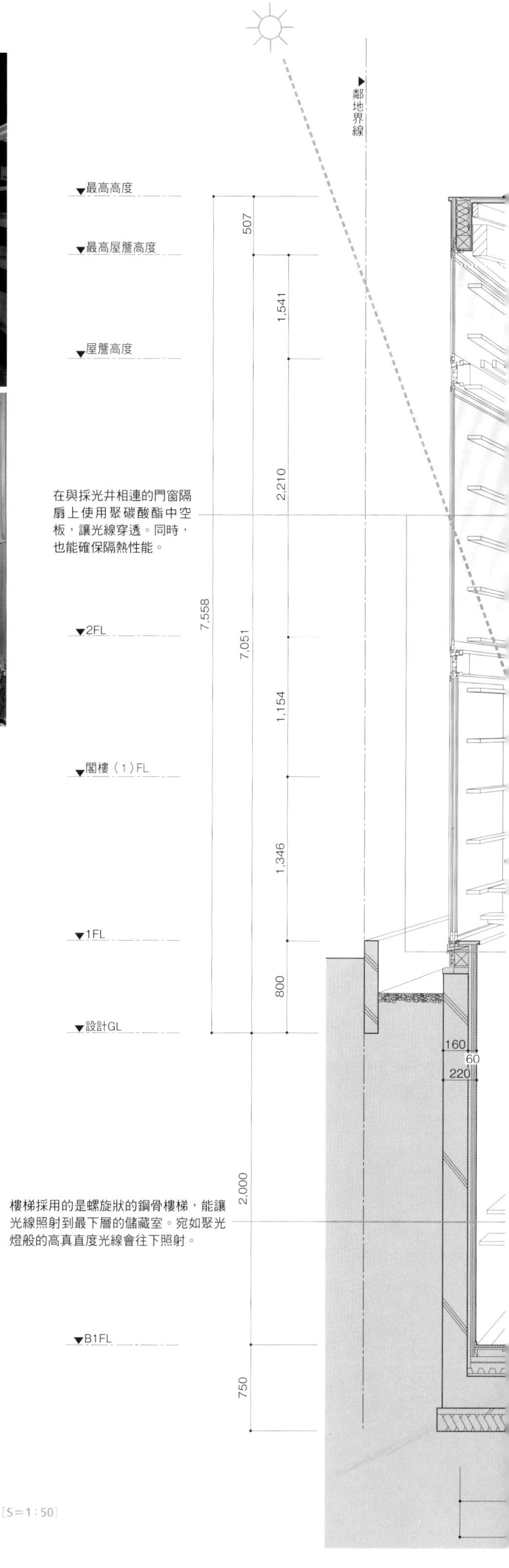

剖面圖［S＝1：50］

夢多居｜設計：瀬野和廣　攝影：石井雅義

光線・陰影

METHOD 3

透過中央的挑高空間來讓光線能夠照射到北側1樓

在兩世代住宅等必須設置許多單人房的住宅中，無論如何都會產生朝北的房間。藉由設置多個中庭或挑高空間，就能將光線和風帶到容易給人「昏暗、通風不良」這類印象的北側單人房。

每個挑高空間就算較小也無妨。重點在於，要在配置上多花一點心思。如果將單人房設置在建築物中央、北側的深處等區域，就要將挑高空間配置在風和光線最不容易通過的位置。如此一來，就能將從朝南單人房獲得的光線與風，運送到北側的單人房。

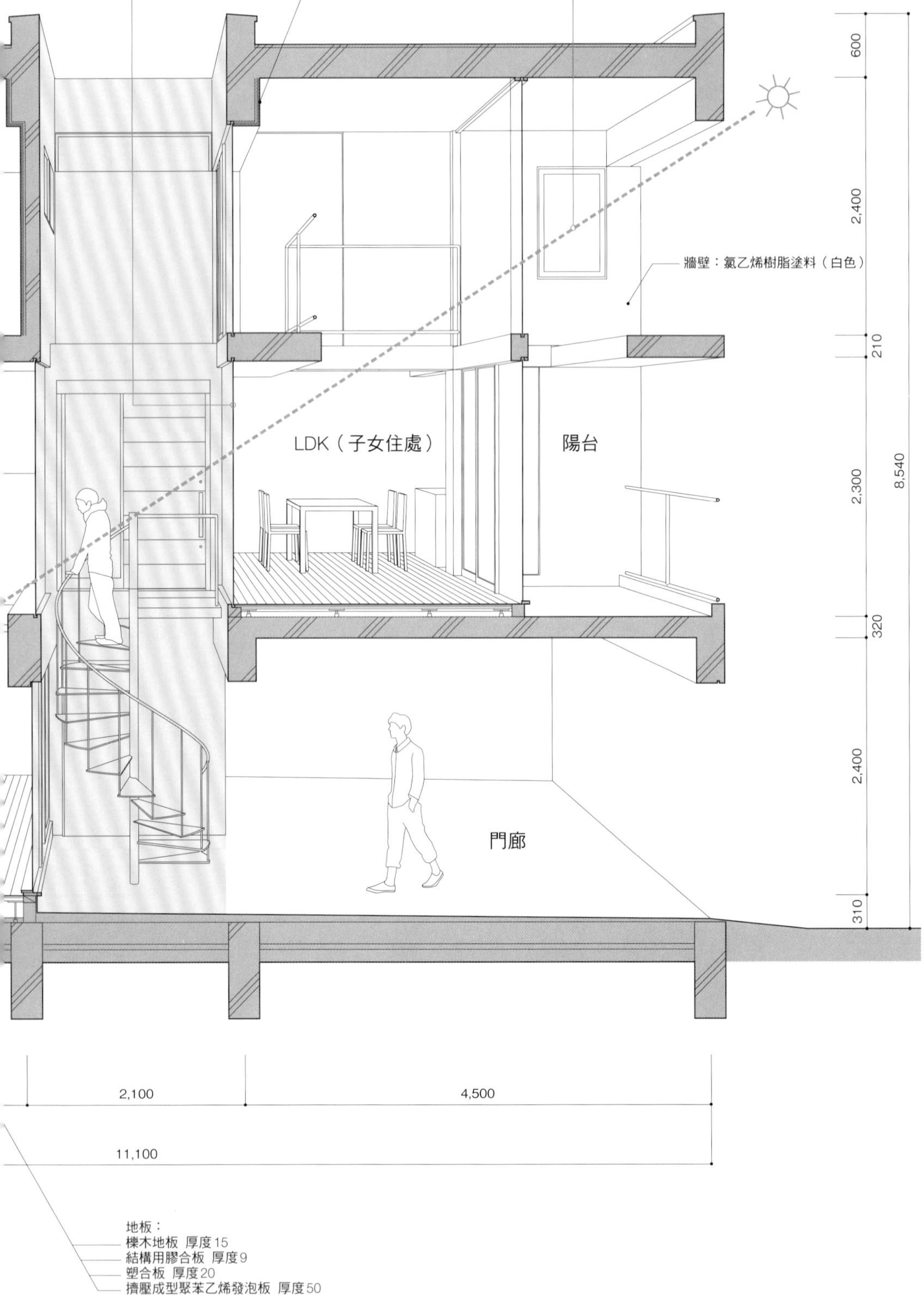

即使是寬度1650㎜的挑高空間，藉由在玄關門廊上裝設沒有窗框的固定窗，就能營造出開放感。

從南側道路進入的光線，會斜向地通過子女住處的LDK的挑高空間（1300㎜×2550㎜），然後再通過門廊的挑高空間（1800㎜×1650㎜）、父母住處的LDK的挑高空間（1650㎜×2550㎜），到達北側1樓。

牆壁：
噴塗型聚氨酯發泡材　厚度20
石膏板　厚度12.5
處理完基底後，貼上塑膠壁紙

牆壁：氯乙烯樹脂塗料（白色）

LDK（子女住處）

陽台

門廊

600
2,400
210
2,300
8,540
320
2,400
310

2,100
4,500
11,100

地板：
櫟木地板　厚度15
結構用膠合板　厚度9
塑合板　厚度20
擠壓成型聚苯乙烯發泡板　厚度50

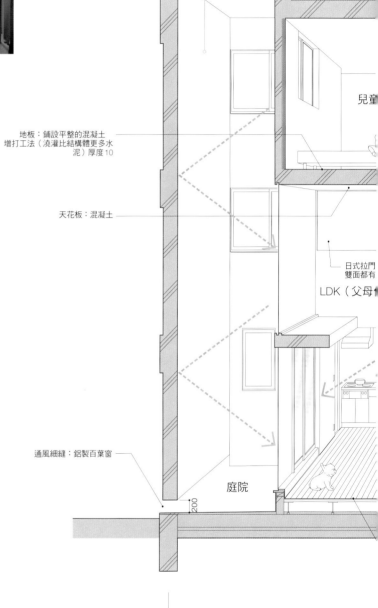

（左上）從東邊觀看1樓父母住處的LDK。光線會從中庭通過挑高空間。

（右上）從北側觀看父母與子女一家共用的2樓部分的螺旋梯。

（下）南側外觀。可以得知空間穿過了北側深處。

寢室 浴室 兒童房 庭院上部 樓梯上部 挑高空間 挑高空間 5,700 11,110

3樓

寢室 LDK（子女住處） 玄關 庭院上部 LDK（父母住處）上部 陽台 5,700 11,110

2樓

在兩世代住宅中，雖然玄關是分開的，但樓梯是並存的。藉此，就能讓兩家人感受到彼此的氣息。

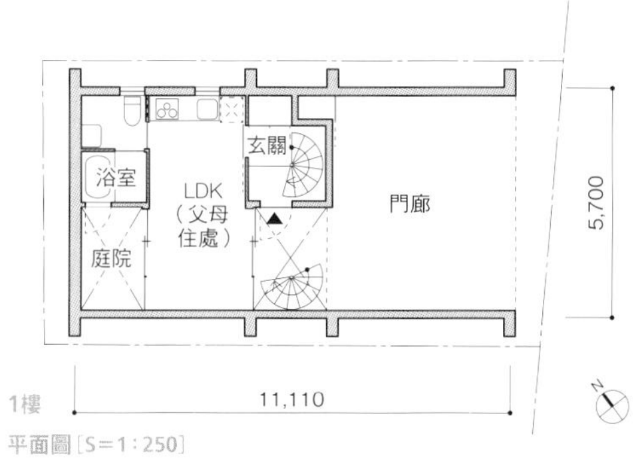

浴室
玄關
LDK（父母住處）
門廊
庭院
5,700
11,110

1樓

平面圖［S＝1：250］

藉由設置牆壁，來讓從上部（南側）進入的光線反射到1樓。為了要讓光線反射，所以清水混凝土要塗上會稍微變白的保護塗料。

外露用的防水膜
擠壓成型聚苯乙烯發泡板
厚度30

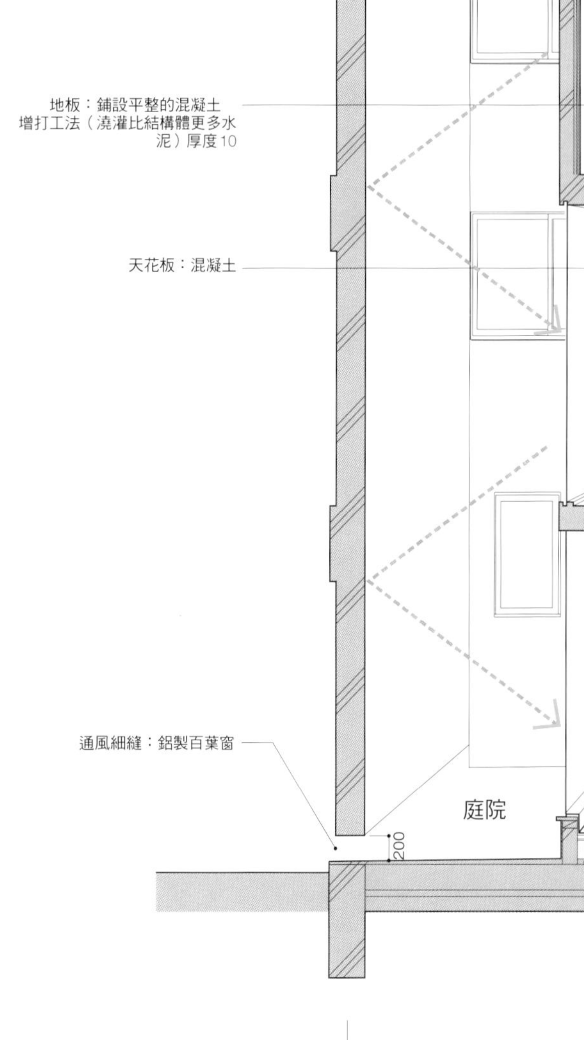

兒童
地板：鋪設平整的混凝土增打工法（澆灌比結構體更多水泥）厚度10
天花板：混凝土
日式拉門
雙面都有
LDK（父母
通風細縫：鋁製百葉窗
庭院
200

4,500

剖面圖［S＝1：60］

HAPPY-HOUSE11｜設計：岡村泰之　攝影：吉田みちほ

光線・陰影

METHOD 4

依照時間、季節來採光

照進室內的光線會隨著時間與季節而產生各種變化。另外，依照用來承受光線的空間形狀、裝潢材質，光線所呈現的表情也不是固定的。如果能在四面八方設置各種大小的窗戶，就能打造出「雖然位於室內，卻能感受到時間與季節的變化」之住宅。在此案例中，我們分別把「用來將隔著南側鄰居屋頂的光線引進室內深處的高側窗」設置在南側，「用來引進早晨陽光的窗戶」設置在東側，「能將穩定的光線帶到廚房的天窗」設置在北側。經由這種設計，人們可以透過陽光的照射方式來實際感受到時間的經過。基於光線反射的考量，牆壁採用灰泥材料（白色），天花板採用塗裝（白色）加工。

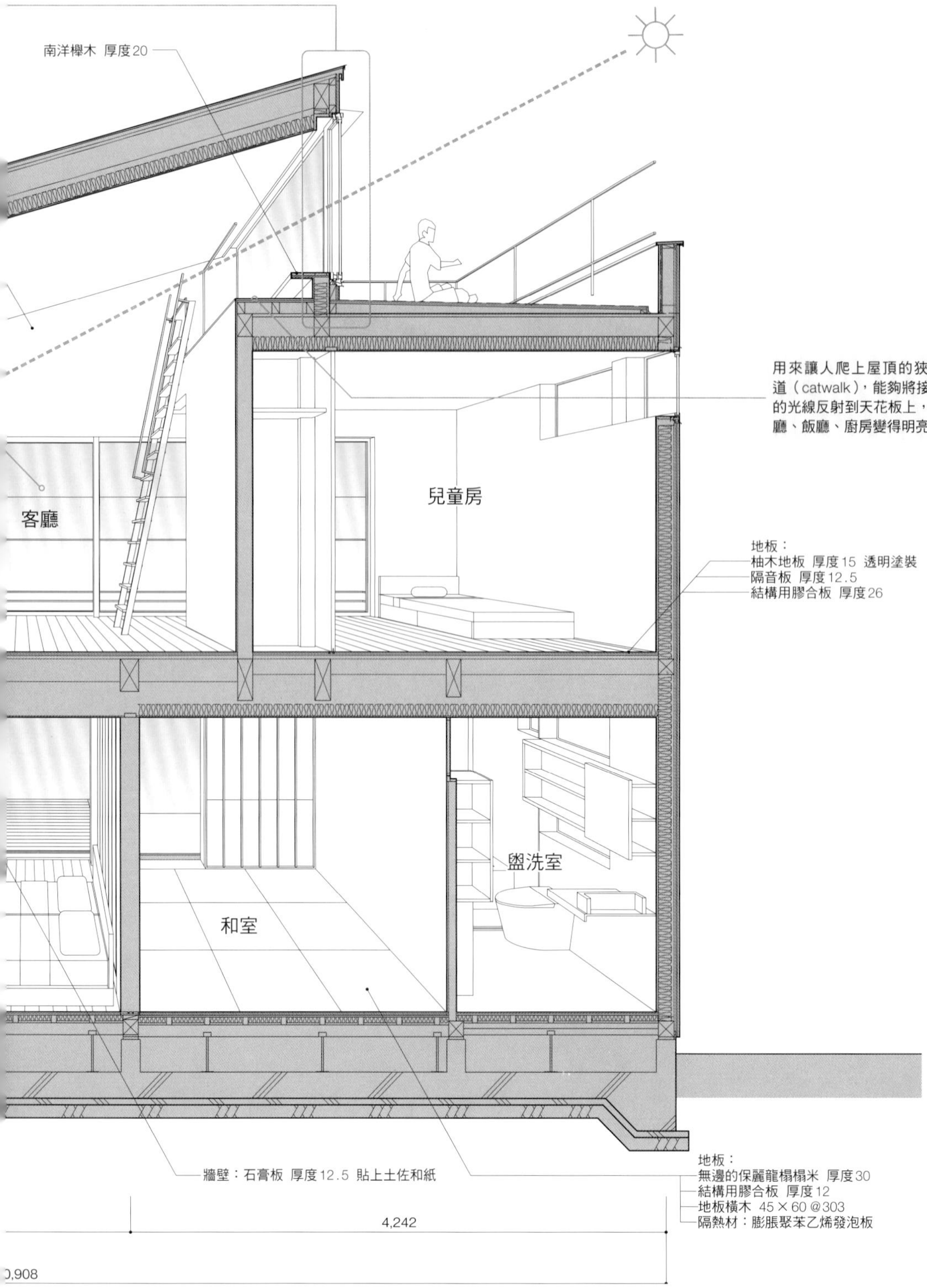

南洋櫸木 厚度20

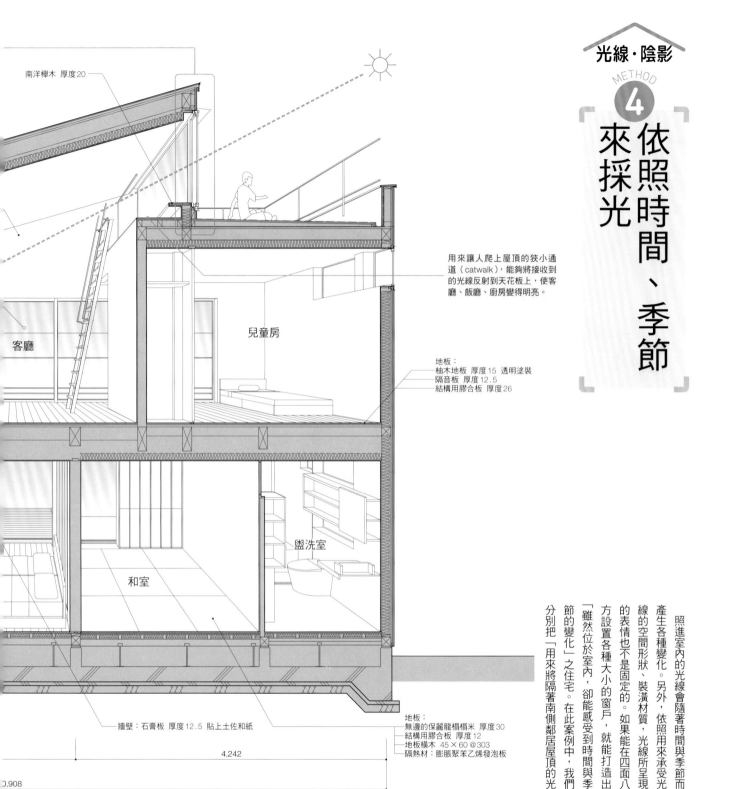

用來讓人爬上屋頂的狹小通道（catwalk），能夠將接收到的光線反射到天花板上，使客廳、飯廳、廚房變得明亮。

兒童房

客廳

地板：
柚木地板 厚度15 透明塗裝
隔音板 厚度12.5
結構用膠合板 厚度26

盥洗室

和室

牆壁：石膏板 厚度12.5 貼上土佐和紙

地板：
無邊的保麗龍榻榻米 厚度30
結構用膠合板 厚度12
地板橫木 45×60@303
隔熱材：膨脹聚苯乙烯發泡板

4,242

0,908

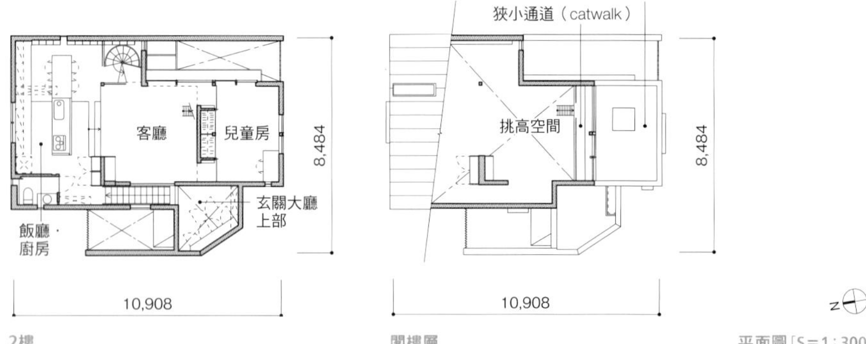

客廳
兒童房
8,484
飯廳・
廚房
玄關大廳
上部
10,908
2樓
屋頂陽台
狹小通道（catwalk）
挑高空間
8,484
10,908
閣樓層
N

平面圖[S=1：300]

高側窗能夠隔著南側鄰居的屋頂，將光線引進室內深處。角度較低的冬季陽光能夠照射到位於北側的廚房。另一方面，為了避免夏季的白天陽光直接照射在客廳，所以要調整屋簷突出部分。

牆壁：石膏板 厚度12.5 塗上灰漿

位於東側的陽台距離鄰居很近，無法呈現出縱深感。不過，藉由利用「此處不會面對鄰居的窗戶」這一點，並設置雙軌橫拉式的落地窗，就能將上午的清爽陽光與風帶到客廳與兒童房。

在北側廚房的上部設置天窗。在設計上，會沿著牆壁，將窗戶設置成東西向的細長狀，藉此就能避免午後陽光與夏季陽光直接照射在廚房內。

天花板：石膏板 厚度9.5
丙烯酸乳膠漆（AEP）

飯廳．廚房

讓廚房的地板表面比客廳低550㎜。天花板的反射光，以及從天窗照射進來的光，會在較低的廚房內製造出影子。如此一來，廚房就會變成表情富有變化的迷人空間。

在打造車庫時，要避免讓廢氣滯留。另外，也要避免讓垃圾堆積。在本案例中，我們在車庫深處的角落設置了細小的直立式細縫窗，讓此處能夠通風。

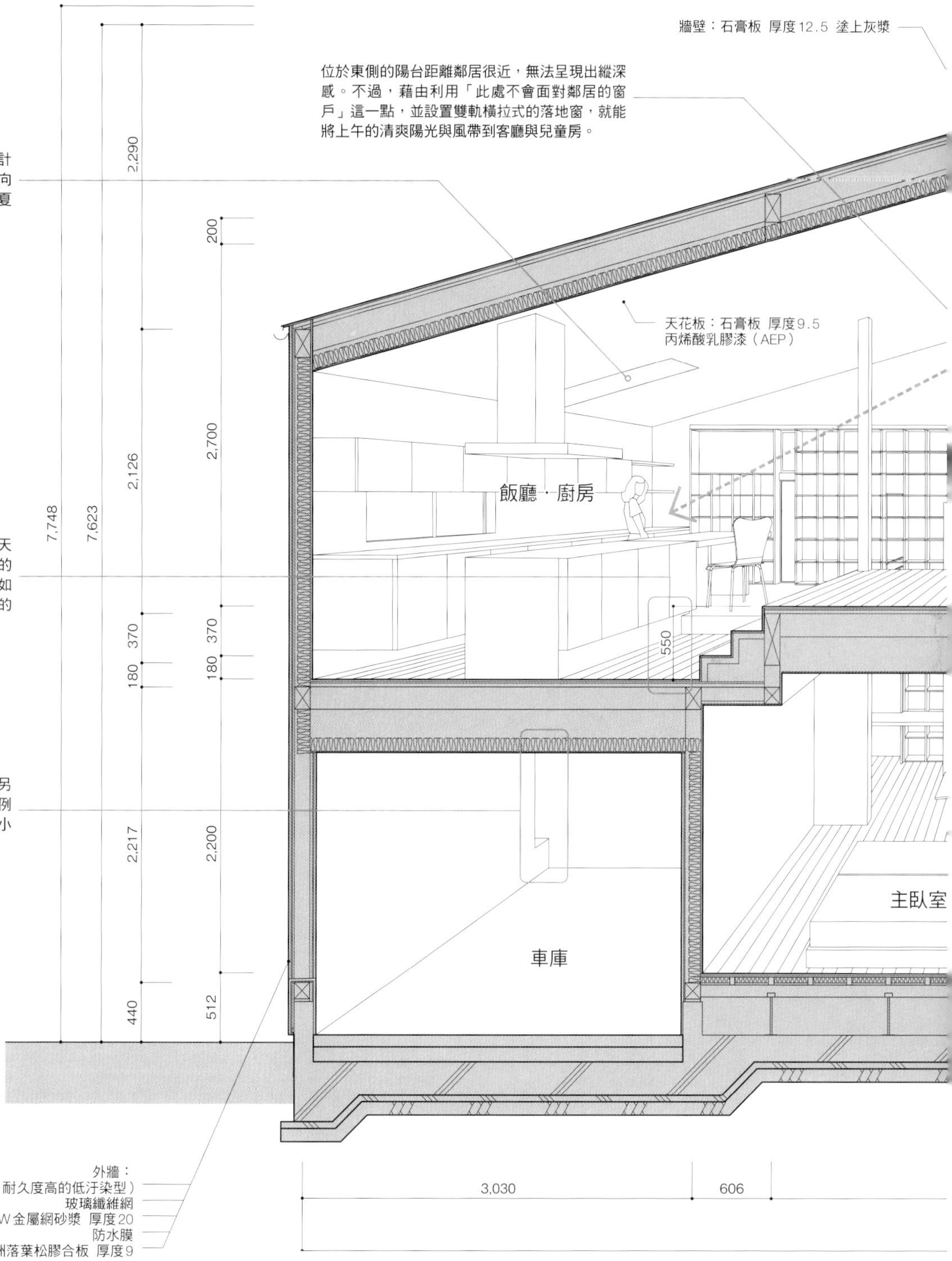

主臥室

車庫

7,748
7,623
2,290
2,126
370
180
2,217
440
200
2,700
370
180
2,200
512
550
3,030
606

外牆：
噴塗上具有彈性的石材風格裝飾材（耐久度高的低汙染型）
玻璃纖維網
W金屬網砂漿 厚度20
防水膜
歐洲落葉松膠合板 厚度9

剖面圖［S＝1：50］

（左）1樓、寢室深處的書房區。
（右）光線會從高側窗照射到客廳深處的飯廳。

在1樓的書房內，藉由只設置細小的直立式細縫窗，就能將「從南北向細長中庭照進來的光線」之照射範圍縮小。透過將書房打造成稍微昏暗的小型空間，來營造出沉浸感，打造出能讓人集中精神的空間。

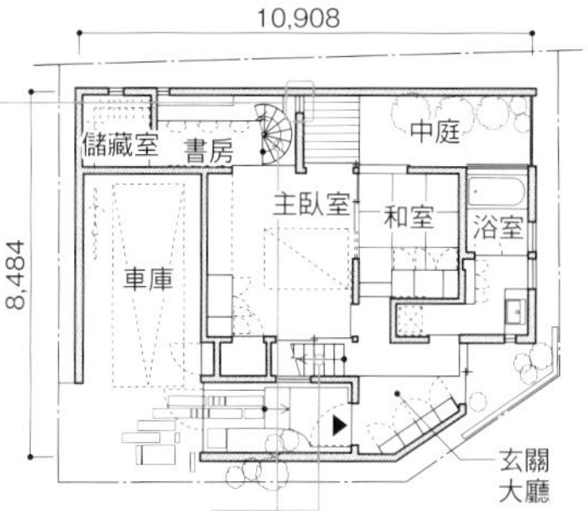

10,908
8,484
儲藏室
書房
中庭
主臥室
和室
浴室
車庫

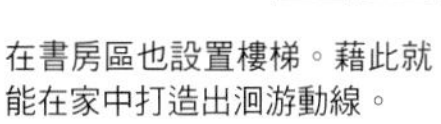

玄關
大廳

在書房區也設置樓梯。藉此就能在家中打造出洄游動線。

1樓

浦和的家｜設計：高野保光　攝影：（左）富田治、（右）黑住直民

光線・陰影

METHOD
5

透過環繞整個家的高側窗來讓光線照進家中

想要一邊避免與人車往來頻繁的道路產生關聯，一邊有效率地進行採光時，最簡單的方法之一就是，在開口部位的位置、尺寸上下工夫。舉例來說，若採用高側窗的話，就能獲得充分的採光，而且不用在意來自道路的視線。

在中庭型住宅（court house）中，此方法特別有效。在周圍設置高側窗後，只要將中庭配置在建築物中央區域，打造出沒有隔間牆的格局，即使只透過來自高側窗的有限光線，也能讓光線遍及整個室內。從縮小了尺寸的周圍開口部位照進來的光線，會在室內製造出陰影，並隨著時間而產生變化。

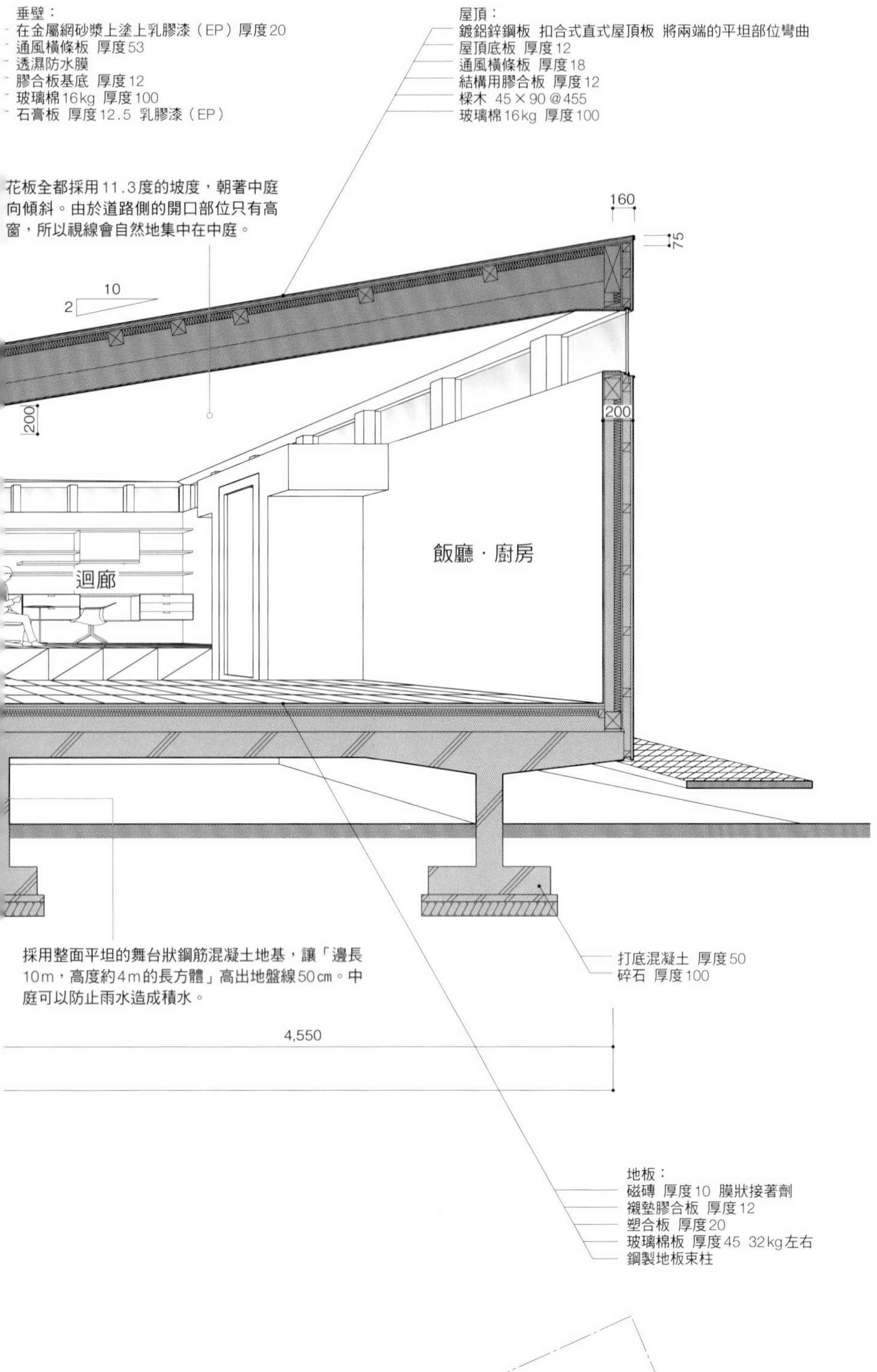

垂壁：
在金屬網砂漿上塗上乳膠漆（EP）厚度20
通風橫條板 厚度53
透濕防水膜
膠合板基底 厚度12
玻璃棉16kg 厚度100
石膏板 厚度12.5 乳膠漆（EP）

屋頂：
鍍鋁鋅鋼板 扣合式直式屋頂板 將兩端的平坦部位彎曲
屋頂底板 厚度12
通風橫條板 厚度18
結構用膠合板 厚度12
椽木 45×90 @455
玻璃棉16kg 厚度100

花板全都採用11.3度的坡度，朝著中庭向傾斜。由於道路側的開口部位只有高窗，所以視線會自然地集中在中庭。

160
75
10
2
200
200
飯廳・廚房
迴廊

採用整面平坦的舞台狀鋼筋混凝土地基，讓「邊長10m，高度約4m的長方體」高出地盤線50㎝。中庭可以防止雨水造成積水。

打底混凝土 厚度50
碎石 厚度100

4,550

地板：
磁磚 厚度10 膜狀接著劑
襯墊膠合板 厚度12
塑合板 厚度20
玻璃棉板 厚度45 32kg左右
鋼製地板束柱

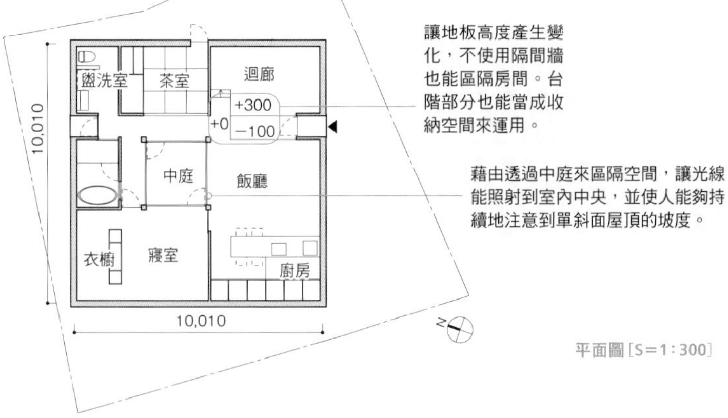

盥洗室
茶室
迴廊
+300
+0
−100
中庭
飯廳
衣櫥
寢室
廚房
10,010
10,010
N

讓地板高度產生變化，不使用隔間牆也能區隔房間。台階部分也能當成收納空間來運用。

藉由透過中庭來區隔空間，讓光線能照射到室內中央，並使人能夠持續地注意到單斜面屋頂的坡度。

平面圖［S＝1：300］

藉由依照窗框來設置束柱，即使讓高側窗（固定窗[※]）環繞整個家，還是能夠支撐屋頂的重量。透過從高側窗照射進來的光線，以及影子的變化，來凸顯時間的流動。

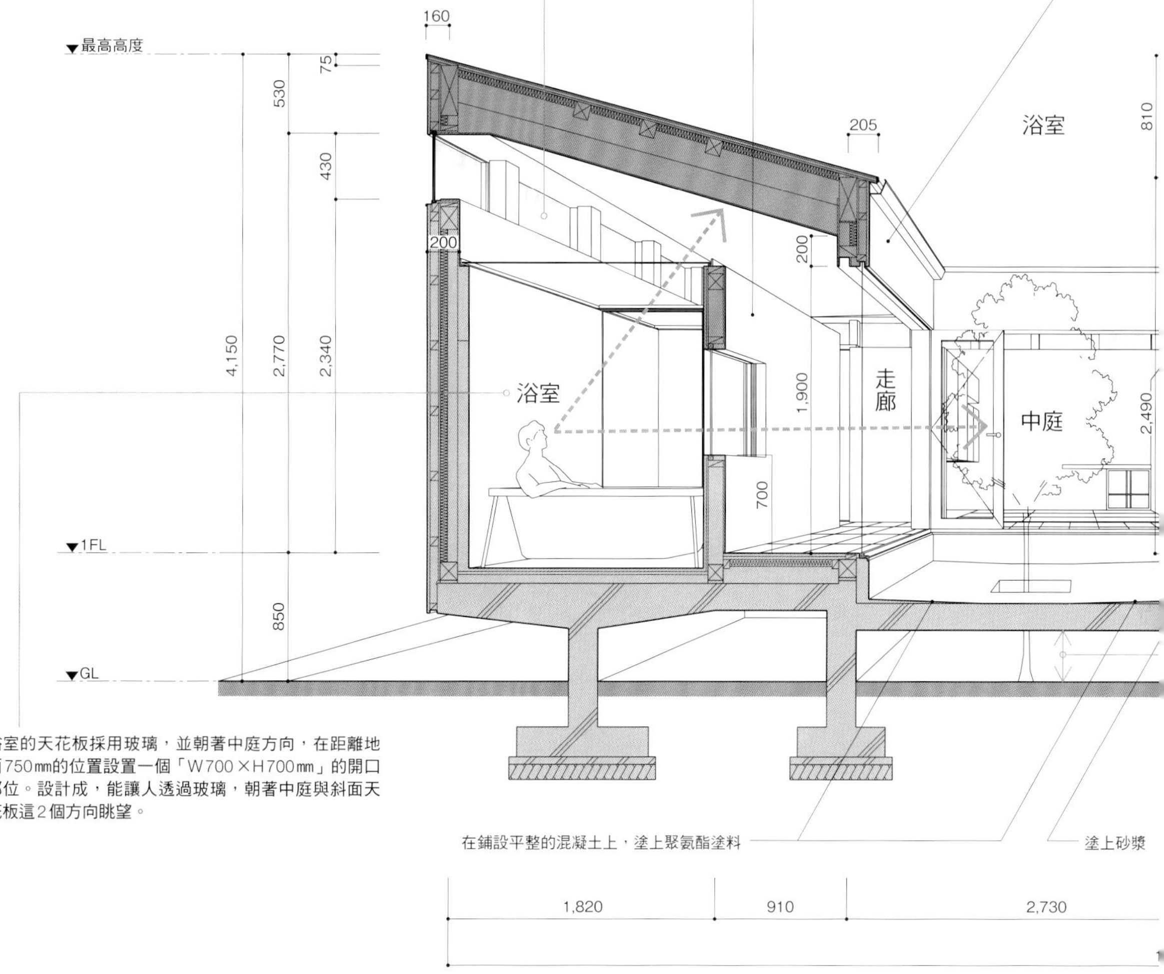

牆壁：
石膏板 厚度12.5 乳膠漆（EP）

160
最高高度
75
530
430
205
浴室
810
200
200
4,150
2,770
2,340
1,900
走廊
浴室
中庭
2,490
700
1FL
850
GL

浴室的天花板採用玻璃，並朝著中庭方向，在距離地面750㎜的位置設置一個「W700×H700㎜」的開口部位。設計成，能讓人透過玻璃，朝著中庭與斜面天花板這2個方向眺望。

在鋪設平整的混凝土上，塗上聚氨酯塗料

塗上砂漿

1,820
910
2,730

剖面圖[S=1：40]

（左）在室內，透過不會遮住光線的低矮隔間牆與家具來區隔各個空間。
（右）離地50㎝高的懸浮空間，會與相連的高側窗一起呈現出輕快的印象。

HOUSE_IM｜設計：宮原輝夫＋谷口尚子　攝影：宮原輝夫

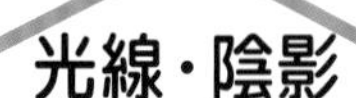
光線・陰影

METHOD 6

來自天窗的光線會在空間中製造出陰影

當建地位於住宅密集地區時，由於很難從鄰地側來進行採光，所以如何確保亮度會成為需要解決的課題。在這樣的場所，必須設置天窗，讓光線從上面落下，並藉由設計來讓光線能遍及一樓各處。舉例來說，只要在最上層設置天窗，然後有效地在其下方配置樓梯或挑高空間，光線就會很有效率地抵達樓下。此時，如果能使獲得的光線變得柔和，就能在空間中營造出安穩的平靜感。只要讓光線穿透、在牆上反射，凸顯光線的對比，就能打造出帶有陰影且表情豐富的空間。

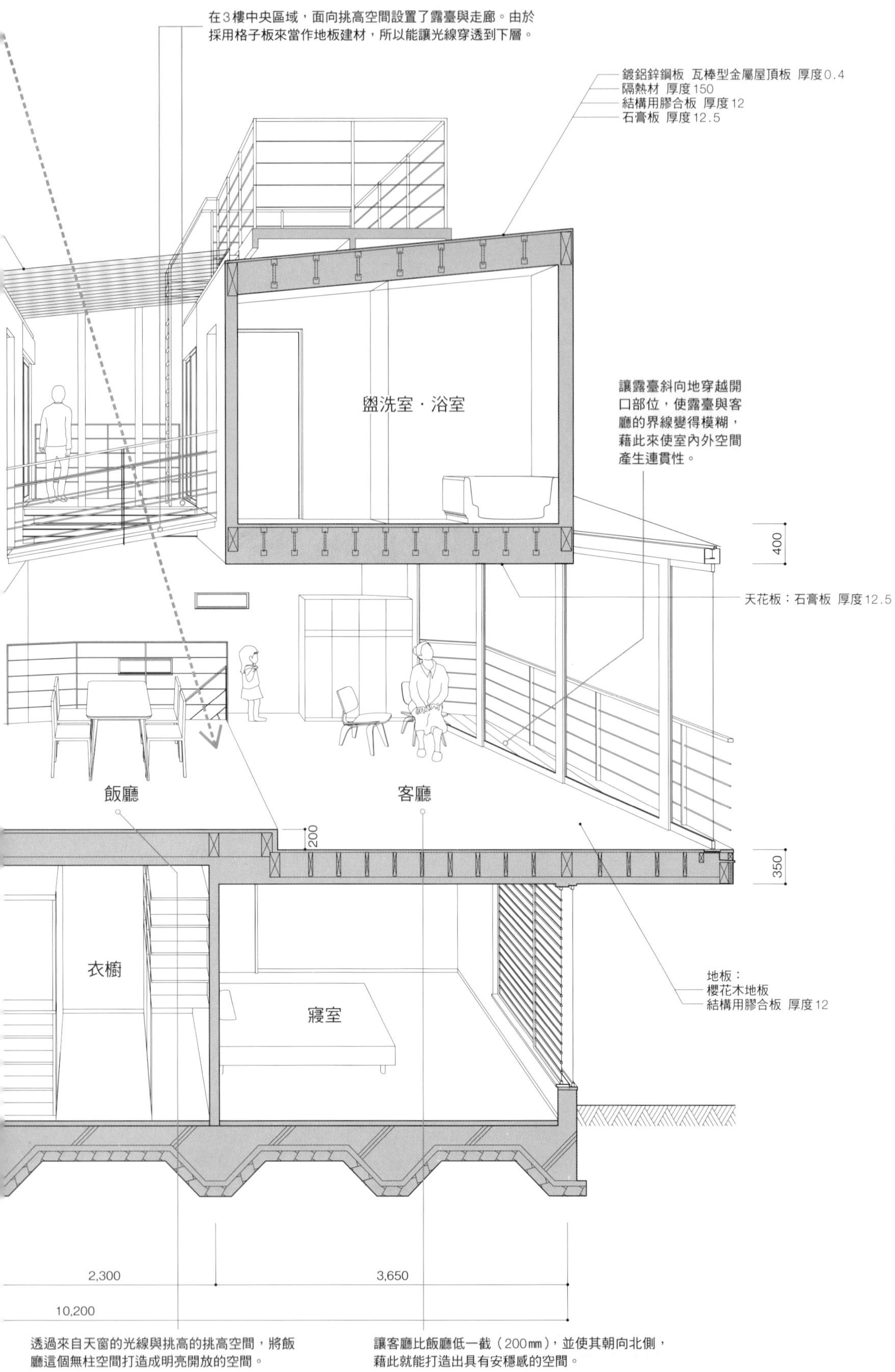

在3樓中央區域，面向挑高空間設置了露臺與走廊。由於採用格子板來當作地板建材，所以能讓光線穿透到下層。

鍍鋁鋅鋼板 瓦棒型金屬屋頂板 厚度0.4
隔熱材 厚度150
結構用膠合板 厚度12
石膏板 厚度12.5

盥洗室・浴室

讓露臺斜向地穿越開口部位，使露臺與客廳的界線變得模糊，藉此來使室內外空間產生連貫性。

400

天花板：石膏板 厚度12.5

飯廳

客廳

200

350

衣櫥

寢室

地板：
櫻花木地板
結構用膠合板 厚度12

2,300

3,650

10,200

透過來自天窗的光線與挑高的挑高空間，將飯廳這個無柱空間打造成明亮開放的空間。

讓客廳比飯廳低一截（200㎜），並使其朝向北側，藉此就能打造出具有安穩感的空間。

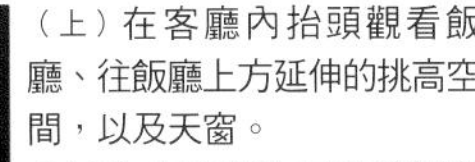

（上）在客廳內抬頭觀看飯廳、往飯廳上方延伸的挑高空間，以及天窗。
（左下）在玄關入口沿著樓梯抬頭觀看在2樓上方延伸的天窗。
（右下）面向南側密集市區的道路側，是由很注重隱私的小窗戶所組成。

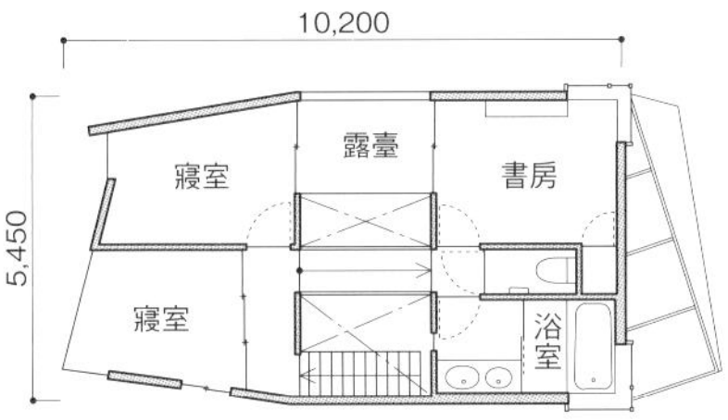

10,200
寢室 露臺 書房
5,450
寢室 浴室

3樓

10,200
5,450
廚房
飯廳
客廳

在3樓上部，讓「連接1樓與2樓的樓梯」與「擁有天窗的挑高空間」相連。光線會從此處照射到樓下。

2樓

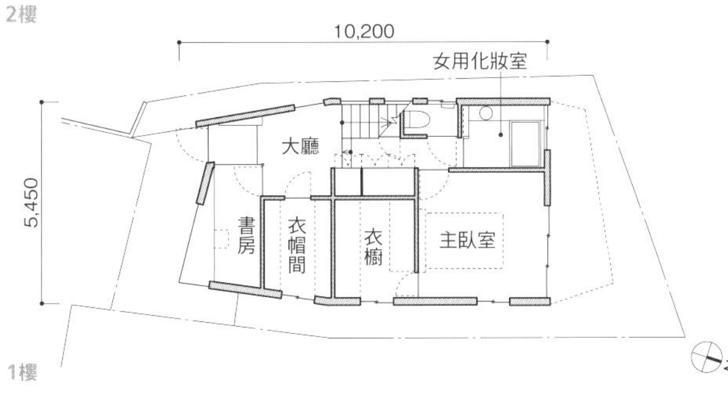

10,200
女用化妝室
5,450
大廳
書房
衣帽間
衣櫥
主臥室

1樓

平面圖［S＝1：250］

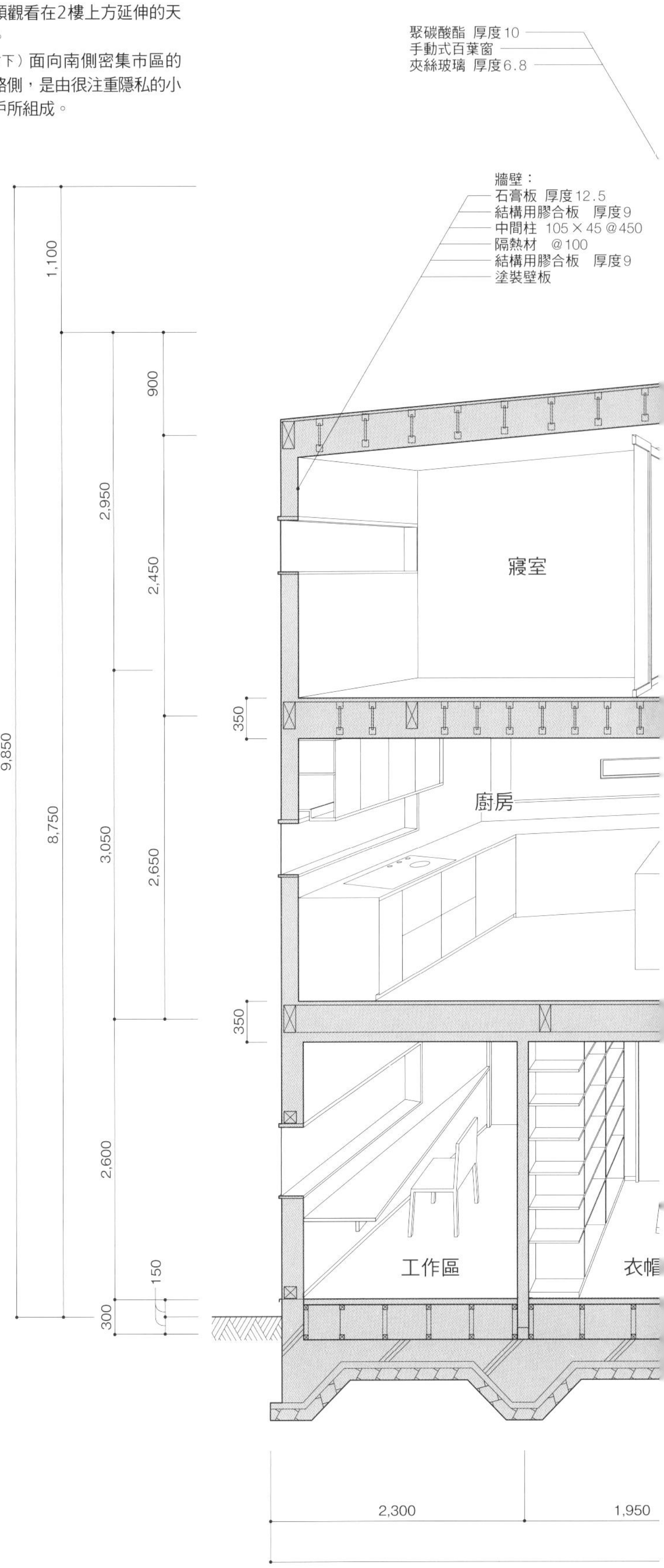

聚碳酸酯 厚度10
手動式百葉窗
夾絲玻璃 厚度6.8

牆壁：
石膏板 厚度12.5
結構用膠合板 厚度9
中間柱 105×45＠450
隔熱材 ＠100
結構用膠合板 厚度9
塗裝壁板

1,100
900
2,950
2,450
9,850
8,750
350
3,050
2,650
350
2,600
150
300
2,300
1,950

寢室
廚房
工作區
衣帽

剖面圖［S＝1：60］

Light Well House｜設計：田島則行＋tele-design　攝影：野秋達也

METHOD 7

透過客廳與和室來呈現明暗對比

由於屋主提出了「想要和室」的要求，所以就隨意地配置了和室，但卻沒有形成應有的和風空間，讓屋主感到不滿意。這種情況也是會出現的。如同谷崎潤一郎在《陰翳禮讚》一書中讚賞日本傳統之美那樣，在打造和風空間時，重點在於，要著重於「陰影」，並在採光方式上多下一些工夫。尤其是，當和室與客廳相鄰時，最好讓客廳變得明亮，和室則要稍微昏暗一點，以呈現出明暗對比。如果客廳面向庭院的話，只要將和室設置在與客廳稍微有點距離之處即可。

在客廳內，設置一個與樓梯間融為一體的稍小挑高空間，並藉由整面式的大型開口部位，來獲得更多來自南側的光線。
天花板：乳膠漆（EP）
閣樓
杉木板90見方
地板：木質地板（櫟木膠合板）
寢室
地板：木質地板（杉木）
牆壁：砂漿
屋頂底板厚度30
木製天花板收邊條（杉木）
楣窗
裝飾樑木
和室
嵌入式暖桌
客廳
庭院
地板：長條狀櫟木板厚度12
凹間的垂壁橫木（刃掛結構工法）
貼上和紙
1,365
1,365
7,280

最近，基於無障礙設計的考量，許多人會讓和室與客廳的地板高度變得相同。當兩者採用的是木質地板與榻榻米等不同的裝潢建材時，就必須調整地板高度，並同時考慮到裝潢建材的厚度。

想要讓客廳與和室的天花板高度變得相同時，假設天花板高度為2300～2500㎜的話，就很難設置高度到達天花板的門窗隔扇。因此，會在門窗隔扇上方設置垂壁或楣窗。若採用楣窗的話，就能讓客廳的光線照進來。

（上）在和室與客廳的牆壁顏色與採光方式上下工夫，呈現出對比。
（下）在正面入口的深處設置用來採光的庭院，呈現出與外部光線之間的對比。

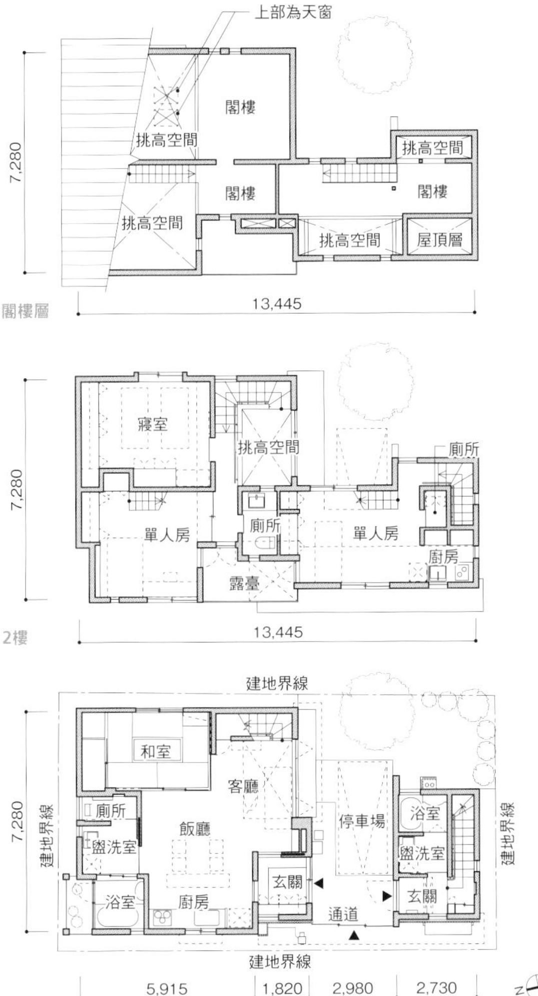

上部為天窗
閣樓
挑高空間
閣樓
挑高空間
閣樓
挑高空間
挑高空間
屋頂層
7,280
13,445
閣樓層
寢室
挑高空間
廁所
單人房
廁所
單人房
廚房
露臺
7,280
13,445
2樓
建地界線
和室
客廳
廁所
飯廳
盥洗室
浴室
廚房
玄關
停車場
浴室
盥洗室
玄關
通道
建地界線
建地界線
建地界線
7,280
5,915
1,820
2,980
2,730
13,445
1樓

平面圖［S＝1：250］

屋頂：
屋脊通風・屋頂表面通風
隔熱材 厚度100
筆直的瓦片屋頂
瀝青紙940
屋頂底板・結構用膠合板 厚度12
椽木45×90
正房105見方
斜樑

105

閣樓地板面線

衣櫥：吊衣架
直徑36

2FL

壁櫥：
地板・牆壁・天花板
椴木膠合板

牆壁

1FL

鋪設砂礫

GL

2,330
2,350
2,650
640
7,970
750

地板：天然榻榻米

4,550

和室東側的窗戶採用日式拉門，藉此來調整光線量，避免過多光線照進和室。對於調整光線來說，日式拉門是不可或缺的門窗隔扇。

剖面圖［S＝1：40］

根津邸｜設計：村山隆司　攝影：石井雅義

光線・陰影

METHOD 8

調整各個房間的亮度

在「位於不太能夠期待採光效果的住宅密集地區的住宅」，或者是「大型住宅」、「縱深很長的住宅」當中，必須多留意距離窗戶很遠的房間之亮度。需要考慮的前提條件有很多種，像是房間的用途、使用時段等。

在此案例中，我們將寢室、和室等採光需求較低的房間配置在1樓，使其成為昏暗度適中的空間，營造出安穩感。另一方面，將客廳、飯廳、廚房等需要亮度的房間配置在2樓，並設置大型開口部位或天窗，藉此來讓房間充滿光線。

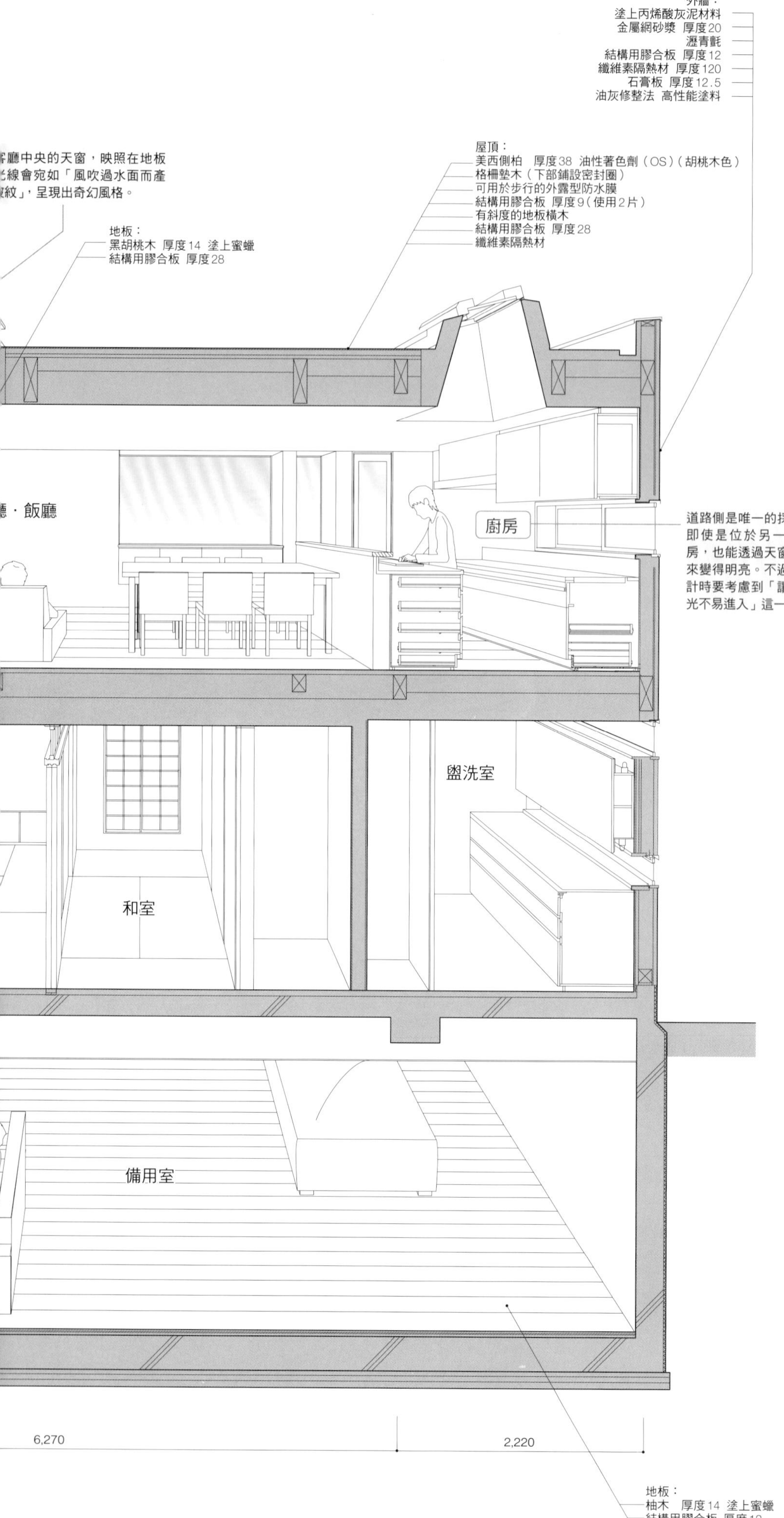

外牆：
塗上丙烯酸灰泥材料
金屬網砂漿 厚度20
瀝青氈
結構用膠合板 厚度12
纖維素隔熱材 厚度120
石膏板 厚度12.5
油灰修整法 高性能塗料
屋頂：
美西側柏 厚度38 油性著色劑（OS）（胡桃木色）
格柵墊木（下部鋪設密封圈）
可用於步行的外露型防水膜
結構用膠合板 厚度9（使用2片）
有斜度的地板橫木
結構用膠合板 厚度28
纖維素隔熱材
廳中央的天窗，映照在地板
線會宛如「風吹過水面而產
紋」，呈現出奇幻風格。
地板：
黑胡桃木 厚度14 塗上蜜蠟
結構用膠合板 厚度28
廳・飯廳
廚房
道路側是唯一的採光面。即使是位於另一側的廚房，也能透過天窗的效果來變得明亮。不過，在設計時要考慮到「讓直射陽光不易進入」這一點。
盥洗室
和室
備用室
6,270
2,220
地板：
柚木 厚度14 塗上蜜蠟
結構用膠合板 厚度12
平整砂漿 厚度25

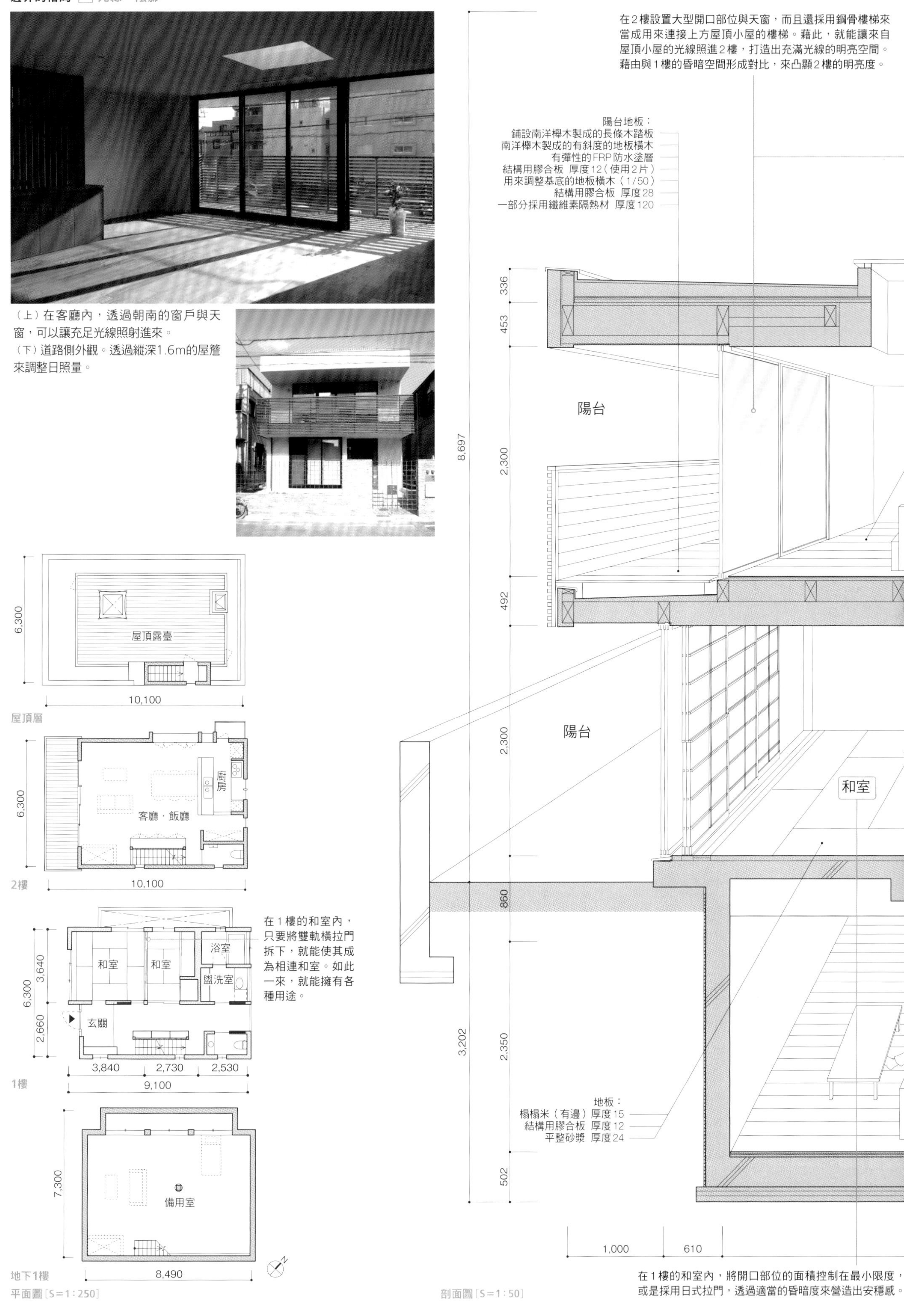
在2樓設置大型開口部位與天窗，而且還採用鋼骨樓梯來當成用來連接上方屋頂小屋的樓梯。藉此，就能讓來自屋頂小屋的光線照進2樓，打造出充滿光線的明亮空間。藉由與1樓的昏暗空間形成對比，來凸顯2樓的明亮度。
陽台地板：
鋪設南洋櫸木製成的長條木踏板
南洋櫸木製成的有斜度的地板橫木
有彈性的FRP防水塗層
結構用膠合板 厚度12（使用2片）
用來調整基底的地板橫木（1/50）
結構用膠合板 厚度28
一部分採用纖維素隔熱材 厚度120
336
453
2,300
492
2,300
860
2,350
502
8,697
3,202
陽台
陽台
和室
地板：
榻榻米（有邊）厚度15
結構用膠合板 厚度12
平整砂漿 厚度24
1,000
610
在1樓的和室內，將開口部位的面積控制在最小限度，或是採用日式拉門，透過適當的昏暗度來營造出安穩感。
剖面圖［S＝1：50］
6,300
屋頂露臺
10,100
屋頂層
6,300
廚房
客廳・飯廳
2樓
10,100
在1樓的和室內，只要將雙軌橫拉門拆下，就能使其成為相連和室。如此一來，就能擁有各種用途。
6,300
3,640
2,660
和室
和室
浴室
盥洗室
玄關
3,840
2,730
2,530
9,100
1樓
7,300
備用室
地下1樓
8,490
平面圖［S＝1：250］

（上）在客廳內，透過朝南的窗戶與天窗，可以讓充足光線照射進來。
（下）道路側外觀。透過縱深1.6m的屋簷來調整日照量。

MNK｜設計：彥根明　攝影：彥根明

光線・陰影

METHOD 9

透過從縫隙照進來的光線來製造陰影

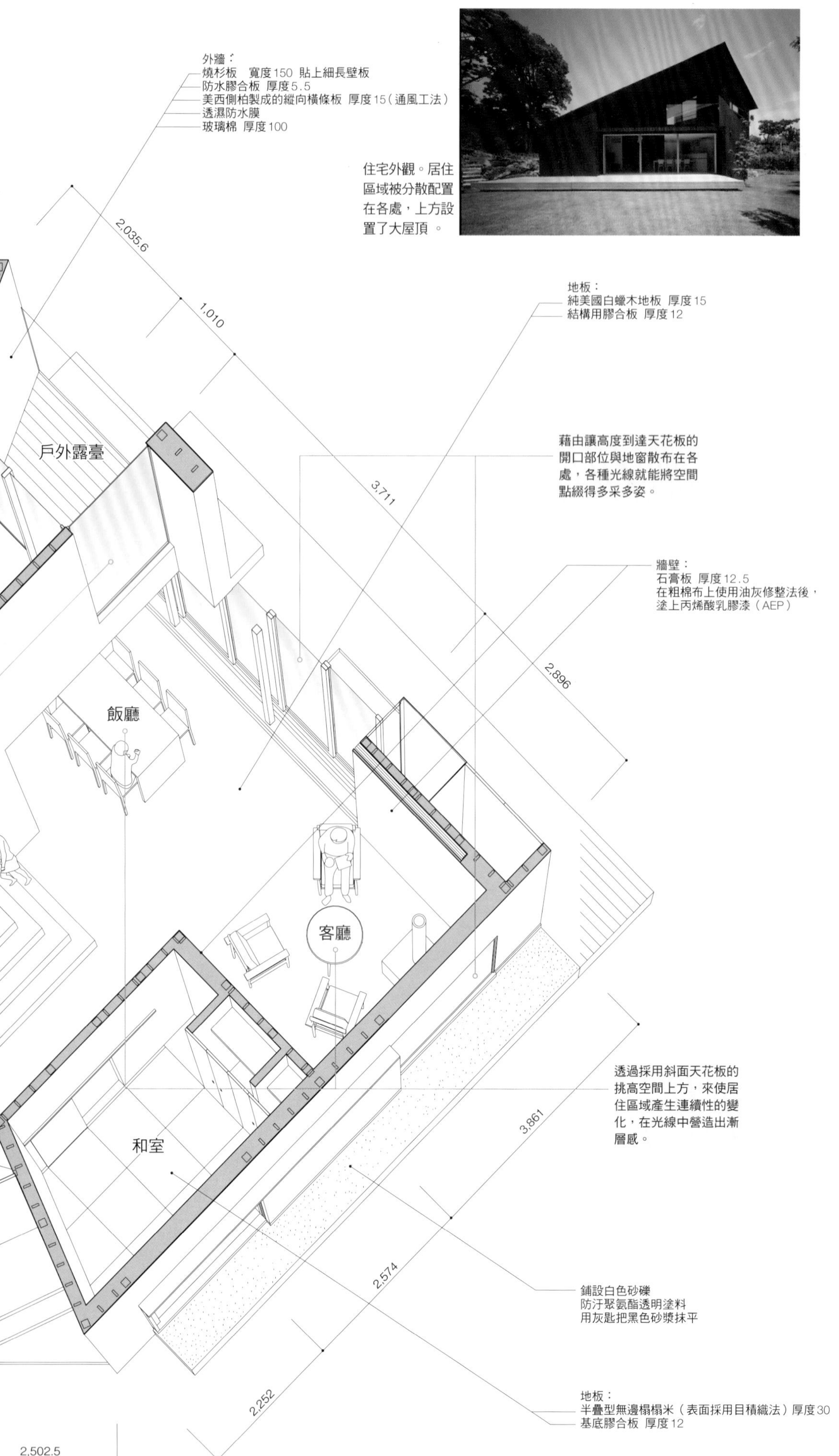
外牆：
燒杉板　寬度150 貼上細長壁板
防水膠合板 厚度5.5
美西側柏製成的縱向橫條板 厚度15（通風工法）
透濕防水膜
玻璃棉 厚度100
2,035.6
1,010
地板：
純美國白蠟木地板 厚度15
結構用膠合板 厚度12
戶外露臺
藉由讓高度到達天花板的開口部位與地窗散布在各處，各種光線就能將空間點綴得多采多姿。
3,711
牆壁：
石膏板 厚度12.5
在粗棉布上使用油灰修整法後，塗上丙烯酸乳膠漆（AEP）
2,896
飯廳
客廳
透過採用斜面天花板的挑高空間上方，來使居住區域產生連續性的變化，在光線中營造出漸層感。
3,861
和室
2,574
鋪設白色砂礫
防汙聚氨酯透明塗料
用灰匙把黑色砂漿抹平
2,252
地板：
半疊型無邊榻榻米（表面採用目積織法）厚度30
基底膠合板 厚度12
2,502.5

住宅外觀。居住區域被分散配置在各處，上方設置了大屋頂。

只要在各個方位與高度設置大小不一的開口部位，就能避免同樣的光線從所有開口部位同時照射進來。在設置開口部位時，不能只考慮到將室內照亮，而是要巧妙地引入會時時產生變化的光線，讓空間的品質產生變化，並藉此來使內心變得充實。舉例來說，在分散配置於各處的居住空間（區域）上設置很大的屋頂，並將各區域之間的空隙都當作開口部位。經由空隙所構成的開口部位照進來的光線，會同時製造出亮度與陰影，使居住空間產生安穩感。

（左）朝著多個方向設置各種開口部位，藉此就能打造出能經常感受到光線變化的空間。
（右）透過日式拉門來使光線變得柔和，讓光線擴散到整個空間。

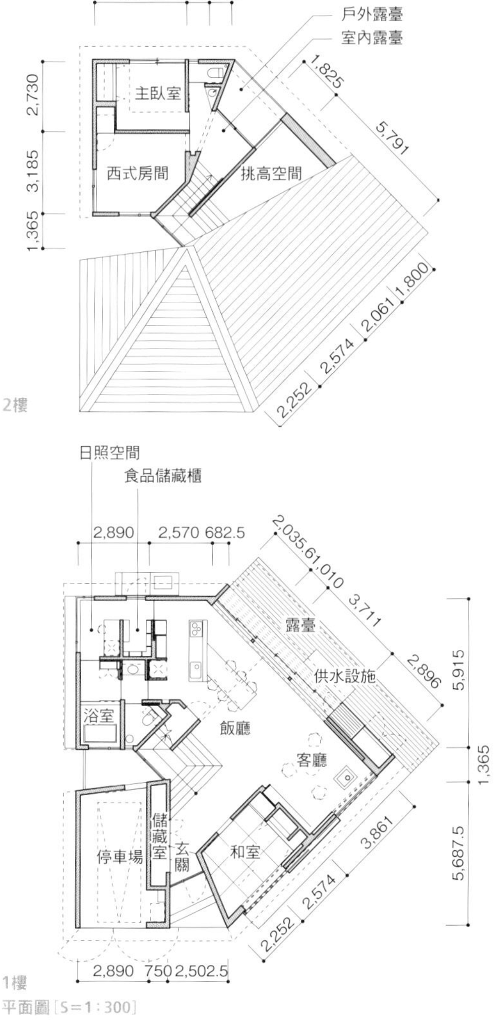

3,640
910910
戶外露臺
室內露臺
2,730
3,185
1,365
主臥室
西式房間
挑高空間
1,825
5,791
1,800
2,061
2,574
2,252
2樓
日照空間
食品儲藏櫃
2,890
2,570 682.5
2,035.61,010
3,711
2,896
5,915
1,365
5,687.5
露臺
供水設施
浴室
飯廳
客廳
儲藏室
玄關
停車場
和室
3,861
2,574
2,252
2,890 750 2,502.5
1樓

平面圖［S＝1：300］

在設計上，會用一片屋頂來覆蓋被分散配置在各處的功能性空間。在空間內，能夠感受到高低落差等建地特色。藉此，就能讓人在空間內強烈地感受到室內與室外的連貫性與整體性。

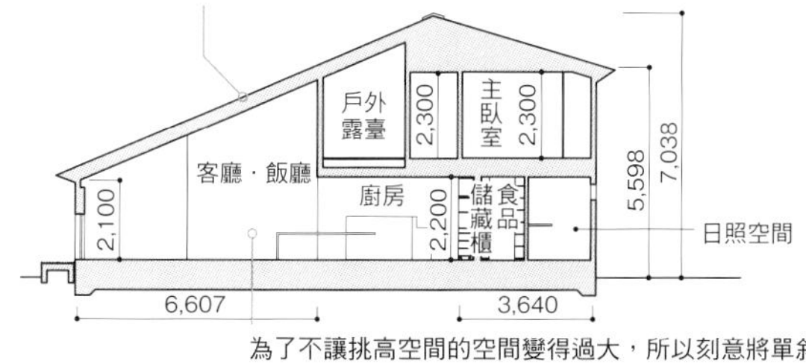

戶外露臺
2,300
主臥室
2,300
客廳・飯廳
廚房
2,200
儲藏櫃
食品
2,100
5,598
7,038
日照空間
6,607
3,640

為了不讓挑高空間的空間變得過大，所以刻意將單斜面屋頂下方座位區的天花板高度降到2100㎜。

剖面圖［S＝1：300］

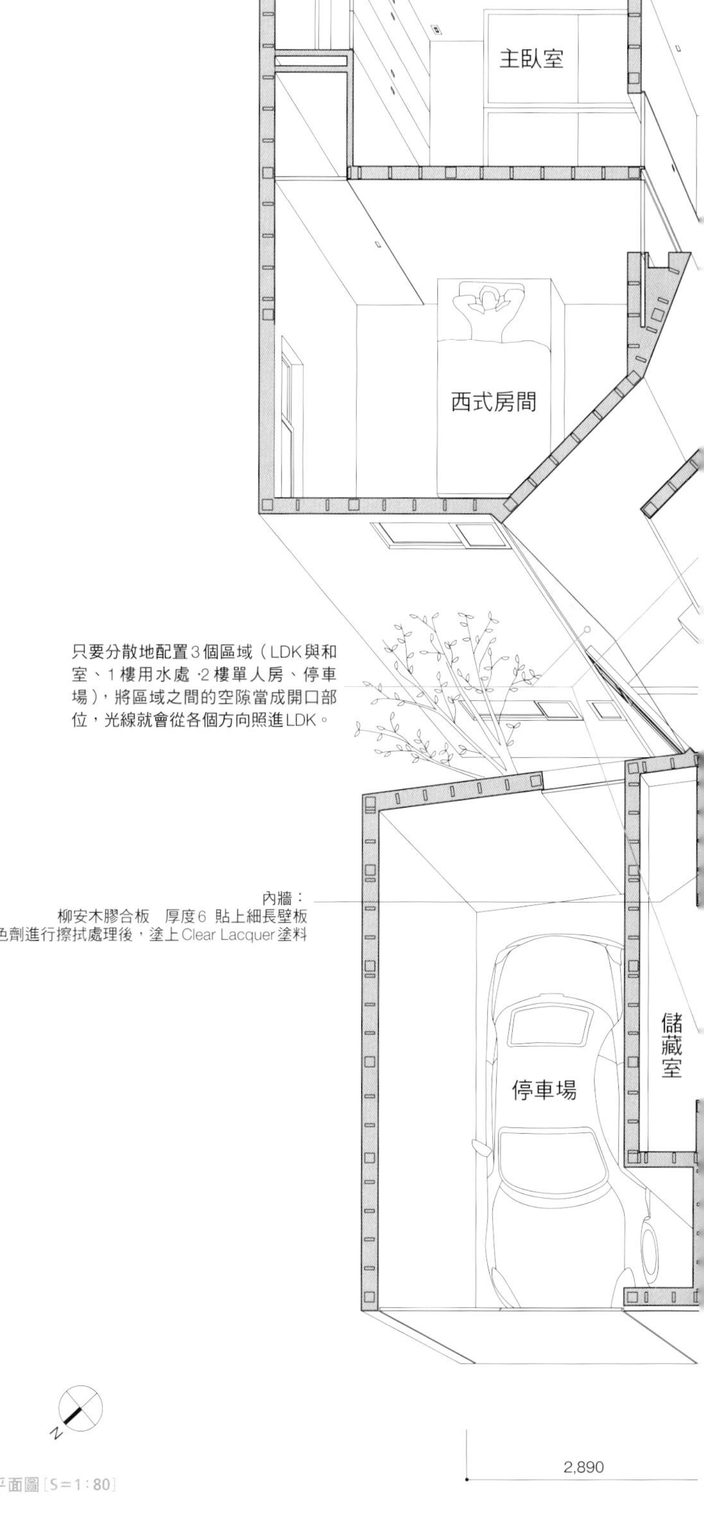

3,640
910
主臥室
西式房間
停車場
儲藏室
2,890
N

只要分散地配置3個區域（LDK與和室、1樓用水處・2樓單人房、停車場），將區域之間的空隙當成開口部位，光線就會從各個方向照進LDK。

內牆：
柳安木膠合板　厚度6　貼上細長壁板
用油性著色劑進行擦拭處理後，塗上Clear Lacquer塗料

平面圖［S＝1：80］

城之崎海岸的家｜設計：石井秀樹　攝影：鳥村鋼一

保暖・涼爽的設計重點在於，隔熱性能的提昇與適度的通風

「保暖・涼爽」的理想設計

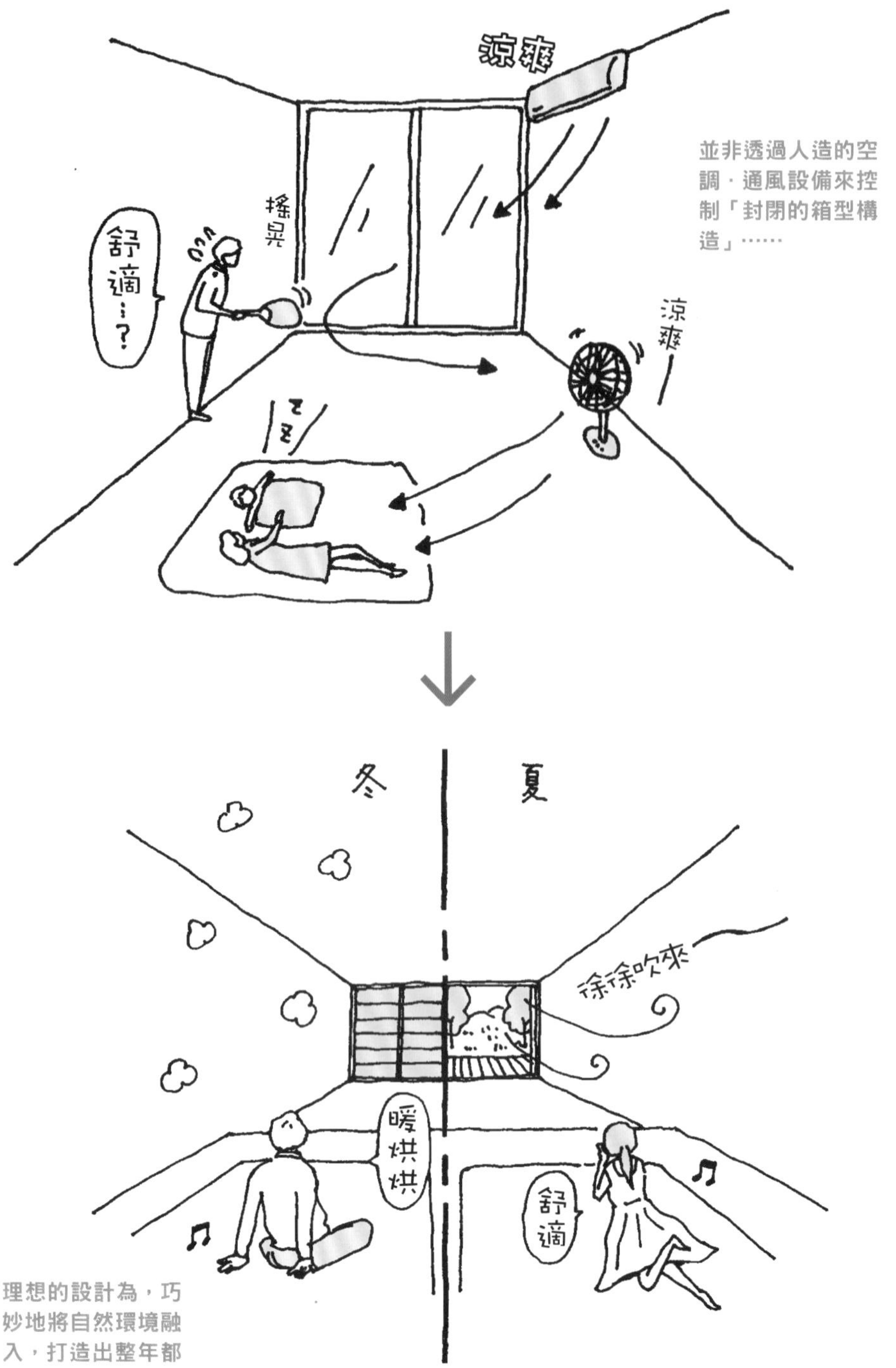

並非透過人造的空調・通風設備來控制「封閉的箱型構造」……

理想的設計為，巧妙地將自然環境融入，打造出整年都很舒適的空間

無論空間的外觀再怎麼漂亮，即使兼具安穩感與便利性，但如果空間無法應付會隨著氣候而產生變化的室外環境的話，就不能說是好住宅。理想的設計為，不會受到氣候影響，整個家能保持相同的室溫。再加上，如果能夠不透過人造的空調・通風設備來控制這種室內環境，而是藉由巧妙地運用周圍環境來實現這點的話，也能夠獲得「降低水電費」等好處。在本章中，要解說如何不過度仰賴空調・通風設備來創造舒適的溫熱環境。

若想要不仰賴設備來確保舒適的溫熱環境的話，重點在於，提昇隔熱性能，並確保適度的通風。藉由兼顧這兩者的設計，就能讓在該處生活的每個人都能擁有舒適的生活空間。舉例來說，在家中設置含有挑高空間的大空間時，只要提昇地板、牆壁、天花板、開口部位的隔熱性能，就能保持一定的室溫，打造出舒適的室內環境。通風的設計與採光相同，並非只要確保量即可。重點在於，對室外環境進行評估後，要在開口部位的設置方式與屋頂形狀等方面下工夫，讓家

「保暖．涼爽」的重點

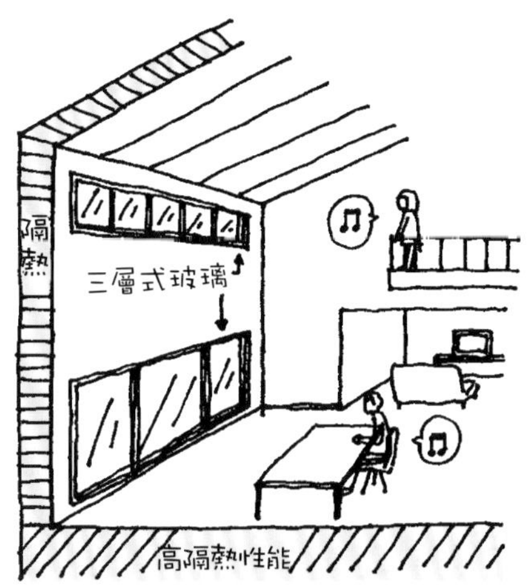
隔熱
三層式玻璃
高隔熱性能

Point 1 只要提昇隔熱性能，大空間也會變得舒適。

Point 2 屋頂綠化所使用的土壤也是很棒的隔熱材。

隔熱效果

Point 3 只要利用煙囪效應，在風不吹時，也能進行通風。

中各處都擁有適度的空氣流動。

另一方面，在擁有大型開口部位的空間等處，光靠重視隔熱性能與通風，還是很難確保舒適的溫熱環境時，即使採用中央空調與蓄熱式供暖地板等設備，應該也沒關係吧。以適當的方式來使用合適的設備是很重要的。關鍵在於，不要過度仰賴或排斥設備，而是要取得設備與舒適度之間的平衡。

只要能打造出舒適的室內環境，就不會覺得從一個房間移動到另一個房間是件很麻煩的事，無論待在家中何處，都能時常保持平穩的心情。如果整個家能維持一定的室溫，整個空間也會產生整體感。

環境績效的設計已經重要到沒有設計師不會去考慮居住空間的溫熱環境，甚至成為必要條件。另一方面，在也有人提倡「零耗能化」、「被動式設計」的現在，建築設計已經成為了一門更加高深的學問。

乍看之下，也許有人會覺得，溫熱環境是與格局設計最沒有關聯的主題。雖然這個主題在視覺上很難感受到，如果不試著住住看，就很難理解，但我們還是希望大家回到「使生活變得充實」這個住宅設計的大前提，在保暖．涼爽的設計上下工夫。

保暖·涼爽

METHOD 1

透過錯層式結構來讓空氣循環

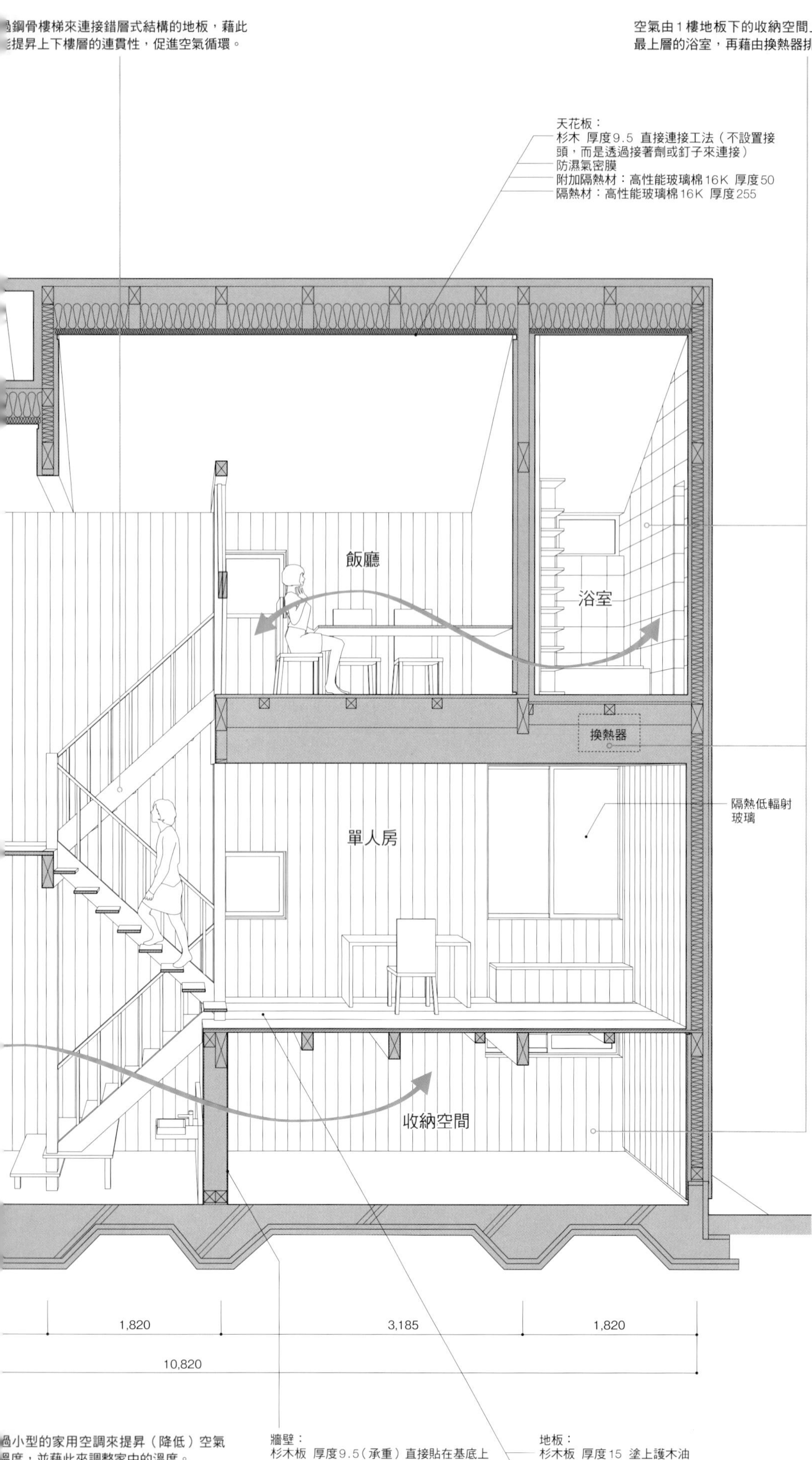
過鋼骨樓梯來連接錯層式結構的地板，藉此
能提昇上下樓層的連貫性，促進空氣循環。
空氣由1樓地板下的收納空間上升到
最上層的浴室，再藉由換熱器排出。
天花板：
杉木 厚度9.5 直接連接工法（不設置接頭，而是透過接著劑或釘子來連接）
防濕氣密膜
附加隔熱材：高性能玻璃棉16K 厚度50
隔熱材：高性能玻璃棉16K 厚度255
飯廳
浴室
換熱器
隔熱低輻射
玻璃
單人房
收納空間
1,820
3,185
1,820
10,820
過小型的家用空調來提昇（降低）空氣
溫度，並藉此來調整家中的溫度。
牆壁：
杉木板 厚度9.5（承重）直接貼在基底上
斜支柱 90×90 單列鋼筋配置
地板：
杉木板 厚度15 塗上護木油
結構用膠合板 厚度24（剛床工法）

如同上圖那樣的錯層式結構，能夠縱向地將水泥地、單人房、客廳、飯廳等空間連結成一個大空間，所以家人們的生活也會以無邊界的方式產生聯繫。不過，由於整個家的空間會融為一體，所以要多花一些工夫來讓室內保持適當溫度。

一邊透過附加隔熱〔※1〕、對地絕緣隔熱〔※2〕等方式來提昇骨架的隔熱性能，一邊在天花板內部空間裝設換熱器，充分地發揮其性能。重點在於，要讓空氣循環，避免空間的上下產生溫差，藉此來保持相同的固定溫度。

※1 將高性能隔熱材填入柱間，並以外部包覆式隔熱工法來設置隔熱材。
※2 水平地將隔熱材放入地下。

（上）2樓客廳。除了結構材料以外，內部的地板與牆壁也是用杉木製成的。
（左下）西側外觀。在大型開口部位上裝設百葉拉門，調節日照量。
（右下）抬頭觀看外牆。貼上杉木製成的魚鱗護壁板。

在夏天，要將可動式格子拉門關上，以遮擋午後陽光，在冬天則要打開來，使其成為陽光的入口。

在具備高度氣密性・隔熱性能的室內，透過挑高空間與設置在地板上的百葉窗，就能打造出一體化的熱環境空間。

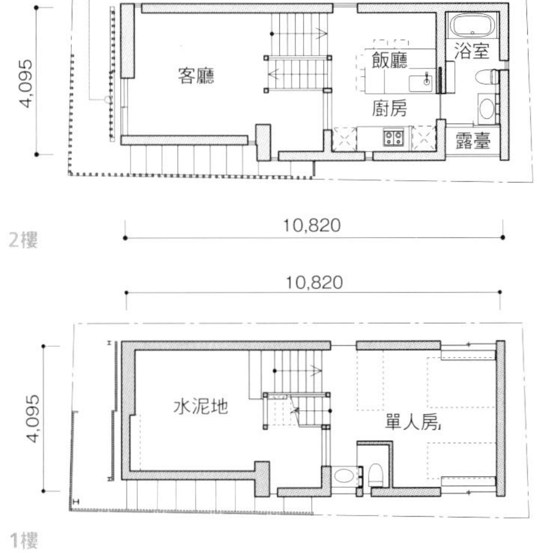

4,095
客廳
飯廳
廚房
浴室
露臺
10,820
2樓
10,820
4,095
水泥地
單人房
1樓
N

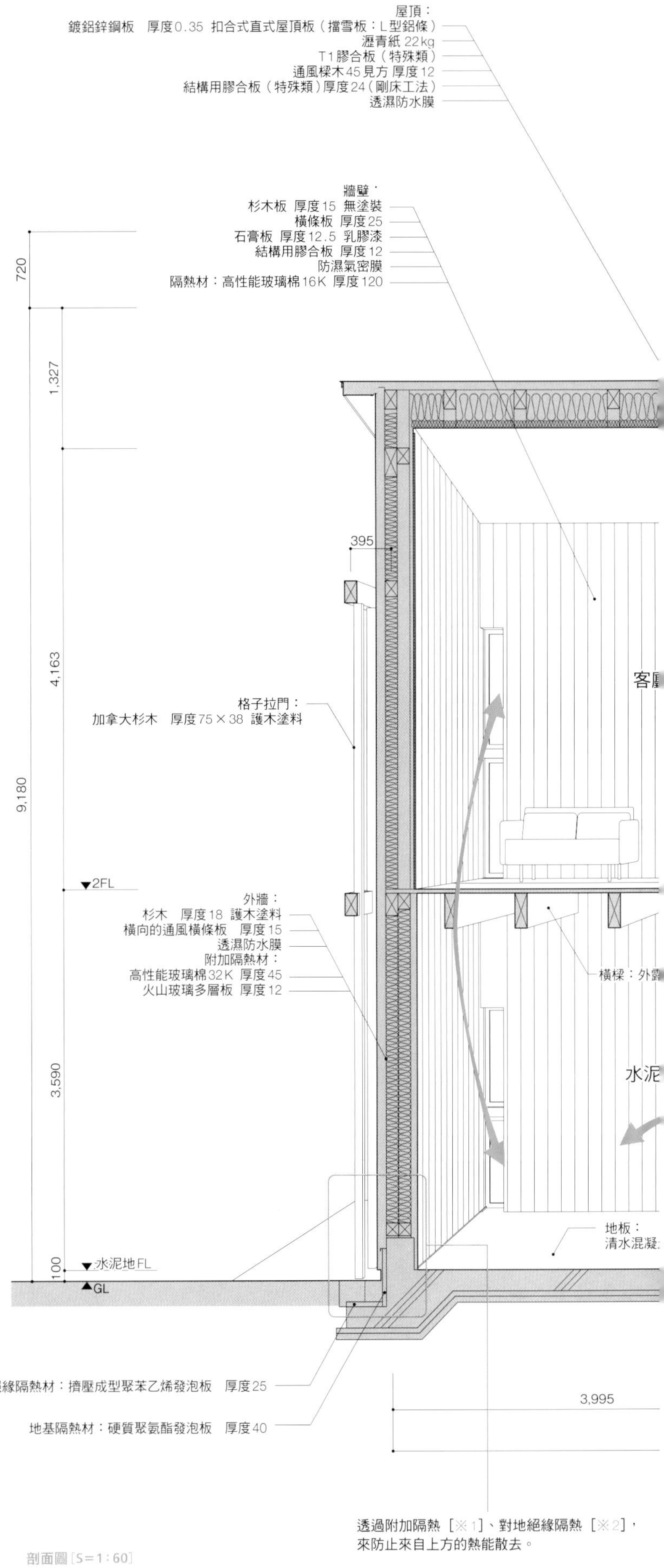

屋頂：
鍍鋁鋅鋼板　厚度0.35　扣合式直式屋頂板（擋雪板：L型鋁條）
瀝青紙 22kg
T1膠合板（特殊類）
通風椽木45見方 厚度12
結構用膠合板（特殊類）厚度24（剛床工法）
透濕防水膜

牆壁：
杉木板 厚度15 無塗裝
橫條板 厚度25
石膏板 厚度12.5 乳膠漆
結構用膠合板 厚度12
防濕氣密膜
隔熱材：高性能玻璃棉16K 厚度120

720
1,327
395
4,163
9,180
3,590
100

格子拉門：
加拿大杉木　厚度75×38 護木塗料

客廳

2FL

外牆：
杉木　厚度18 護木塗料
橫向的通風橫條板　厚度15
透濕防水膜
附加隔熱材：
高性能玻璃棉32K 厚度45
火山玻璃多層板 厚度12

橫樑：外露

水泥地

地板：
清水混凝土

水泥地FL
GL

對地絕緣隔熱材：擠壓成型聚苯乙烯發泡板　厚度25

地基隔熱材：硬質聚氨酯發泡板　厚度40

3,995

透過附加隔熱［※1］、對地絕緣隔熱［※2］，來防止來自上方的熱能散去。

剖面圖［S＝1：60］

SUNOKOYA｜設計：荒木毅　攝影：篠澤裕

保暖・涼爽

2 挑高空間的舒適度取決於隔熱性能

以能源耗損低的住家為目標時，挑高空間與大型開口部位會容易造成不利的情況。不過，如果能徹底地發揮骨架的隔熱性能，並充分地確保窗戶周圍的性能，就能一邊減少能源損失，一邊設置開放式的挑高空間，或是透過大型開口部位來欣賞景色。

為了保證各個部位的性能，在此案例中，我們分別在牆壁與屋頂填入了120㎜與175㎜左右的纖維素隔熱材，窗戶部分則採用三層式玻璃與木製窗框。藉由引進全熱交換型通風系統，就能更進一步地減少能源損失。

分別在地板、牆壁、屋頂填入90㎜、120㎜、175㎜的乾式纖維素隔熱材，緊密地將住家包覆起來。

地板：
柚木 厚度18
塑合板 厚度10
石膏板 厚度12.5
隔音膜 厚度1
結構用膠合板 厚度12
地板橫木 60×120@303

工作區

鋼琴區

497
3,193.5
3,140
7,090.5
2,800
2,853.5
600

也要考慮到鋼琴區的聲音問題。當住家距離鄰居較遠時，即使不設置獨立的隔音室，在一室格局的空間內，透過三層式玻璃的窗戶，也能滿足必要的性能。

地板：
柚木 厚度18
塑合板 厚度10
石膏板 厚度9.5
結構用膠合板 厚度12
地板橫木 40×90@303
蓄熱式供暖地板系統 厚度90
結構用膠合板 厚度12
格柵墊木 90見方@910
纖維素隔熱材 厚度90
結構用膠合板 厚度12

3,660
910

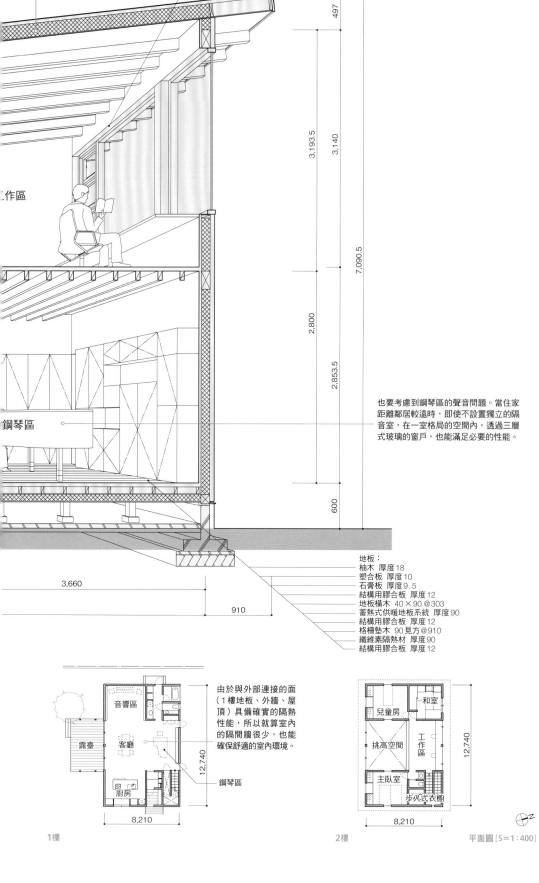

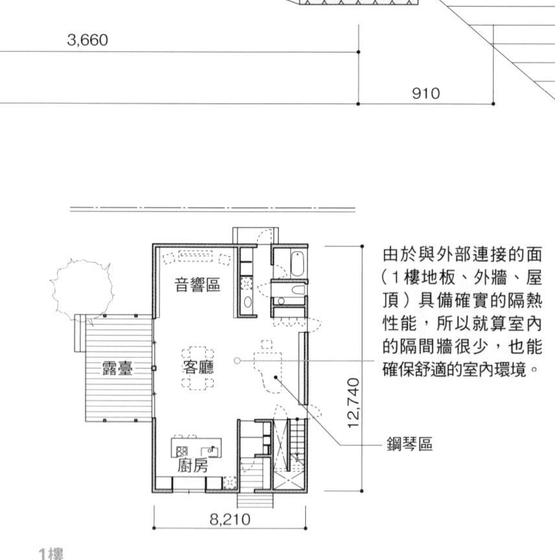
音響區
露臺
客廳
廚房
12,740
8,210
由於與外部連接的面（1樓地板、外牆、屋頂）具備確實的隔熱性能，所以就算室內的隔間牆很少，也能確保舒適的室內環境。
鋼琴區

1樓

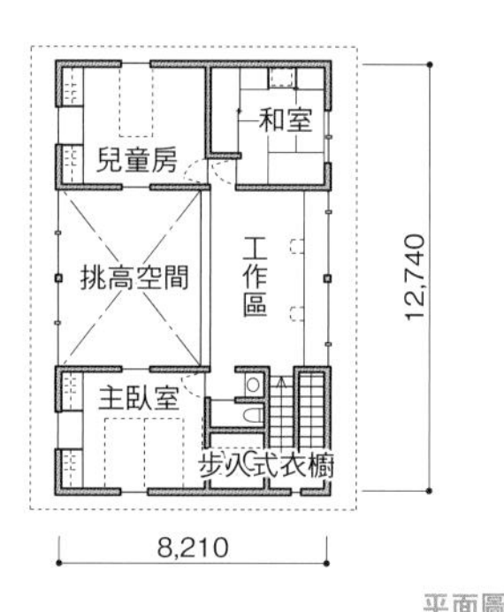
兒童房
和室
挑高空間
工作區
主臥室
步入式衣櫥
12,740
8,210

2樓

平面圖［S=1：400］

在朝南的單斜面屋頂上裝設太陽能發電板（17.745KW）。不僅能夠節省電費，還能讓發電量超過耗電量，打造出正能源屋。

一邊設置高側窗，一邊考慮日照角度，將屋簷突出部分的長度設為910㎜，這樣就能在夏季遮蔽陽光，並在冬季進行採光。

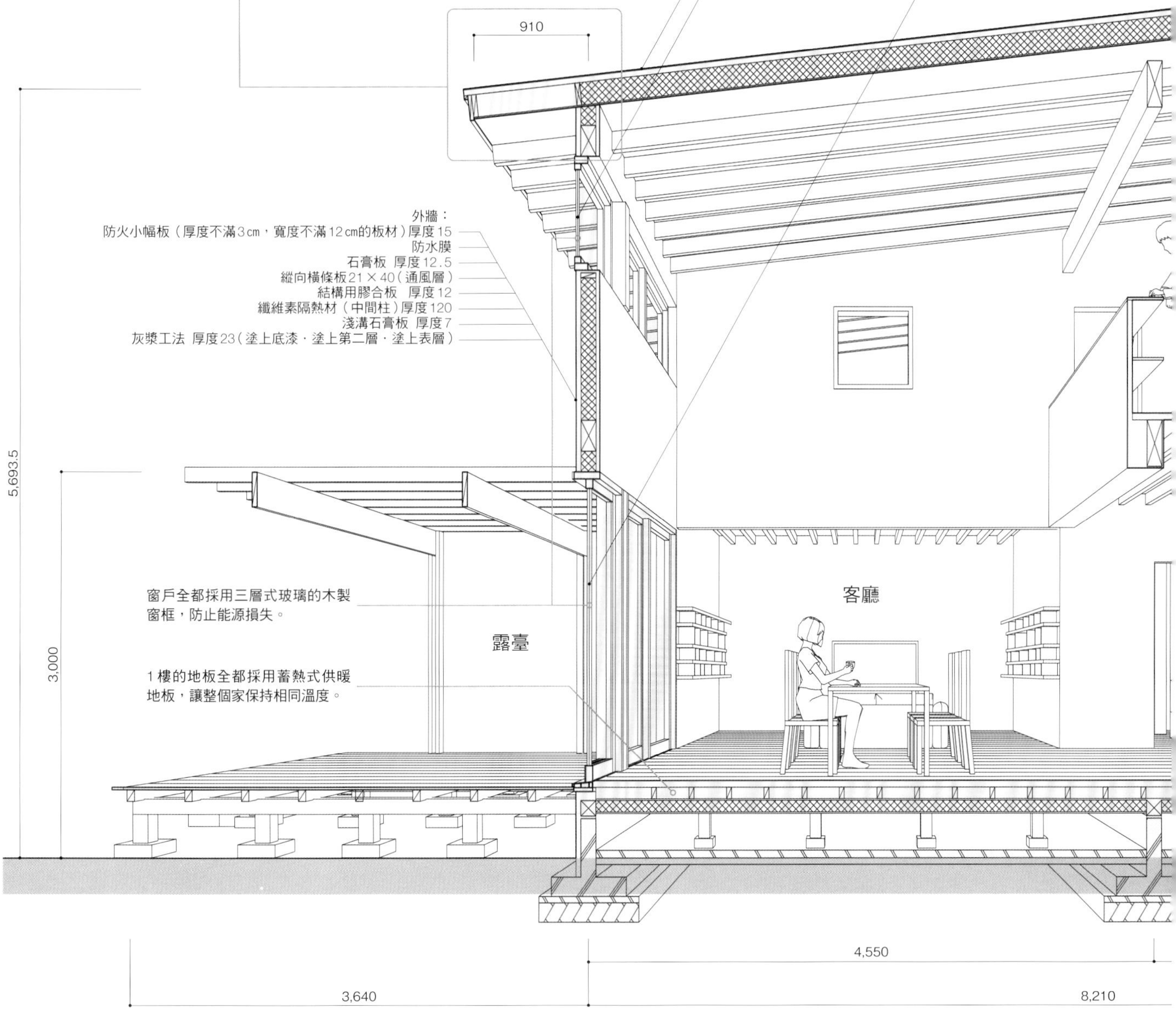

屋頂：
鍍鋁鋅鋼板
在瓦棒型金屬屋頂板上裝設太陽能發電系統
瀝青紙940
結構用膠合板F1 厚度12
通風窗櫺 21×40
結構用膠合板 厚度12
45×175@455（纖維素隔熱材 厚度175）
結構用膠合板 厚度12 油性著色劑（OS）
梁木EW 60×150@455

木製窗框（三層式玻璃）

910

外牆：
防火小幅板（厚度不滿3㎝，寬度不滿12㎝的板材）厚度15
防水膜
石膏板 厚度12.5
縱向橫條板21×40（通風層）
結構用膠合板 厚度12
纖維素隔熱材（中間柱）厚度120
淺溝石膏板 厚度7
灰漿工法 厚度23（塗上底漆・塗上第二層・塗上表層）

5,693.5

窗戶全都採用三層式玻璃的木製窗框，防止能源損失。

1樓的地板全都採用蓄熱式供暖地板，讓整個家保持相同溫度。

3,000

露臺

客廳

4,550

3,640

8,210

剖面圖［S＝1：50］

（左）從客廳觀看鋼琴區。
（中央）2樓中央的工作區也是用來連接東西兩側房間的通道。
（右）隔著田地觀看。黑色外牆的住家看起來似乎與背後的山融為一體。

SNM｜設計：彥根明　攝影：彥根明

METHOD 3

不仰賴空調設備的空氣循環方式

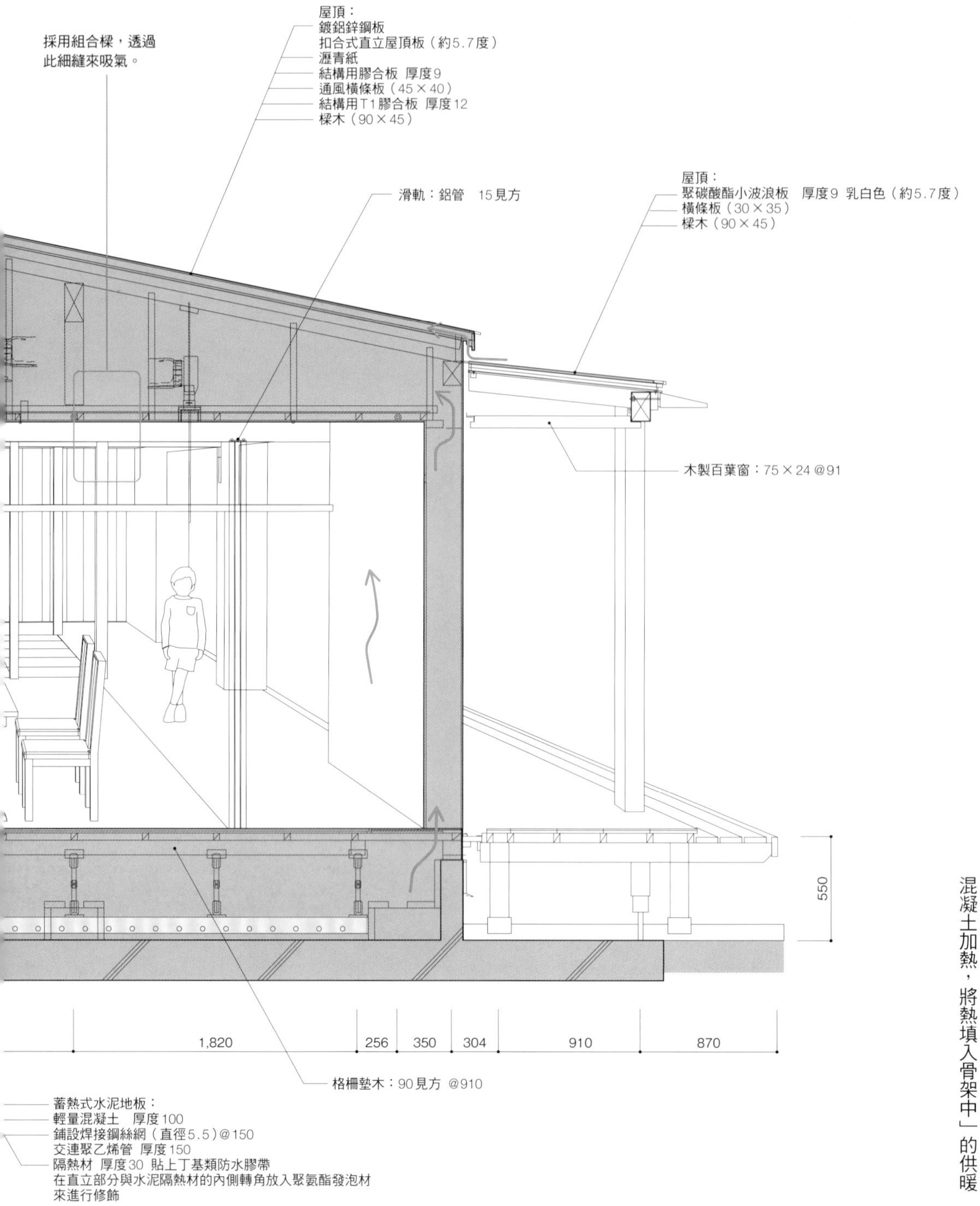

空調設備會將從設備中吹出的暖氣或冷氣與空氣混合，讓室內保持固定室溫。不過，空調的聲音、氣味、風等也會造成問題。想要打造一個既舒適又溫暖，而且安靜·無味·無風的環境時，可以選擇「透過熱水來將地板下的蓄熱混凝土加熱，將熱填入骨架中」的供暖方式。透過這種方法，面向室內的地板·牆壁·天花板的表面溫度就能保持相同，整個家也能發揮輻射供暖設備的作用。

關於冷氣的部分，如果在樑柱之間的空隙設置排氣口的話，就能同步完成結構規劃和打造溫熱環境的目標。

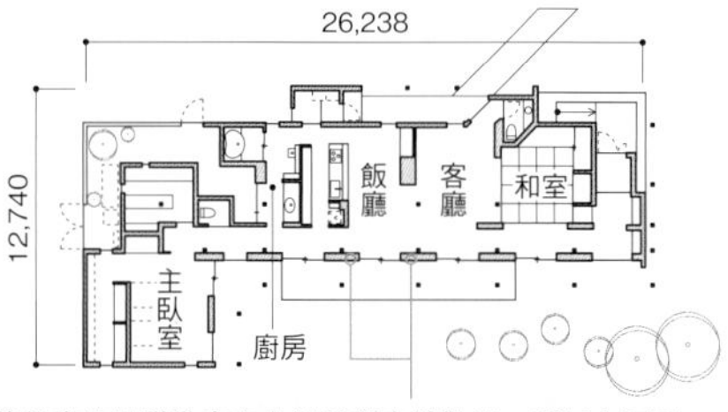

屋頂：
鍍鋁鋅鋼板
扣合式直立屋頂板（約5.7度）
瀝青紙
結構用膠合板 厚度9
通風橫條板（45×40）
結構用T1膠合板 厚度12
樑木（90×45）
採用組合樑，透過此細縫來吸氣。
滑軌：鋁管 15見方
屋頂：
聚碳酸酯小波浪板 厚度9 乳白色（約5.7度）
橫條板（30×35）
樑木（90×45）
木製百葉窗：75×24 @91
550
1,820
256
350
304
910
870
格柵墊木：90見方 @910
蓄熱式水泥地板：
輕量混凝土 厚度100
鋪設焊接鋼絲網（直徑5.5）@150
交連聚乙烯管 厚度150
隔熱材 厚度30 貼上丁基類防水膠帶
在直立部分與水泥隔熱材的內側轉角放入聚氨酯發泡材來進行修飾

26,238
12,740
飯廳
客廳
和室
主臥室
廚房
N

為了能夠充分地引進來自北側的穩定擴散光，所以在平面圖方面，會採用東西向的長條狀格局。等間隔地配置LDK的牆壁，讓每道牆都能發揮輻射供暖設備的效果，藉此就能確保溫暖的室內空間。

平面圖［S＝1：400］

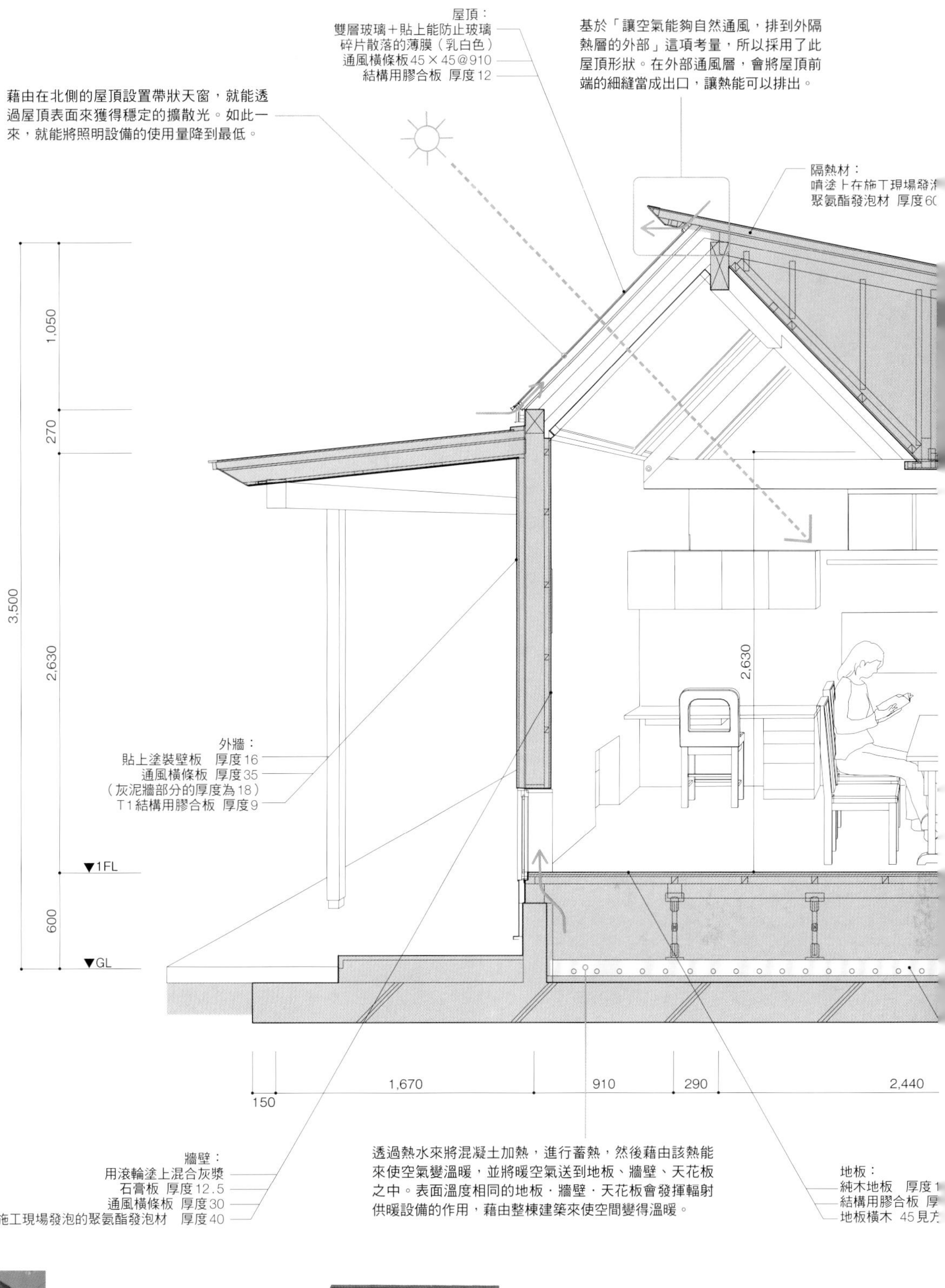

屋頂：
雙層玻璃＋貼上能防止玻璃
碎片散落的薄膜（乳白色）
通風橫條板 45×45@910
結構用膠合板 厚度12
基於「讓空氣能夠自然通風，排到外隔熱層的外部」這項考量，所以採用了此屋頂形狀。在外部通風層，會將屋頂前端的細縫當成出口，讓熱能可以排出。
藉由在北側的屋頂設置帶狀天窗，就能透過屋頂表面來獲得穩定的擴散光。如此一來，就能將照明設備的使用量降到最低。
隔熱材：
噴塗上在施工現場發
聚氨酯發泡材 厚度6
1,050
270
3,500
2,630
2,630
外牆：
貼上塗裝壁板 厚度16
通風橫條板 厚度35
（灰泥牆部分的厚度為18）
T1結構用膠合板 厚度9
▼1FL
600
▼GL
150
1,670
910
290
2,440
牆壁：
用滾輪塗上混合灰漿
石膏板 厚度12.5
通風橫條板 厚度30
隔熱材：在施工現場發泡的聚氨酯發泡材 厚度40
透過熱水來將混凝土加熱，進行蓄熱，然後藉由該熱能來使空氣變溫暖，並將暖空氣送到地板、牆壁、天花板之中。表面溫度相同的地板、牆壁、天花板會發揮輻射供暖設備的作用，藉由整棟建築來使空間變得溫暖。
地板：
純木地板 厚度1
結構用膠合板 厚
地板橫木 45見方

剖面圖［S＝1：40］

（左）光是透過朝北的天窗所獲得的光線，就能讓人使用到黃昏。
（右）在北側的外觀中，天窗成為主要的設計要素。

吉川的家｜設計：長谷川順持　攝影：長谷川順持

保暖·涼爽

METHOD 4

透過中央空調來打造恆溫環境

只要採用中庭型住宅，就能一邊確保隱私，一邊朝著中庭設置大型開口部位。不過，由於許多熱能會從開口部位出入，所以很難確保舒適的溫熱環境。我們的對策為，先提昇隔熱性能．氣密性後，再採用中央空調。這樣就能讓建築物整體時時保持固定的溫度。採用中央空調時，會讓導管遍布整棟建築物。雖然必須讓天花板內部擁有充足的空間，不過只要將走廊與房間一部分的天花板高度降低200㎜左右，就能確保必要的導管空間，而且也能充分確保大部分的天花板高度。

雖然會朝著中庭設置大型開口部位，不過由於採用的是高氣密性．高隔熱性能的規格，所以能夠時常保持恆溫且舒適的溫熱環境。

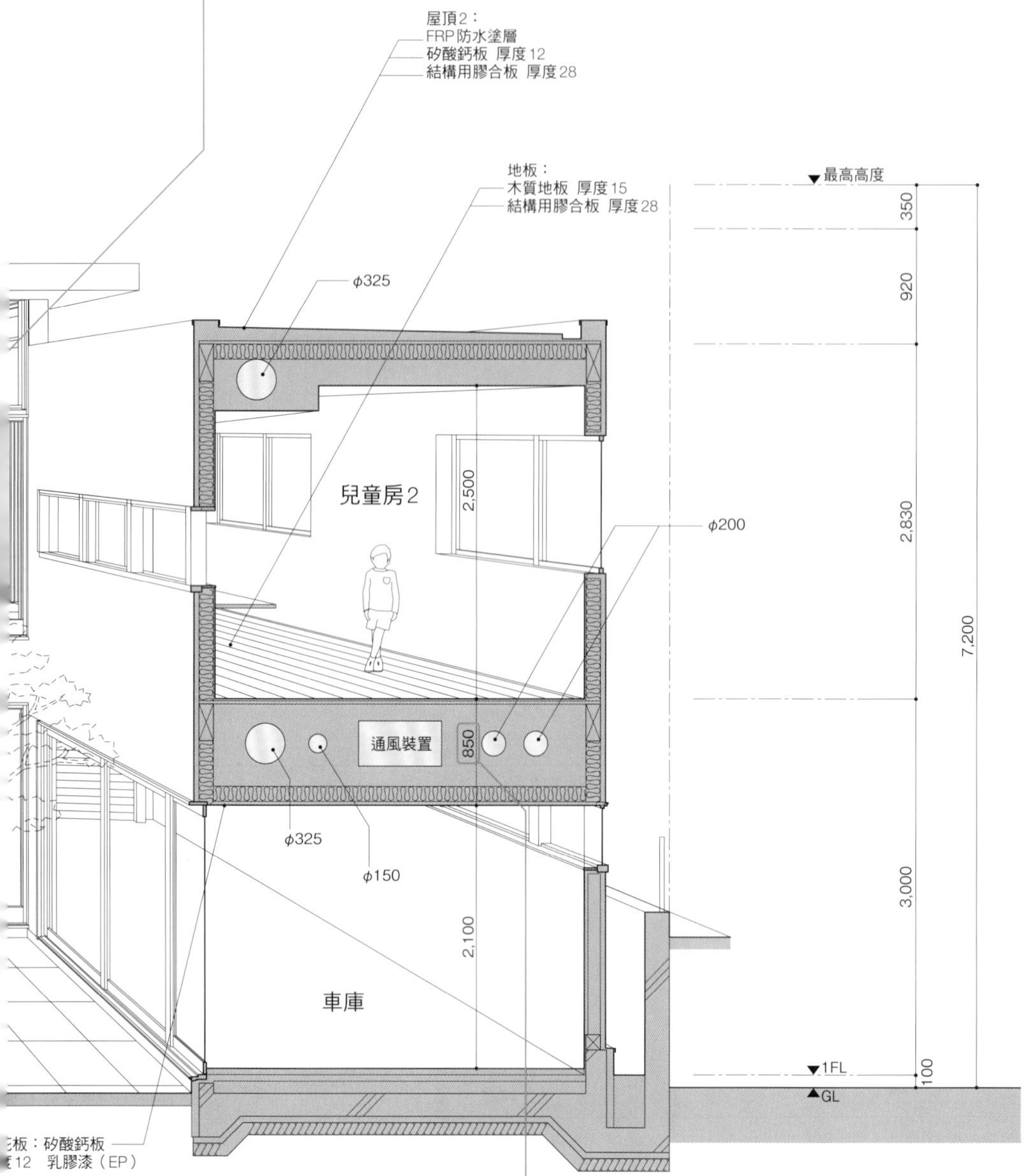

屋頂2：
FRP防水塗層
矽酸鈣板 厚度12
結構用膠合板 厚度28

地板：
木質地板 厚度15
結構用膠合板 厚度28

最高高度

φ325

兒童房2

2,500

φ200

350
920
2,830
7,200

通風裝置

850

φ325

φ150

3,000

2,100

車庫

1FL
GL
100

板：矽酸鈣板
12 乳膠漆（EP）

冷暖空調與通風裝置是中央空調的主力。將其裝設在車庫的天花板內部空間。因此，要將車庫的天花板內部空間的高度設為850㎜。

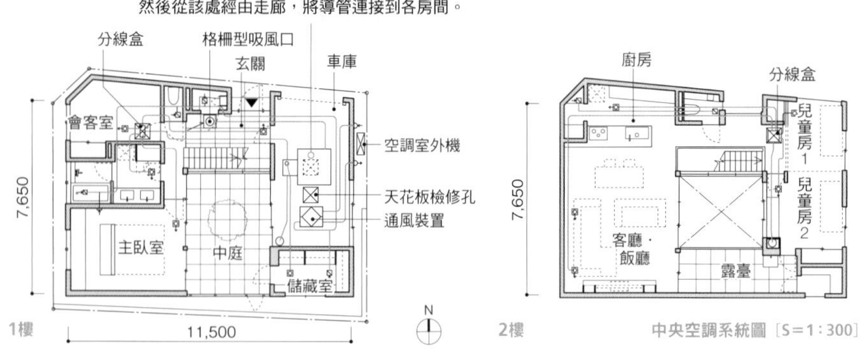
將空調設備機器設置在車庫的天花板內部空間，然後從該處經由走廊，將導管連接到各房間。
分線盒
格柵型吸風口
玄關
車庫
會客室
空調室外機
天花板檢修孔
通風裝置
7,650
主臥室
中庭
儲藏室
1樓
11,500
N
廚房
分線盒
兒童房1
兒童房2
7,650
客廳．飯廳
露臺
2樓

中央空調系統圖［S＝1：300］

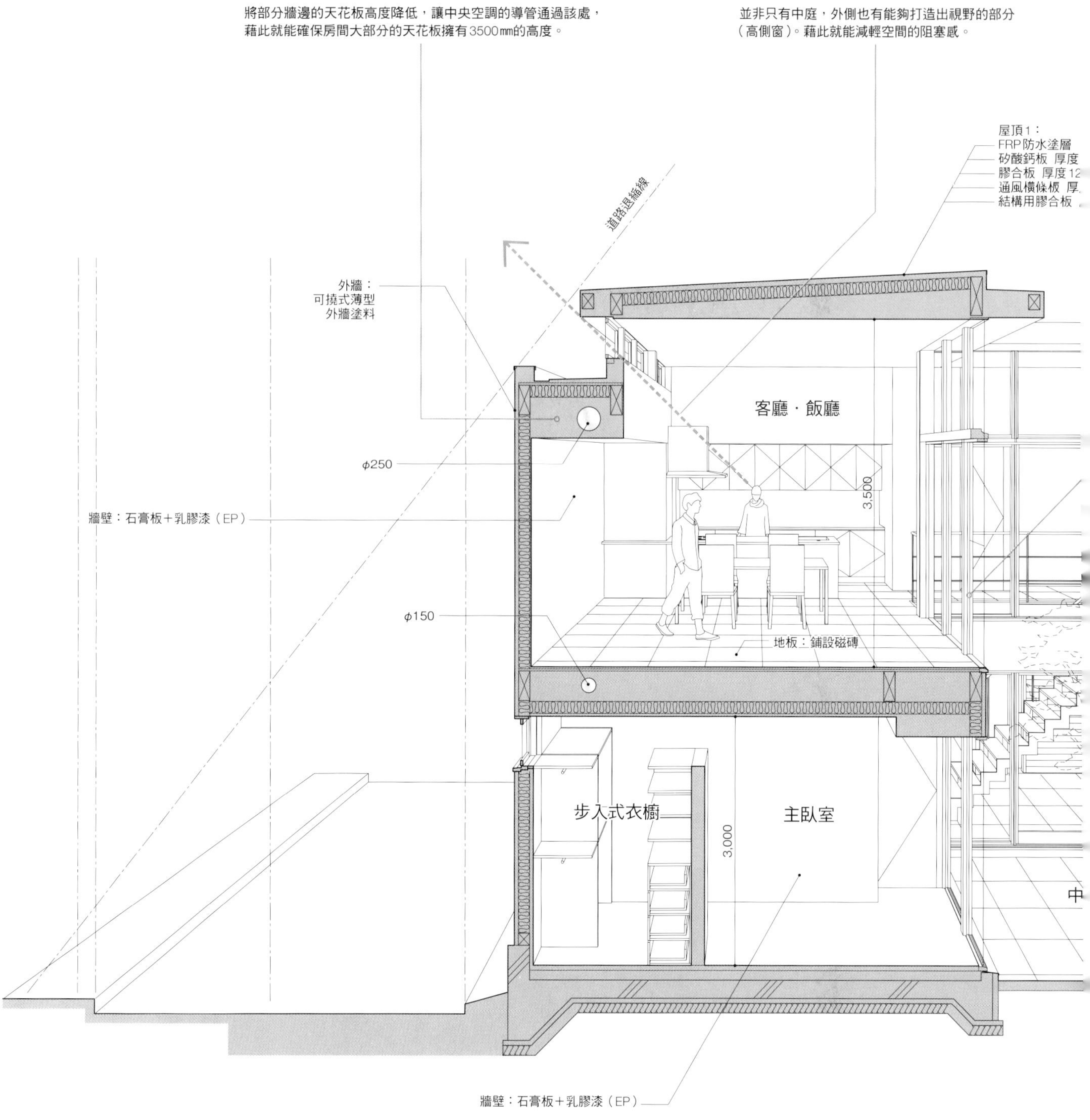

將部分牆邊的天花板高度降低，讓中央空調的導管通過該處，
藉此就能確保房間大部分的天花板擁有3500㎜的高度。

並非只有中庭，外側也有能夠打造出視野的部分
（高側窗）。藉此就能減輕空間的阻塞感。

屋頂1：
FRP防水塗層
矽酸鈣板 厚度
膠合板 厚度12
通風橫條板 厚
結構用膠合板

道路退縮線

外牆：
可撓式薄型
外牆塗料

客廳・飯廳

φ250

3,500

牆壁：石膏板＋乳膠漆（EP）

φ150

地板：鋪設磁磚

步入式衣櫥

主臥室

3,000

中

牆壁：石膏板＋乳膠漆（EP）

剖面圖［S＝1：60］

（左）從客廳抬頭觀看北側的廚房方向，以及高側窗。
（中央）從客廳觀看東側、中庭方向。
（右）北側外觀。從外面無法窺視內部。

Court House｜設計：田島則行＋tele-design　攝影：田島則行

保暖・涼爽

METHOD 5

藉由屋頂綠化來提昇隔熱性能

在L字形的平面設計圖中，可以在南側設置一個被圍繞起來的庭院。在此案例中，我們提升了北側部分的屋頂高度，並設置了有開口部位的閣樓，讓光線可以從南側照進來。在採光區設置帶有角度的百葉窗，在夏天與冬天可以調整陽光的照射度（irradiance）。

另一方面，將受到陽光直射的南側平屋頂當成屋頂庭園。由於具備隔熱效果，所以能夠順利地保持室內的溫熱環境。用於綠化的土壤厚度為50㎜。能夠發揮相當於150㎜24kg/m³隔熱材的效果。屋頂庭園能夠防止照進閣樓開口部位的陽光產生反射。

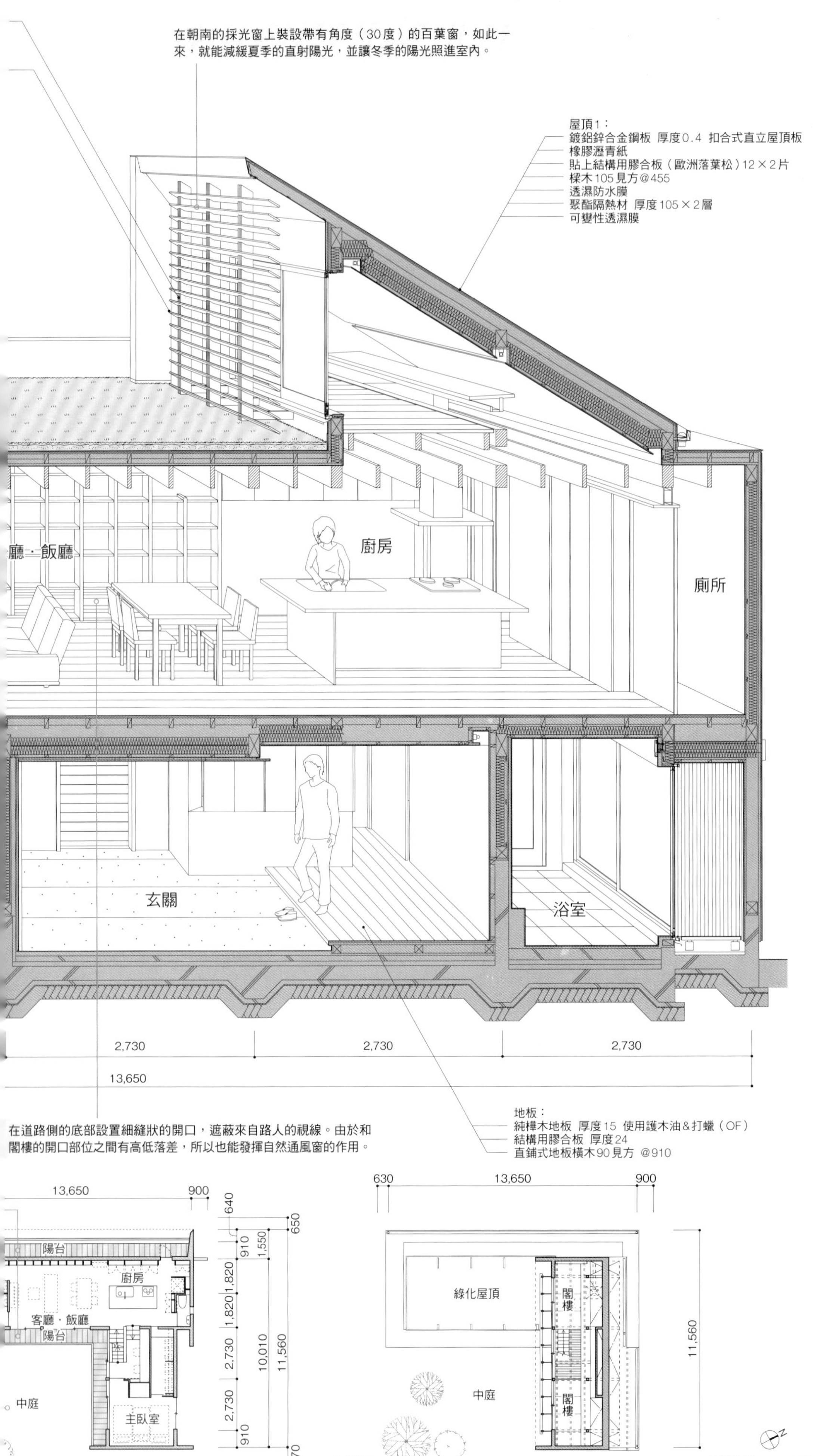

在朝南的採光窗上裝設帶有角度（30度）的百葉窗，如此一來，就能減緩夏季的直射陽光，並讓冬季的陽光照進室內。
屋頂1：
鍍鋁鋅合金鋼板 厚度0.4 扣合式直立屋頂板
橡膠瀝青紙
貼上結構用膠合板（歐洲落葉松）12×2片
椽木105見方@455
透濕防水膜
聚酯隔熱材 厚度105×2層
可變性透濕膜
廳・飯廳
廚房
廁所
玄關
浴室
2,730
2,730
2,730
13,650
在道路側的底部設置細縫狀的開口，遮蔽來自路人的視線。由於和閣樓的開口部位之間有高低落差，所以也能發揮自然通風窗的作用。
地板：
純樺木地板 厚度15 使用護木油&打蠟（OF）
結構用膠合板 厚度24
直鋪式地板橫木90見方 @910
13,650
900
陽台
廚房
客廳・飯廳
陽台
中庭
主臥室
640
650
910
1,550
1,820
1,820
2,730
2,730
910
10,010
11,560
1,270
閣樓層
630
13,650
900
綠化屋頂
閣樓
閣樓
中庭
11,560
平面圖［S=1：300］

具備隔熱性能與透氣性的綠化屋頂

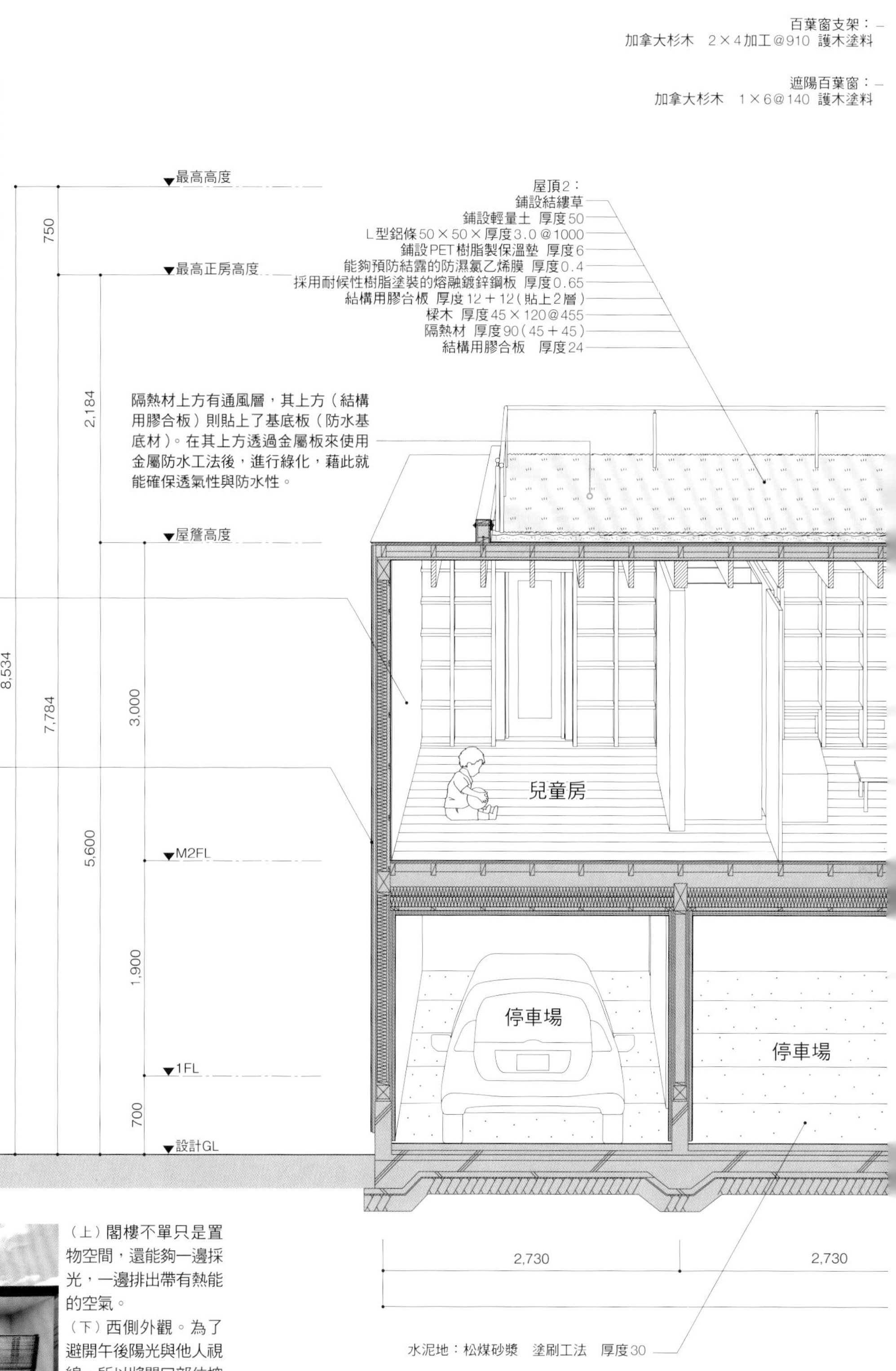

百葉窗支架：
加拿大杉木　2×4加工@910　護木塗料

遮陽百葉窗：
加拿大杉木　1×6@140　護木塗料

屋頂2：
鋪設結縷草
鋪設輕量土　厚度50
L型鋁條50×50×厚度3.0@1000
鋪設PET樹脂製保溫墊　厚度6
能夠預防結露的防濕氯乙烯膜　厚度0.4
採用耐候性樹脂塗裝的熔融鍍鋅鋼板　厚度0.65
結構用膠合板　厚度12＋12（貼上2層）
椽木　厚度45×120@455
隔熱材　厚度90（45＋45）
結構用膠合板　厚度24

隔熱材上方有通風層，其上方（結構用膠合板）則貼上了基底板（防水基底材）。在其上方透過金屬板來使用金屬防水工法後，進行綠化，藉此就能確保透氣性與防水性。

最高高度
最高正房高度
屋簷高度
M2FL
1FL
設計GL

750　2,184　3,000　8,534　7,784　5,600　1,900　700

牆壁：
透過石膏板進行基底處理後　厚度12.5
火山灰泥加工（滾輪塗裝法）

外牆1：
鍍鋁鋅鋼板　隔熱板　厚度15
通風橫條板45×30@455
透濕防水膜
承重牆　厚度9.5
中間柱　120×30
聚酯隔熱材　厚度105×2層
可變性透濕膜
橫向橫條板　厚度15×45@455

兒童房
停車場
停車場

2,730　2,730

水泥地：松煤砂漿　塗刷工法　厚度30

剖面圖[S＝1：60]

（上）閣樓不單只是置物空間，還能夠一邊採光，一邊排出帶有熱能的空氣。
（下）西側外觀。為了避開午後陽光與他人視線，所以將開口部位控制在最小限度。

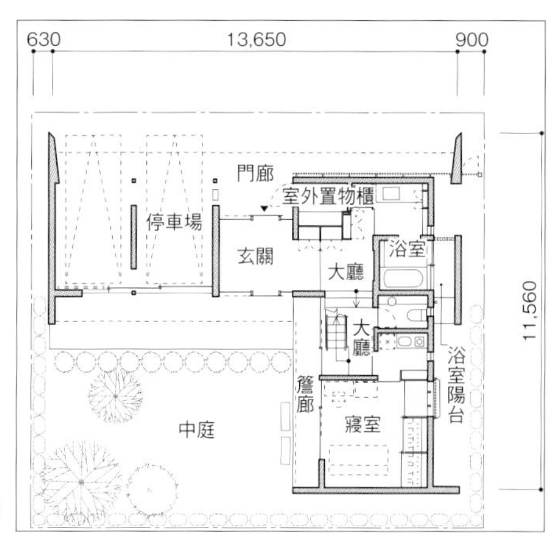
630
13,650
900
門廊
室外置物櫃
停車場
玄關
浴室
大廳
大廳
11,560
浴室陽台
簷廊
中庭
寢室

1樓　2樓

兩側的陽台雖然採用相同的裝潢方式，但西側會成為與道路之間的緩衝地帶，東側則會成為室內的延伸空間。兩者具備不同的功能。

在平面圖中，藉由採用L字形的設計，就能確保庭院不被西側道路的人看見。來自南方的光線會遍布各個房間。

草木蒼｜設計：瀨野和廣　攝影：刀禰平喬

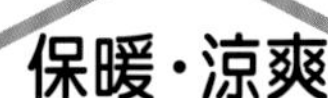

保暖・涼爽

METHOD 6

藉由屋頂形狀來控制風的吹入方式

當建地位於整年都吹著強風的地區時，最好要去分析風向與風速，避免讓太多風吹進室內。

在此案例中，我們採用的形狀為，讓屋簷朝著上風處稍微低頭，使風沿著屋頂吹走。如此一來，就能減少吹進室內的風量，風會順著天花板，舒適地通過室內。另外，只要調整身為風的出口的開口部位之位置與大小，打造出風的通道，就能讓風不僅會沿著天花板吹，也會通過人們所在的高度。

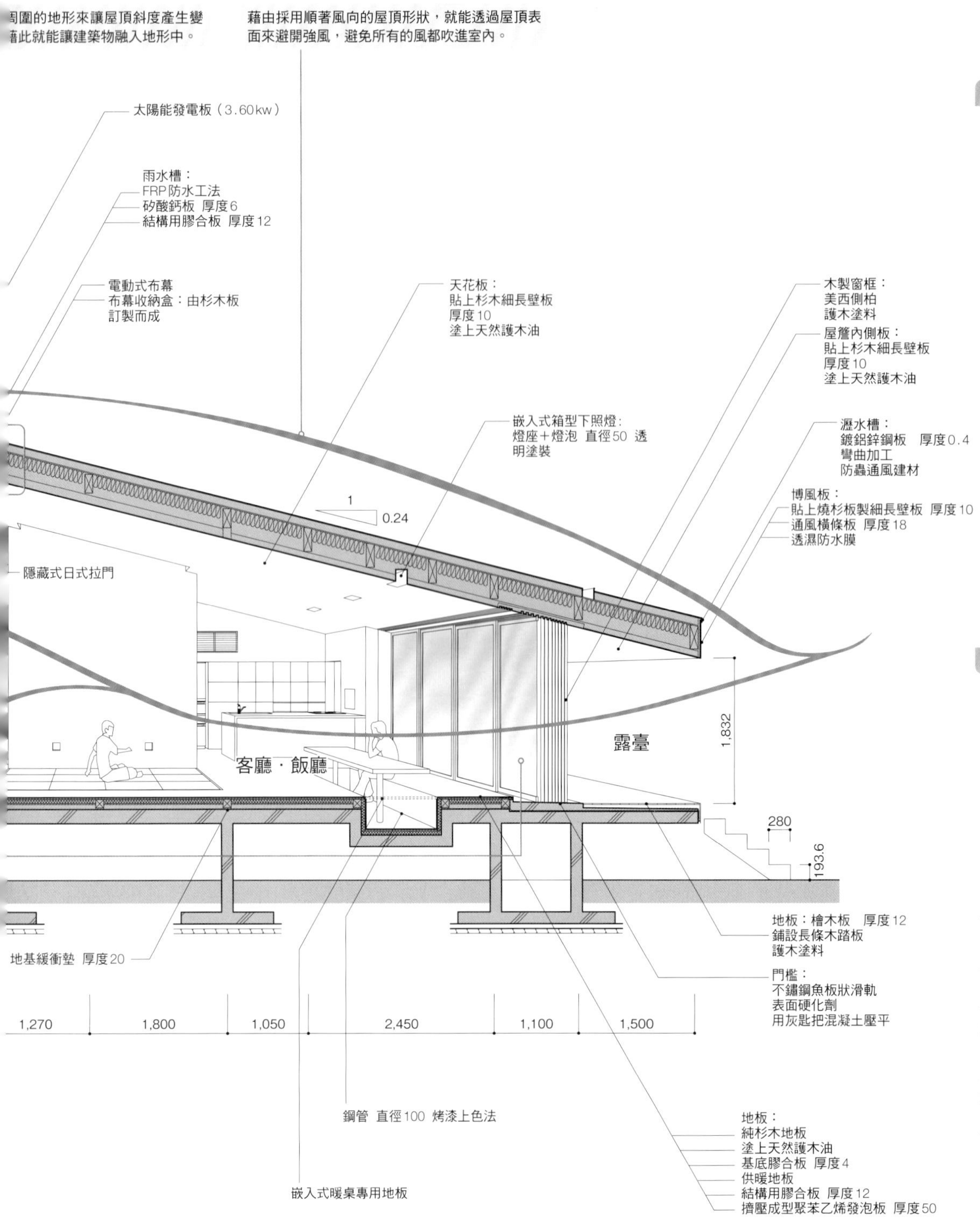

周圍的地形來讓屋頂斜度產生變化，藉此就能讓建築物融入地形中。

藉由採用順著風向的屋頂形狀，就能透過屋頂表面來避開強風，避免所有的風都吹進室內。

太陽能發電板（3.60kw）

雨水槽：
FRP防水工法
矽酸鈣板 厚度6
結構用膠合板 厚度12

電動式布幕
布幕收納盒：由杉木板訂製而成

天花板：
貼上杉木細長壁板
厚度10
塗上天然護木油

木製窗框：
美西側柏
護木塗料

屋簷內側板：
貼上杉木細長壁板
厚度10
塗上天然護木油

嵌入式箱型下照燈：
燈座＋燈泡 直徑50 透明塗裝

瀝水槽：
鍍鋁鋅鋼板 厚度0.4
彎曲加工
防蟲通風建材

博風板：
貼上燒杉板製細長壁板 厚度10
通風橫條板 厚度18
透濕防水膜

1
0.24

隱藏式日式拉門

客廳・飯廳

露臺

1,832

280

193.6

地板：檜木板 厚度12
鋪設長條木踏板
護木塗料

門檻：
不鏽鋼魚板狀滑軌
表面硬化劑
用灰匙把混凝土壓平

地基緩衝墊 厚度20

1,270 1,800 1,050 2,450 1,100 1,500

鋼管 直徑100 烤漆上色法

地板：
純杉木地板
塗上天然護木油
基底膠合板 厚度4
供暖地板
結構用膠合板 厚度12
擠壓成型聚苯乙烯發泡板 厚度50

嵌入式暖桌專用地板

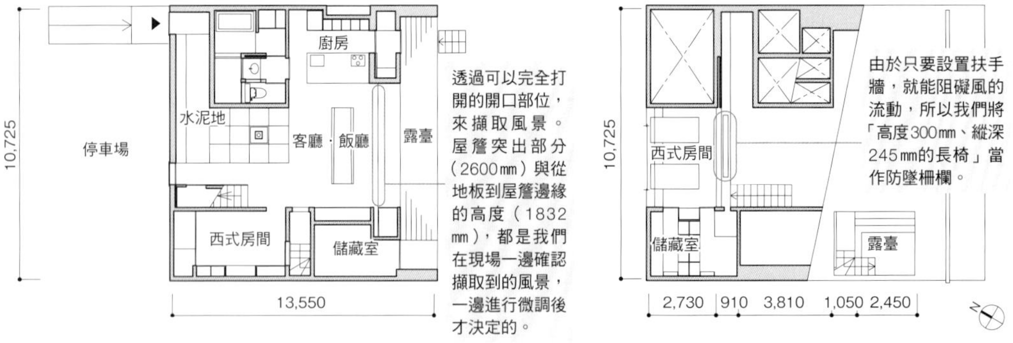

廚房
水泥地
停車場
客廳・飯廳
露臺
西式房間
儲藏室
10,725
13,550

透過可以完全打開的開口部位，來擷取風景。屋簷突出部分（2600㎜）與從地板到屋簷邊緣的高度（1832㎜），都是我們在現場一邊確認擷取到的風景，一邊進行微調後才決定的。

1樓

西式房間
儲藏室
露臺
10,725
2,730 910 3,810 1,050 2,450

由於只要設置扶手牆，就能阻礙風的流動，所以我們將「高度300㎜、縱深245㎜的長椅」當作防墜柵欄。

2樓

平面圖［S=1:300］

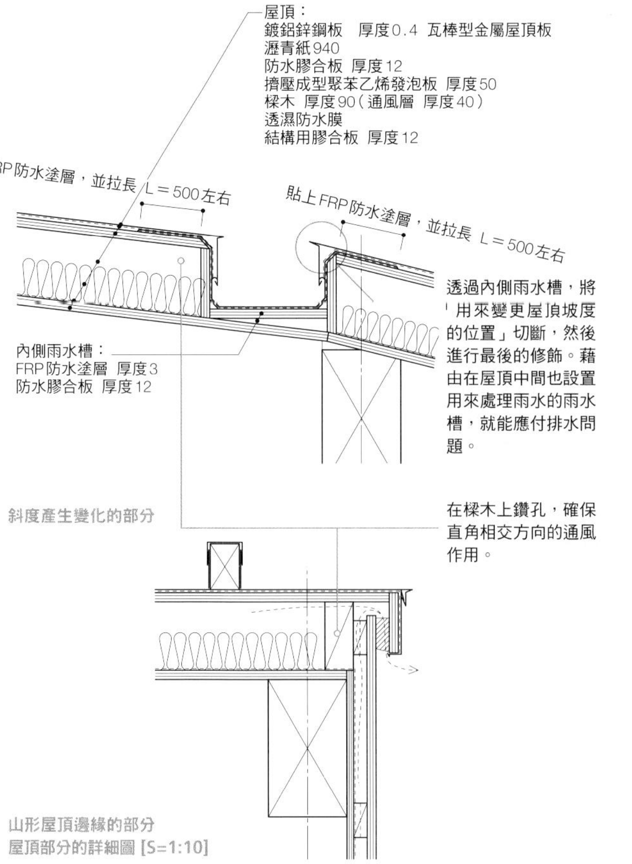

屋頂：
鍍鋁鋅鋼板　厚度0.4　瓦棒型金屬屋頂板
瀝青紙940
防水膠合板　厚度12
擠壓成型聚苯乙烯發泡板　厚度50
椽木　厚度90（通風層　厚度40）
透濕防水膜
結構用膠合板　厚度12

貼上FRP防水塗層，並拉長　L＝500左右

貼上FRP防水塗層，並拉長　L＝500左右

內側雨水槽：
FRP防水塗層　厚度3
防水膠合板　厚度12

透過內側雨水槽，將用來變更屋頂坡度的位置」切斷，然後進行最後的修飾。藉由在屋頂中間也設置用來處理雨水的雨水槽，就能應付排水問題。

斜度產生變化的部分

在椽木上鑽孔，確保直角相交方向的通風作用。

山形屋頂邊緣的部分
屋頂部分的詳細圖 [S=1:10]

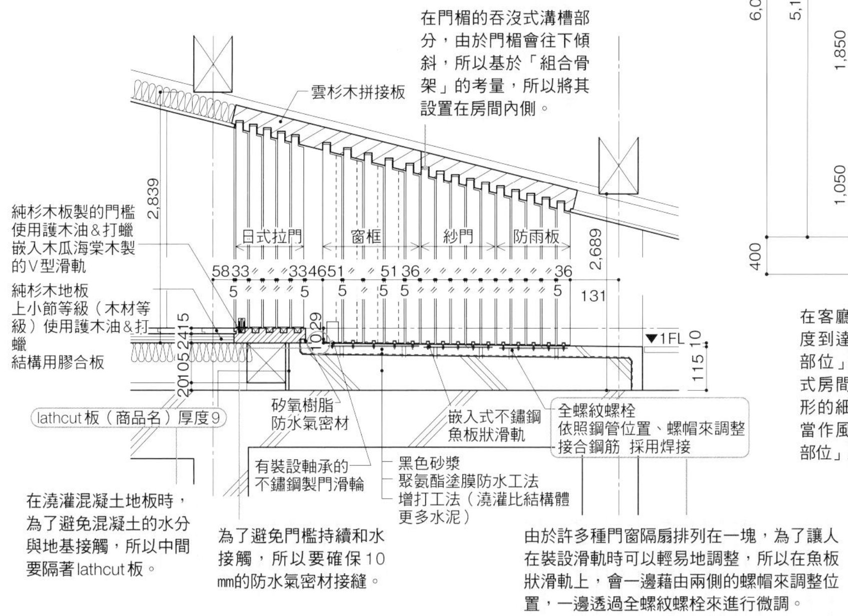

在門楣的吞沒式溝槽部分，由於門楣會往下傾斜，所以基於「組合骨架」的考量，所以將其設置在房間內側。

雲杉木拼接板

純杉木板製的門檻
使用護木油＆打蠟
嵌入木瓜海棠木製的V型滑軌

純杉木地板
上小節等級（木材等級）使用護木油＆打蠟
結構用膠合板

日式拉門　窗框　紗門　防雨板

lathcut板（商品名）厚度9

矽氧樹脂
防水氣密材

嵌入式不鏽鋼
魚板狀滑軌

全螺紋螺栓
依照鋼管位置、螺帽來調整
接合鋼筋　採用焊接

有裝設軸承的
不鏽鋼製門滑輪

黑色砂漿
聚氨酯塗膜防水工法
增打工法（澆灌比結構體更多水泥）

在澆灌混凝土地板時，為了避免混凝土的水分與地基接觸，所以中間要隔著lathcut板。

為了避免門檻持續和水接觸，所以要確保10㎜的防水氣密材接縫。

由於許多種門窗隔扇排列在一塊，為了讓人在裝設滑軌時可以輕易地調整，所以在魚板狀滑軌上，一邊藉由兩側的螺帽來調整位置，一邊透過全螺紋螺栓來進行微調。

開口部位詳細圖 [S=1:20]

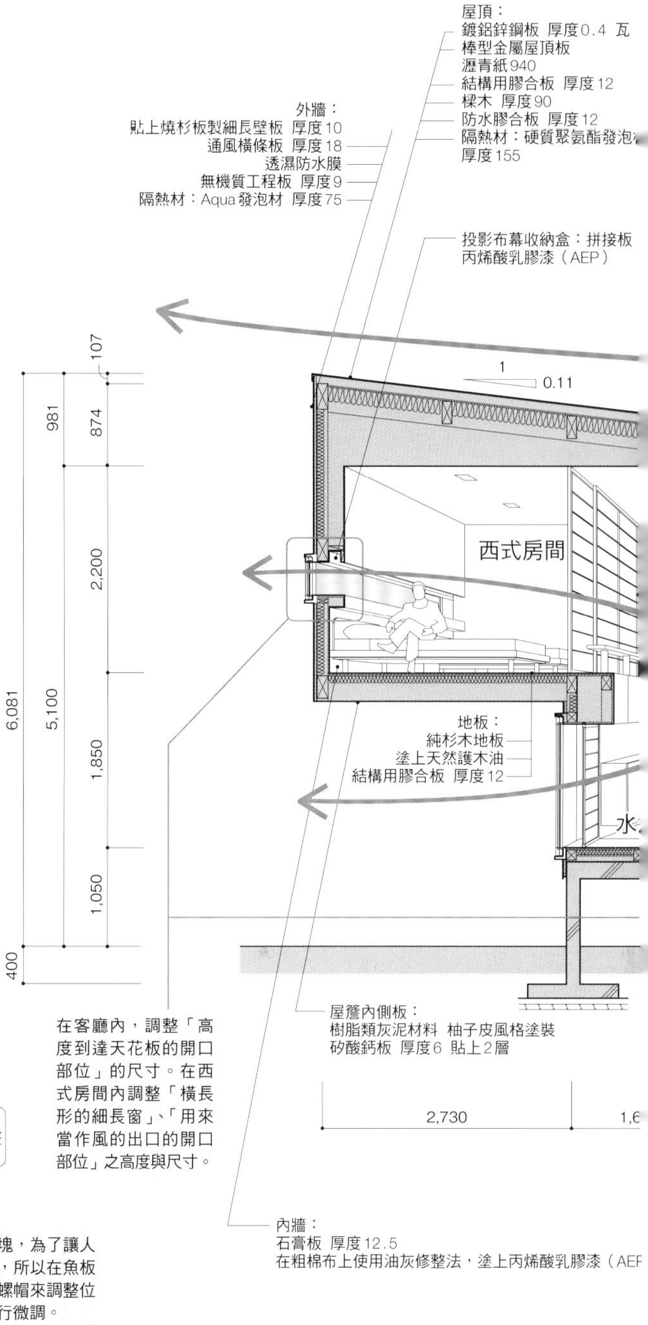

屋頂：
鍍鋁鋅鋼板　厚度0.4　瓦棒型金屬屋頂板
瀝青紙940
結構用膠合板　厚度12
椽木　厚度90
防水膠合板　厚度12
隔熱材：硬質聚氨酯發泡材
厚度155

外牆：
貼上燒杉板製細長壁板　厚度10
通風橫條板　厚度18
透濕防水膜
無機質工程板　厚度9
隔熱材：Aqua發泡材　厚度75

投影布幕收納盒：拼接板
丙烯酸乳膠漆（AEP）

西式房間

地板：
純杉木地板
塗上天然護木油
結構用膠合板　厚度12

屋簷內側板：
樹脂類灰泥材料　柚子皮風格塗裝
矽酸鈣板　厚度6　貼上2層

在客廳內，調整「高度到達天花板的開口部位」的尺寸。在西式房間內調整「橫長形的細長窗」、「用來當作風的出口的開口部位」之高度與尺寸。

內牆：
石膏板　厚度12.5
在粗棉布上使用油灰修整法，塗上丙烯酸乳膠漆（AEP）

剖面圖 [S=1：80]

（左）用來調節光線與風的深屋簷。
（中央）沿著屋頂流動的風會通過整個家中。
（右）外觀看起來有如朝著地面低下頭。藉由降低南側屋頂高度來調節光線與風。

鋸南的家｜設計：石井秀樹　攝影：鳥村鋼一

保暖・涼爽
METHOD 7

讓風流動，使地下空間變得舒適

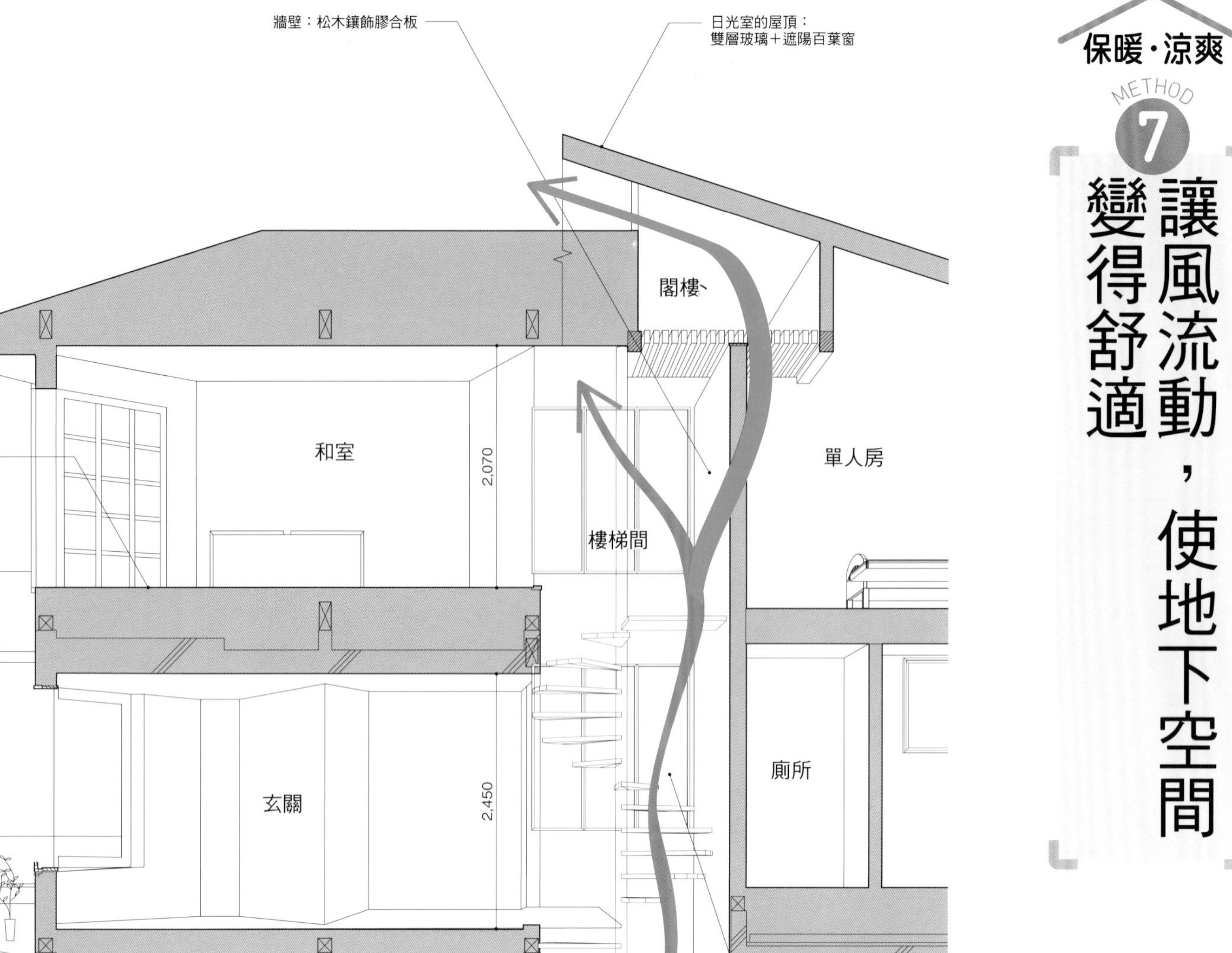

牆壁：松木鑲飾膠合板
日光室的屋頂：
雙層玻璃＋遮陽百葉窗
閣樓
和室
單人房
樓梯間
2,070
玄關
廁所
2,450
燥區
大廳
1,980
穿透牆：蜂巢板
厚度50
地板：鋪設玄昌石
地板：溫水蓄熱式水泥地
用灰匙把混凝土壓平

地下空間的溼氣對策為，採用蓄熱式水泥地板。藉此，水泥地就不會變得冰冷，也不易發生結露等現象。

為了解決「昏暗」、「溼氣重」這類在地下空間中會遇到的問題，設置一個乾燥區來確保採光與通風，會是個有效的方法。在此案例中，我們透過「從停車場延伸到玄關的通道空間」來將「設置了乾燥區的地下空間」圍繞住。乾燥區除了採光・通風作用以外，還能成為人們的交流場所。再者，在離乾燥區稍微有點距離的位置，設置螺旋梯來產生自然通風，就能確保整個家的通風作用。在地下室的水泥地中設置蓄熱層，讓地板表面不會冰冷。在打造舒適的地下空間時，透過這種考量來避免濕氣與結露，也是關鍵的重點。

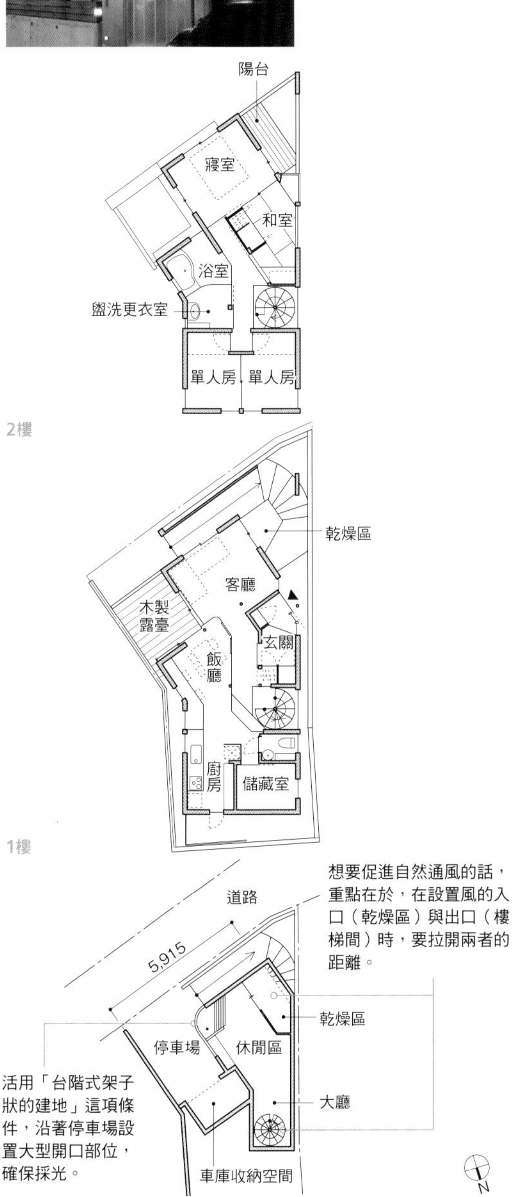

陽台
寢室
和室
浴室
盥洗更衣室
單人房
單人房
2樓
乾燥區
客廳
木製露臺
玄關
飯廳
廚房
儲藏室
1樓
道路
5,915
乾燥區
停車場
休閒區
大廳
車庫收納空間
N
地下1樓
平面圖［S＝1：300］

（上）既明亮開放又很舒適的地下空間。
（下）室內車庫與私人露臺是外觀上的重點。

想要促進自然通風的話，重點在於，在設置風的入口（乾燥區）與出口（樓梯間）時，要拉開兩者的距離。

活用「台階式架子狀的建地」這項條件，沿著停車場設置大型開口部位，確保採光。

682.5
190
2,250
2,750
2,550
1,600
150
350

扶壁以及外部承重牆：噴塗上外牆專用的聚樂土

地板：純柚木地板
一部分地板會鋪設榻榻米

從乾燥區將空氣引過來，透過樓梯間的煙囪效應來把空氣拉到上層，促進自然通風。

剖面圖［S＝1：60］

大森的家｜設計：長谷川順持　攝影：富田治

保暖・涼爽

METHOD 8

利用煙囪效應來促進通風・排熱

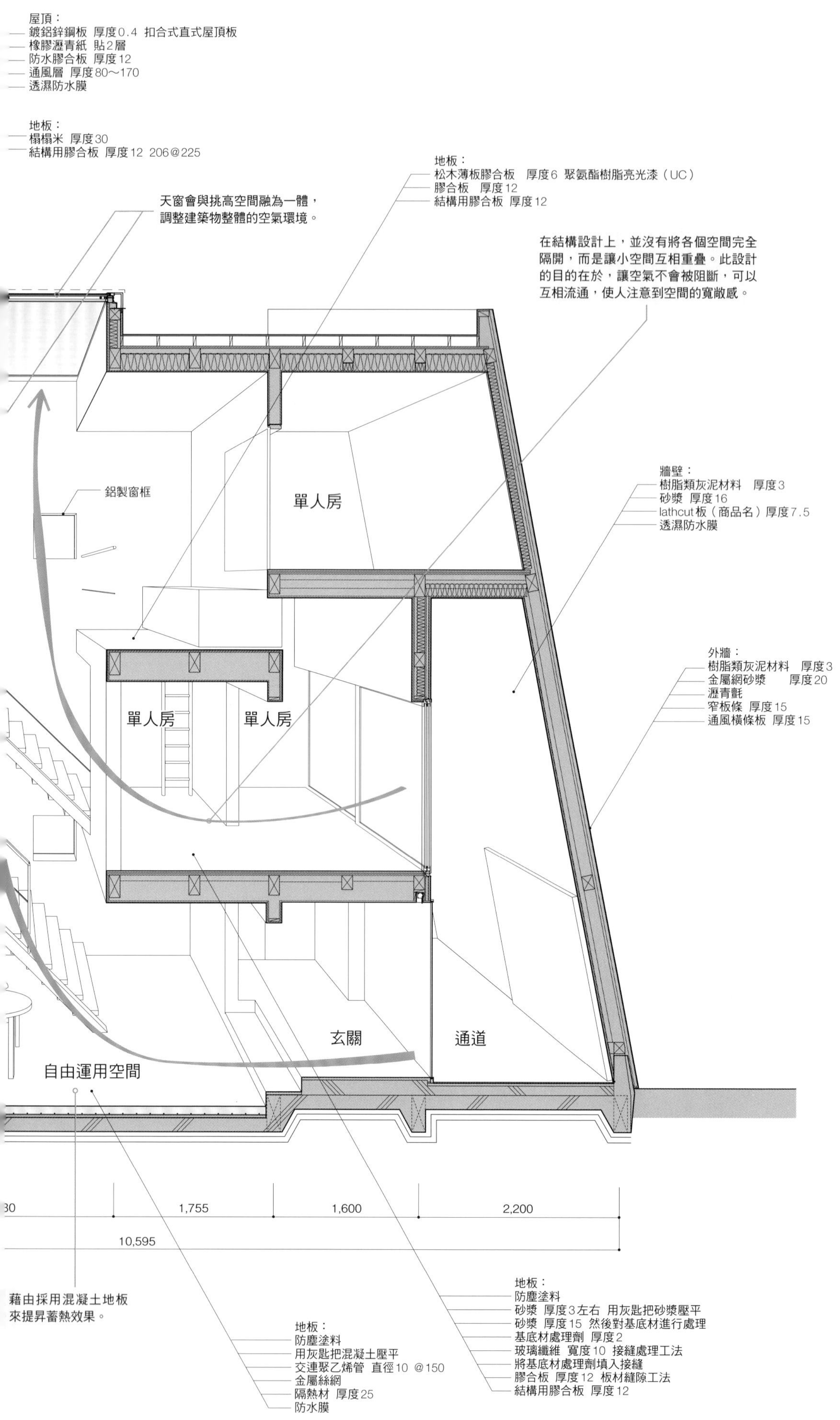

因為受到周遭環境限制而難以在周圍設置大型開口部位時，只要在建築物中央配置一個擁有大型天窗的挑高空間即可。在挑高空間的上部裝設可自由開關的天窗後，除了採光的功能以外，將窗戶打開時，還能透過煙囪效應來製造上升氣流，促進整棟建築物的通風、排熱。

另外，若挑高空間的地板採用混凝土，並事先嵌入地板供暖設備的話，在冬季時，混凝土所儲存的輻射熱就會緩緩地傳向整個空間。從天窗照進來的直射光線也帶有溫熱效果，會使空間變得溫暖。

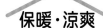

屋頂：
鍍鋁鋅鋼板 厚度0.4 扣合式直式屋頂板
橡膠瀝青紙 貼2層
防水膠合板 厚度12
通風層 厚度80～170
透濕防水膜
地板：
榻榻米 厚度30
結構用膠合板 厚度12 206@225
地板：
松木薄板膠合板 厚度6 聚氨酯樹脂亮光漆（UC）
膠合板 厚度12
結構用膠合板 厚度12
天窗會與挑高空間融為一體，
調整建築物整體的空氣環境。
在結構設計上，並沒有將各個空間完全隔開，而是讓小空間互相重疊。此設計的目的在於，讓空氣不會被阻斷，可以互相流通，使人注意到空間的寬敞感。
鋁製窗框
單人房
牆壁：
樹脂類灰泥材料 厚度3
砂漿 厚度16
lathcut板（商品名）厚度7.5
透濕防水膜
外牆：
樹脂類灰泥材料 厚度3
金屬網砂漿 厚度20
瀝青氈
窄板條 厚度15
通風橫條板 厚度15
單人房
單人房
玄關
通道
自由運用空間
30
1,755
1,600
2,200
10,595
藉由採用混凝土地板
來提昇蓄熱效果。
地板：
防塵塗料
用灰匙把混凝土壓平
交連聚乙烯管 直徑10 @150
金屬絲網
隔熱材 厚度25
防水膜
地板：
防塵塗料
砂漿 厚度3左右 用灰匙把砂漿壓平
砂漿 厚度15 然後對基底材進行處理
基底材處理劑 厚度2
玻璃纖維 寬度10 接縫處理工法
將基底材處理劑填入接縫
膠合板 厚度12 板材縫隙工法
結構用膠合板 厚度12

（左）挑高空間會跨越建築物中央的3個樓層。此處是採光庭院，能讓來自天窗的光線遍及建築物各處，並透過煙囪效應來產生排熱、通風效果。
（右）北側外觀。道路對面的8層樓高公寓的各住戶都無法讓陽台朝向這邊，也無法設置開口部位。距離東、西、南側的鄰居也都很近。

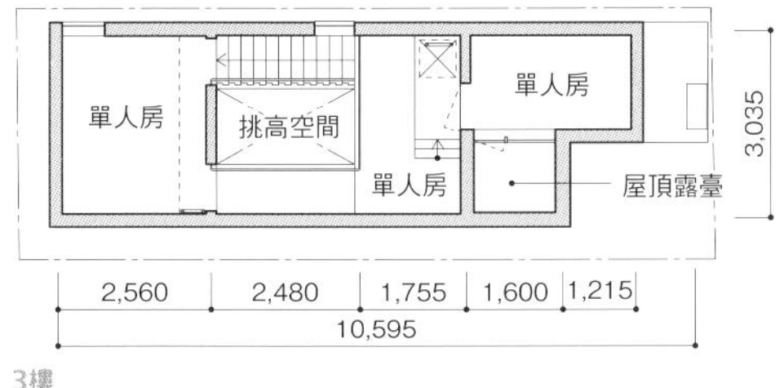
單人房
挑高空間
單人房
單人房
屋頂露臺
3,035
2,560
2,480
1,755
1,600
1,215
10,595

3樓

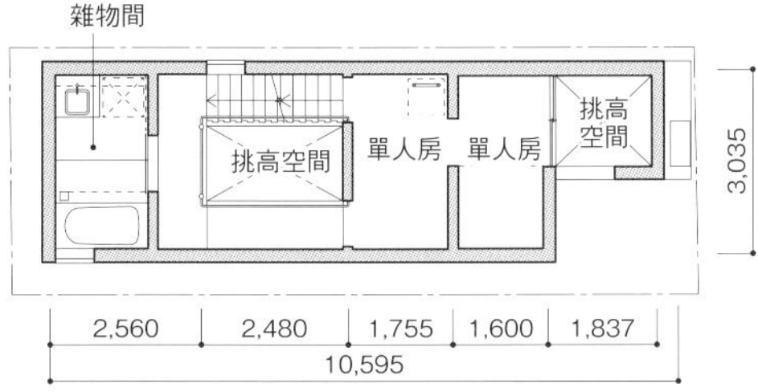
雜物間
挑高空間
單人房
單人房
挑高空間
3,035
2,560
2,480
1,755
1,600
1,837
10,595

2樓

稍微降低自由運用空間的地板高度，台階上有一道直立的牆壁。在結構上，明確地設置了用來將挑高空間圍起來的小區域。

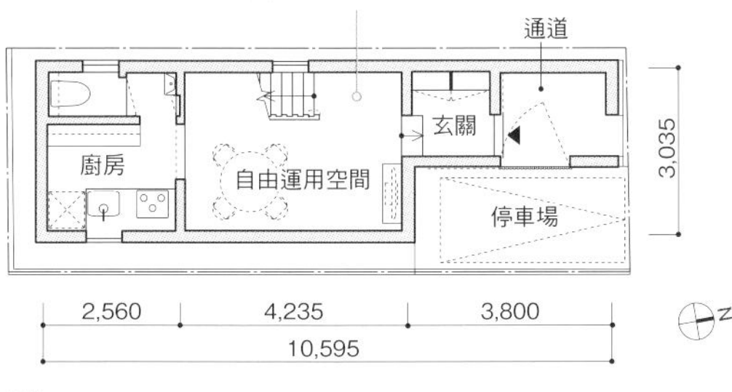
通道
廚房
自由運用空間
玄關
停車場
3,035
2,560
4,235
3,800
10,595
N

1樓

平面圖［S＝1：200］

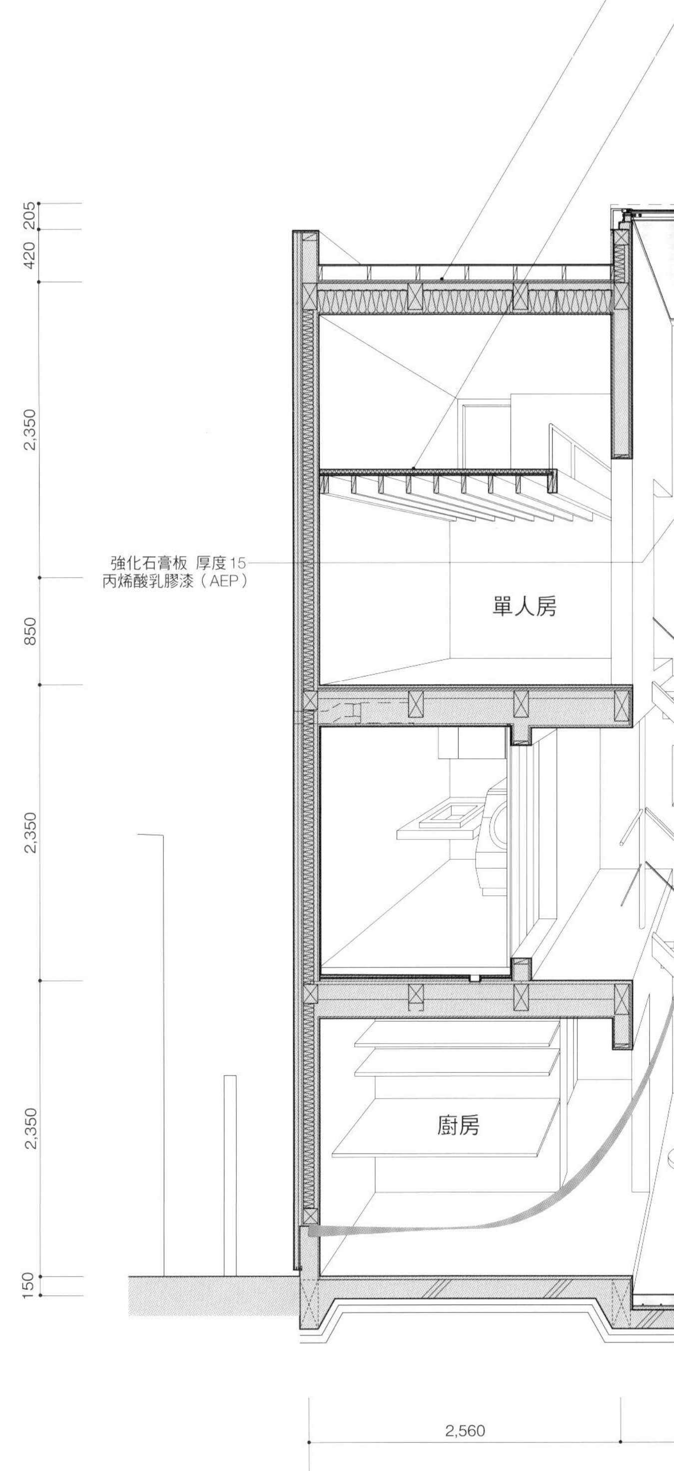
205
420
2,350
850
2,350
2,350
150
強化石膏板 厚度15
丙烯酸乳膠漆（AEP）
單人房
廚房
2,560

剖面圖［S＝1：60］

小金井的家｜設計：石井秀樹　攝影：鳥村鋼一

保暖・涼爽

METHOD 9

能夠讓「停留在屋脊的熱空氣」排出的設計

當建地內有恆定風時，要根據風的流向來決定剖面形狀。而且，只要利用「產生於屋頂的屋脊之風的負壓（拔出力）」，並設置天窗，讓積存在屋頂頂部的熱空氣被吸到外部即可。在沒有風的日子，室內的生活廢熱也會經由挑高空間，積存在頂部。由於這些熱從天窗（高側窗）排出後，相同分量的新鮮空氣就會被拉進室內，所以在無風時，通風作用也很好，能夠順利地維持室內環境。

如果室外空氣的入口附近有水田或池塘等供水設施的話，就能讓要被吸入室內的空氣變冷，即使是夏天，也能打造出涼爽的室內空間。

恆定風會從南邊的水田吹向北邊。為了讓剖面形狀融入恆定風的風向中，所以採用朝南傾斜的屋頂。

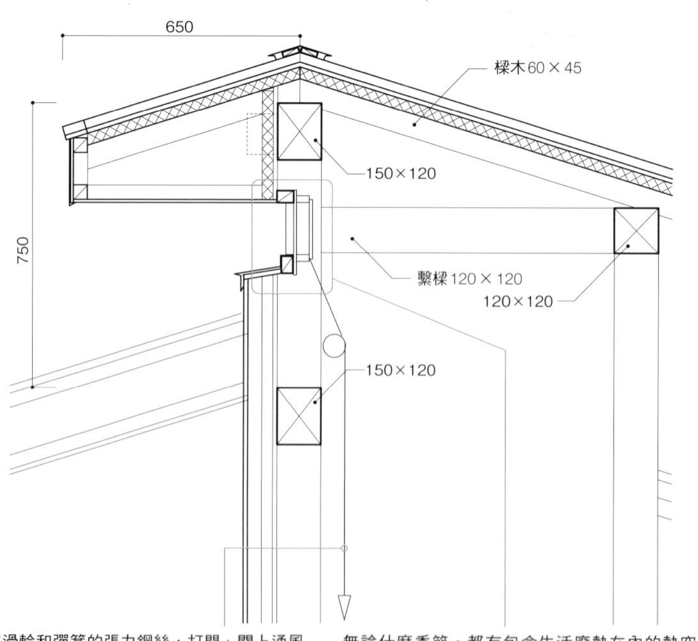

650
椽木60×45
150×120
750
繫樑120×120
120×120
150×120

遙控裝有滑輪和彈簧的張力鋼絲，打開、關上通風口。只有張力鋼絲打開時，通風口才會因負壓而打開，關閉時，通風口對正負壓都不會產生反應。

無論什麼季節，都有包含生活廢熱在內的熱空氣。在頂部設置用來儲存熱空氣的儲熱空間，並採用能夠排熱的設計。讓此處與閣樓通風口、恆定風重疊在一起，而且也能用於夏天的通風。此通風口採用雙層扇葉結構，只會被負壓（從外部拔出的力量）打開，不會被正壓打開。

通風屋脊的詳細圖［S=1:20］

日光室的屋頂：雙層玻璃＋遮陽百葉窗

牆壁：淺溝石膏板 厚度7
用灰匙把灰泥表面變得粗糙

2,500

450

水泥地

地板：
純花旗松木地板 厚度15

地板：
蓄熱式水泥地板
鋪設磁磚

透過「南北向貫穿風」的力量，來誘使「東西向橫貫風」的產生。

停車場
廚房
玄關
飯廳
客廳
水泥地
主臥室
和室
11,830
13,650

1樓

藉由將庭院設置在北側，就能使北側與南側產生溫差，製造出風來。

休閒區（儲藏室）
休閒區
陽光露臺
看書區
單人房
11,830
9,100
N

2樓

平面圖［S=1:250］

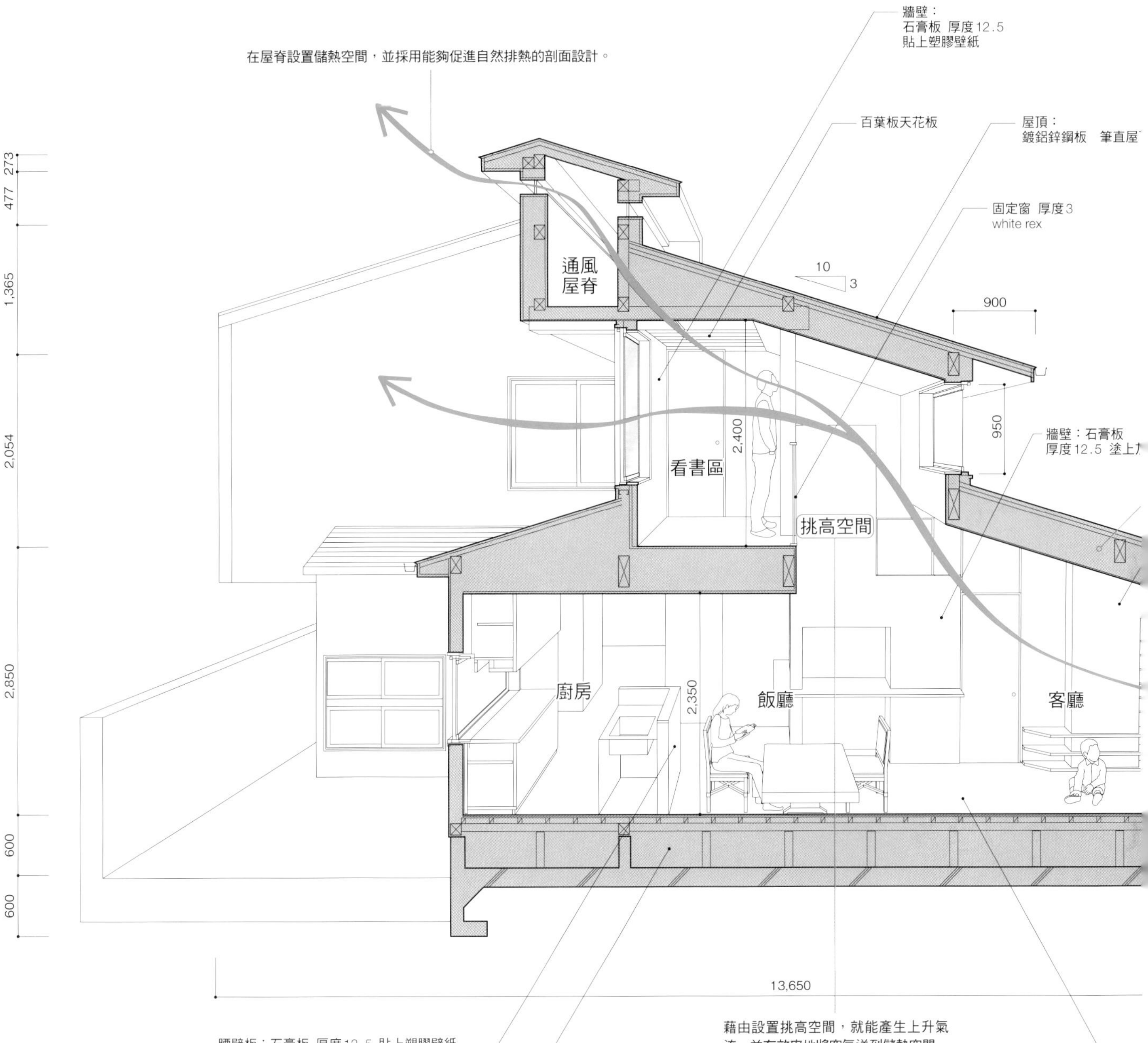

牆壁：
石膏板 厚度12.5
貼上塑膠壁紙
在屋脊設置儲熱空間，並採用能夠促進自然排熱的剖面設計。
百葉板天花板
屋頂：
鍍鋁鋅鋼板 筆直屋
固定窗 厚度3
white rex
10
3
900
273
477
1,365
2,054
2,850
600
600
通風
屋脊
看書區
2,400
950
牆壁：石膏板
厚度12.5 塗上
挑高空間
廚房
2,350
飯廳
客廳
13,650
腰壁板：石膏板 厚度12.5 貼上塑膠壁紙
藉由設置挑高空間，就能產生上升氣
流，並有效率地將空氣送到儲熱空間。
水泥地供暖系統
蓄熱式水泥地板

剖面圖［S＝1：60］

（左）在客廳內，透過南側的水泥地來觀看水田。
（右）可以從玄關連貫使用的水泥地。在此空間內，可以一邊欣賞植物，一邊聊天。

沼田的家｜設計：長谷川順持 攝影：長谷川順持

伊原孝則

1965年出生於大阪府。87年畢業於關東學院大學。曾任職於岡部憲明Architecture Network，2002年創立Flow Architecture。09年改名為Far East Design Lab。除了個人住宅、集合住宅、商業設計以外，也從事建案的企劃、規劃設計。

FEDL（Far East Design Lab）
〒：106-0041 東京都港区麻布台2-2-12-6BC
TEL：03-3585-5573 MAIL：info@fedl.jp
URL：http://fedl.jp/

石井秀樹

1971年出生於千葉縣。95年畢業於東京理科大學理工學院建築系。97年取得同大學理工學院建築系的碩士學位。97年創立architect team archum。01年創立石井秀樹建築設計事務所。從12年開始擔任建築師住宅協會的理事。主要著作包含了《透過細節來構思最美的住宅設計方法》（X-Knowledge）、《新住宅設計圖鑑》（X-Knowledge）等。09年獲得第13屆TEPCO舒適住宅競賽佳作。同年入選「日本建築師協會優秀建築獎200選」。14年獲得東京建築獎住宅部門最優秀獎。15年獲得居住環境設計獎鼓勵獎。15年獲得日事連建築獎會長獎。其他各種獎項。

石井秀樹建築設計事務所
〒：150-0012 東京都渋谷区広尾5-23 5 2F
TEL：03-5422-9173 MAIL：info@isi-arch.com
URL：http://isi-arch.com/

荒木毅

1957年出生於北海道，81年畢業於北海道大學工學院建築工學系，83年取得同大學工學研究所的碩士學位。83年任職於雷蒙德設計事務所。89年任職於「ARCHITECT 5」，90年創立亞雷夫建築設計事務所，2000年改名為荒木毅建築事務所。

荒木毅建築事務所
〒：166-0004 東京都杉並区阿佐谷南1-16 9 坂井ビル4階
TEL：03-3318-2671 MAIL：info@t-araki.co.jp
URL：http://www.t-araki.co.jp/index.html

瀨野和廣

1957年出生於山形縣。78年畢業於東京設計師學院。曾任職於大成建設設計部，88年創立設計工作室一級建築師事務所。從2006年開始擔任建築環境．節能機構CASBEE研究開發「住宅研究委員會」委員。從09年開始擔任東京都市大學都市生活學院兼任講師。主要著作為《今後的木造建築打造方式》（X-Knowledge）。

設計工作室一級建築師事務所
〒：165-0034 東京都中野区大和町1-67-6 MT COURT 606
TEL：03-3310-4156 MAIL：aaj-seno@pop06.odn.ne.jp URL：http://www.senonose.com/

黑木實

1948年出生於千葉縣。68年畢業於日本大學短期大學工科建築系。68年進入千葉縣柏市公所。70年進入東孝光建築研究所。77年創立黑木實建築研究室。現在擔任JIA世田谷地區協會事務局長、綠33應援團聯合理事、世田谷區社區營造組織代表。81年憑藉「山之內邸」獲得神奈川建築競賽優秀獎。84年憑藉「竹井邸」獲得TOSO出版建築競賽特別優秀獎。87年憑藉「中川醫院」獲得神奈川建築競賽佳作。96年憑藉「海的住宅」獲得千葉縣建築文化獎。98年獲得千葉縣千倉町社區營造競賽的優秀獎。2005年獲得CAD設計圖書競賽優秀獎。

黑木實建築研究室
〒：156-0051 東京都世田谷区宮坂3-14-15 イーストウィング104
TEL：03-3439-4190 MAIL：skyland@jcom.home.ne.jp URL：http://homepage2.nifty.com/skyland/

岡村泰之

1960年出生於鳥取縣。82年畢業於芝浦工業大學工學部建築工學系。84年修完同大學研究所建築工學組碩士課程。84年進入藤井博巳建築研究室。86年進入SKM設計規劃事務所。88年與人共同創立第四建築設計社一級建築師事務所。2000年改名為岡村泰之建築設計事務所。從10年開始擔任芝浦工業大學兼任講師。88年獲得由MCH居住空間研究所主辦的「HOUSE OF CUP '88女性住宅」佳作。2005年憑著「RU-HOUSE 1」natures獲得第26屆INAX設計競賽部門獎（廚房．居住空間）。同年入選第9屆都市住宅提案競賽。主要著作為《竹輪型住宅》（Rutles）、《建築流浪者增訂版》（EAST PRESS）、《透過圖解來學習最有趣的住宅設計》（X-Knowledge）。

岡村泰之建築設計事務所
〒：154-0021 東京都世田谷区豪徳寺1-1-5
TEL：03-5450-7613 MAIL：okmr@amy.hi-ho.ne.jp URL：http://www.amy.hi-ho.ne.jp/okmr/

二宮博

1963年出生於神奈川縣。畢業於早稻田大學理工學院建築系。在建築聯盟學院研究所師事於傑佛瑞．基普尼斯（Jeffrey Kipnis）。Diploma獎。曾任職於磯崎新工作室。從2002年開始，與菱谷和子一起創立STUDIO 2 ARCHITECTS。主要獎項為神奈川建築競賽優秀獎、SD Review 2000入選、日本建築學會作品選集入選、UIA巴塞隆納港灣地區國際建築設計競賽2等獎、平田町城鎮中心建築設計競賽入選。

STUDIO 2 ARCHITECTS
〒：221-0865 神奈川県横浜市神奈川区片倉2-29-5-B
TEL：045-488-4125 MAIL：studio2@ec.netyou.jp URL：http://home.netyou.jp/cc/studio2/

田島則行

1964年出生於東京都。畢業於工學院大學建築系。建築聯盟學院（英國）研究所碩士。93年獨立。96年在東京的三田創立OPEN STUDIO NOPE。99年創立tele-design。97～2004年、12年擔任工學院大學兼任講師。01～11年擔任關東學院大學兼任講師。12年攻讀東京大學研究所新領域創成科學研究科博士班的後期課程。從13年4月開始在千葉工業大學建築都市環境學系成立田島研究室。主要著作為《建築／都市──實地調查方法》（INAX出版）、《重生（設計）的都市》（合著，Rutles）、《家的圖鑑》（合著，X-Knowledge）。曾獲得JCD設計優秀獎，入選INAX設計競賽。獲得過優良設計獎、建築師協會優秀作品選等許多獎項。

tele-design一級建築師事務所
〒：135-0011 東京都江東区扇橋1-2-10 尚台扇橋ビル3階
TEL：03-5690-3711 MAIL：tele-info@tele-design.net URL：http://www.tele-design.jp/

高野保光

1956年出生於栃木縣。79年畢業於日本大學生產工學院建築工學系。84年在同大學生產工學院擔任助手。91年創立遊空間設計室。2011年開始擔任日本大學生產工學院兼任講師。03年獲得FOREST MORE木之國日本住宅設計競賽2003的最優秀獎。04年獲得「《街道住宅》100選」的日本建築師協會聯合會長獎。主要著作為《高野保光的住宅設計》（X-Knowledge）、《最棒的外牆設計方法》（合著，X-Knowledge）。

遊空間設計室
〒：167-0022 東京都杉並区下井草1-23-7
TEL：03-3301-7205 MAIL：info@u-kuukan.co.jp
URL：http://www.u-kuukan.co.jp/

彥根明

1962年出生於琦玉縣。85年畢業於東京藝術大學建築系。87年修完同大學研究所建築系碩士課程。87年進入磯崎新工作室。90年與彥根·安德莉亞共同創立彥根建築設計事務所。從99年開始擔任東海大學的兼任講師。從2016年開始擔任建築師住宅協會理事長。1994年建築師協會聯合會獎、優良設計獎。2003年優良設計獎。08年日本建築師協會優秀建築選2008。09年日本建築學會作品選集2009。10年日本建築師協會優秀建築選2010。11年優良設計獎、日本建築師協會優秀建築選2011。12年第32屆INAX設計競賽銀獎。主要著作為《最美住宅的打造方式1、2》(X-Knowledge)等。

—

彥根建築設計事務所
〒:157-0066 東京都世田谷区成城7-5-3
TEL:03-5429-0333 MAIL:aha@a-h-architects.com URL:http://www.a-h-architects.com/

長谷部勉

1968年出生於山梨縣。91年畢業於東洋大學工學院建築系。曾待過堀池秀人都市·建築研究所，在2002年創立H.A.S.Market。從05年開始擔任綜合證照學院的兼任講師。從06年開始擔任東洋大學的兼任講師。從14年開始擔任建築師住宅協會理事。主要作品為「諏訪的家」(SD Review 2012年入選)。主要著作為《新住宅設計圖鑑》(合著，X-Knowledge)。

—

H.A.S.Market
〒:113-0033 東京都文京区本郷4-13-2 本郷斉藤ビル 3階
TEL:03-6801-8777 MAIL:webmaster@hasm.jp
URL:http://www.hasm.jp/

長谷川順持

1962年出生於神奈川縣。95年創立長谷川建築設計事務所。2000～2015年擔任東京都市大學建築系講師。目前在東京MODE學園·創作設計講座執教。也在全國各地舉辦很多一般消費者取向的講座、演講會，場次超過了250場，很努力地在推廣專業領域的知識。著作為《珍藏的住宅設計圖鑑》、《家的圖鑑》(皆為X-Knowledge)、《舒適格局的打造方式》、《環境共生住宅的打造方式》(皆為彰國社)。96年在居住新時代的木造住宅設計競賽中獲得最優秀獎·建設大臣獎。憑藉05年的「SI工法集合式住宅 M·CASA」與11年的「能夠連接森林與住處的小徑木系統」獲得了優良設計獎。此外還得過許多獎項。現在擔任建築師住宅協會理事。

—

長谷川順持建築設計事務所
〒:104-0032 東京都中央区八丁堀 2-30-18-2F 八丁堀ジョンソンビル TEL:03-3523-6063
MAIL:interactive-concept@co.email.ne.jp
URL:http://www.interactive-concept.co.jp/index.php

村山隆司

1952年出生於京都府。從96年開始擔任村山隆司工作室一級建築師事務所代表。從2005年開始擔任工學院大學建築學院的兼任講師。著作包含了《世界上最幸福的國家不丹》(合著，X-Knowledge)、《家的圖鑑》(合著，X-Knowledge)、《建築環境設備手冊》(合著，歐姆社)、《建築法令關鍵字百科》(合著，彰國社)、《向北歐巨匠學習製圖／家具·室內裝潢·建築設計基礎》(合著，彰國社)、《任何人都會(超簡單)的草圖&透視圖》(獨自撰寫，X-Knowledge)等許多作品。目前是日本建築師協會登記建築師、(NPO)傳統木造結構協會的會員。

—

村山隆司工作室一級建築師事務所
〒:135-0031 東京都江東区佐賀2-1-12 泊楓居
TEL:03-3641-4834 MAIL:murayama@hakufukyo.com URL:http://www.hakufukyo.com

宮原輝夫

出生於1966年。99年創立宮原建築設計室。ICS藝術學院客座教授。

谷口尚子

出生於1982年。畢業於東京家政學院大學家政學院住宅學系。從2008年開始加入宮原建築設計室。現為公司的共同代表。

06年日本建築師協會優秀建築選2006入選。07年第9屆溫暖居住空間設計競賽優秀獎。08年第2屆世界建築社群獎Top20入選。10年第14屆Tepco舒適住宅競賽優秀獎、日本建築學會作品選集2011入選。14年第40屆東京建築獎獨棟住宅部門優秀獎。此外還獲得過許多獎項。

—

宮原建築設計室
〒:151-0053 東京都渋谷区代々木 2-23-1-349 ニュー·ステイト·メナー3階
TEL:03-5304-5075 MAIL:info@miyahara-arch.com URL:http://www.miyahara-arch.com/

藤田大海

1973年出生於東京都。97年畢業於東海大學工學院建築系。99年修完同大學研究所工學研究科建築學組課程。99～2000年任職於岡江建築研究所+CIRCLE。00～01年任職於石黑由紀建築設計事務所。01～02年以自由工作者身分從事建築工作。02～05年任職於若松均建築設計事務所。05年創立藤田大海建築設計事務所。從11年開始擔任東海大學兼任講師。憑藉「市松壁的事務所」獲得2005年度Unidy DIY競賽最優秀獎。憑藉「Factory A」獲得2009年度優良設計獎。

—

藤田大海建築設計事務所
〒:201-0005 東京都狛江市岩戸南1-8-8第二日本橋ビル1F
TEL:03-6478-0509 MAIL:oomi@dg7.so-net.ne.jp URL:http://www.omi-arch.com/

AHEAD
建築家住宅の会

建築家住宅會

由所有參與訂製住宅的人所創立的協會。該協會的目標為，透過貼近消費者立場的設計，將用心打造出來的住宅帶給更多人。為了此目標，該協會展開了各式各樣的行動，像是舉辦各種活動、為本特集提供全面性的協助等。

橫山幸弘

1951年出生於北海道。75年畢業於北海道大學建築工學系。82年創立SET建築設計事務所。89～2007年擔任札幌國際大學講師。從1998年開始擔任北海道新聞住宅展示中心的顧問。從2001年開始擔任住宅糾紛審查會的糾紛處理委員。1978年「北國的住宅」設計競賽入選。96年「農家住宅設計競賽」優秀獎。著作包含了《病態住宅對策(初級)當住宅為木造獨棟建築時》(合著，北海道建築指導中心)、《病態住宅對策工作手冊》(北海道建築指導中心)、《你知道System A3嗎?～住宅設計師的挑選》(合著，System A3事務局)、《以木匠為主角的房屋建造方式～各種病態住宅對策》(SET建築設計事務所)。

—

SET建築計画事務所
〒:060-0002 札幌市中央区北2西14ダイアパレス北2条 211
TEL:011-261-1979 MAIL:yy-set@hkg.odn.ne.jp URL:http://www.h4.dion.ne.jp/~set/

山口辰實

1952年出生於愛知縣。78年畢業於東海大學工學院建築系。70～84年任職於青島設計室。84～94年擔任東京設計社顧問。95創立SPACE WORK建築設計事務所。

—

SPACE WORK建築設計事務所
〒:103-0007 東京都中央区日本橋浜町2-22-5 ヴェラハイツ浜町704号室
TEL:03-5695-2518 MAIL:t-space@work.email.ne.jp URL:http://spacework-design.jimdo.com/

TITLE

3D格局教科書

STAFF

出版　瑞昇文化事業股份有限公司
編著　建築家住宅會
譯者　李明穎
監譯　大放譯彩翻譯社

總編輯　郭湘齡
責任編輯　徐承義
文字編輯　黃美玉　蔣詩綺
美術編輯　孫慧琪
排版　執筆者設計工作室
製版　昇昇興業股份有限公司
印刷　桂林彩色印刷股份有限公司

法律顧問　經兆國際法律事務所　黃沛聲律師

戶名　瑞昇文化事業股份有限公司
劃撥帳號　19598343
地址　新北市中和區景平路464巷2弄1-4號
電話　(02)2945-3191
傳真　(02)2945-3190
網址　www.rising-books.com.tw
Mail　deepblue@rising-books.com.tw

初版日期　2018年3月
定價　500元

ORIGINAL JAPANESE EDITION STAFF

デザイン　マツダオフィス
イラスト　ヤマサキミノリ
パース（五十　音順）　古賀陽子、小松一平、田嶋広治郎、坪内俊英、長岡 昇、永岡みつき、則岡 翔、濱本大樹、坂内正景、寶來美穂、堀野千恵子、山下健太郎

編集協力・DTP　エストール
印刷製本　シナノ書籍印刷

國家圖書館出版品預行編目資料

3D格局教科書 / 建築家住宅會編著 ; 李明穎譯. -- 初版. -- 新北市 : 瑞昇文化, 2018.03
168面 ; 21 x 29公分
ISBN 978-986-401-228-2(平裝)

1.房屋建築 2.室內設計 3.空間設計

441.58　107002824